权威·前沿·原创

皮书系列为

"十二五""十三五""十四五"时期国家重点出版物出版专项规划项目

BLUE BOOK

智 库 成 果 出 版 与 传 播 平 台

黄河流域发展蓝皮书

BLUE BOOK OF THE YELLOW RIVER BASIN DEVELOPMENT

黄河流域高质量发展及大治理研究报告（2022）

ANNUAL REPORT ON HIGH-QUALITY DEVELOPMENT AND GOVERNANCE OF THE YELLOW RIVER BASIN (2022)

黄河流域碳达峰

研　　创／中共中央党校（国家行政学院）课题组
主　　编／林振义
执行主编／董小君

社会科学文献出版社
SOCIAL SCIENCES ACADEMIC PRESS（CHINA）

图书在版编目（CIP）数据

黄河流域高质量发展及大治理研究报告.2022：黄
河流域碳达峰／林振义主编.--北京：社会科学文献
出版社，2022.10
（黄河流域发展蓝皮书）
ISBN 978-7-5228-0960-1

Ⅰ.①黄… Ⅱ.①林… Ⅲ.①黄河流域-生态环境保
护-研究报告-2022 Ⅳ.①X321.22

中国版本图书馆 CIP 数据核字（2022）第 195856 号

黄河流域发展蓝皮书
黄河流域高质量发展及大治理研究报告（2022）
——黄河流域碳达峰

研　　创／中共中央党校（国家行政学院）课题组
主　　编／林振义
执行主编／董小君

出 版 人／王利民
组稿编辑／任文武
责任编辑／王玉霞
责任印制／王京美

出　　版／社会科学文献出版社·城市和绿色发展分社（010）59367143
　　　　　地址：北京市北三环中路甲 29 号院华龙大厦　邮编：100029
　　　　　网址：www.ssap.com.cn
发　　行／社会科学文献出版社（010）59367028
印　　装／天津千鹤文化传播有限公司

规　　格／开 本：787mm×1092mm　1/16
　　　　　印 张：24　字 数：361 千字
版　　次／2022 年 10 月第 1 版　2022 年 10 月第 1 次印刷
书　　号／ISBN 978-7-5228-0960-1
定　　价／128.00 元

读者服务电话：4008918866

"黄河流域发展蓝皮书"编辑组

主　　编　林振义

执行主编　董小君

成　　员　（以姓氏笔画为序）

王学凯　许　彦　杨丽艳　汪　彬　张　壮
张学刚　张建君　张品茹　张彦丽　郝玉宾
贺卫华

主编单位　中共中央党校（国家行政学院）

协编单位　中共青海省委党校（青海省行政学院）
中共四川省委党校（四川行政学院）
中共甘肃省委党校（甘肃行政学院）
中共宁夏区委党校（宁夏行政学院）
中共内蒙古区委党校（内蒙古行政学院）
中共山西省委党校（山西行政学院）
中共陕西省委党校（陕西行政学院）
中共河南省委党校（河南行政学院）
中共山东省委党校（山东行政学院）

主编简介

林振义　哲学博士，中共中央党校（国家行政学院）科研部主任。曾从事党的政策研究和党的基本理论研究等工作，撰写或参与撰写多部图书，发表多篇学术论文，在中央主要媒体发表多篇理论文章。主要成果：《思维方式与社会发展》（合著，社会科学文献出版社，2001）、《论新时期共产党员修养》（合著，上海三联书店，2002）、《江泽民科技思想研究》（合著，浙江科学技术出版社，2002）、《向党中央看齐》（合著，人民出版社，2016）、《以习近平同志为核心的党中央治国理政新理念新思想新战略》（合著，人民出版社，2017）。译著：《文化的解释》（合译，译林出版社，1999）、《个人印象》（合译，译林出版社，2013）。

董小君　经济学博士，博士生导师，中共中央党校（国家行政学院）经济学教研部教授，中国市场经济研究会副会长。主要研究方向为金融风险与安全、宏观经济、低碳经济等。享受国务院政府特殊津贴，主持国家自然科学基金项目、国家社会科学基金项目（重大专项、年度、咨询）、国家软科学基金项目等共8项，主持多项世界银行、国务院、国家发展改革委、中国人民银行等委托的重大课题研究，参加国务院"十二五""十三五"规划的起草。在《中国社会科学》《人民日报》《管理世界》等重要报纸、期刊上发表论文200余篇，多次被《新华文摘》、人大复印报刊资料全文转载。出版《金融危机博弈中的政治经济学》《低碳经济与国家战略》《财富的逻辑》《金融的力量》等专著10余部。通过全国哲学社会科学规划办《国家高端智库报告》、《成果要报》，中共中央党校《研究报告》，国家行政学院《送阅件》和《白头件》，新华社《参考清样》，中国国际经济交流中心《要情》和《智库言论》等平台向党中央和国务院报送决策咨询报告 100 余篇，获得中央领导肯定性批示。

摘　要

推动实现碳达峰碳中和目标是中国向世界的庄严承诺，也是推动高质量发展的内在要求。黄河流域人口众多，发展不平衡不充分问题更为突出，生态脆弱明显，产业结构明显偏能偏重。推动黄河流域生态保护和高质量发展，要严格落实生态优先、绿色发展战略导向，在绿色低碳发展方面走在全国前列。

《黄河流域高质量发展及大治理研究报告（2022）——黄河流域碳达峰》由中共中央党校（国家行政学院）课题组研创，全书包括总报告、专题报告、区域报告三个部分。

总报告从重大意义、战略目标、基础条件、现实困境及问题等方面，重点阐述了黄河流域碳达峰的总体要求，绘制了黄河流域碳达峰的总体画像，同时梳理了推进碳达峰碳中和的国际经验。

专题报告基于 K 均值聚类分析法，选择 3 个碳排放特征指标和 4 个经济特征指标，以黄河流域 97 个城市 2017 年截面数据为例，将黄河流域碳达峰分为 5 种类型，即"高碳—高发展"资源型、"低碳—高发展"成熟型、"低碳—低发展"潜力型、"高碳—低发展"转型型、"生态优先"型。要分类型梯次有序实行碳达峰行动，分重点系统落实节能降碳行动，分驱动协同推进绿色转型发展，守底线织牢能源安全防范网。

区域报告是黄河流经的九个省区碳达峰情况，各省区较为全面地梳理了本区域碳达峰现状和问题，提出了本区域碳达峰的目标和重点。青海要在实现碳达峰方面先行先试，四川要以生态修复和生态碳汇能力提升为抓手，甘肃要把节能降碳摆在突出位置，宁夏要以"六大碳行动"推进绿色低碳发展，内蒙古要平衡发展战略和主体功能定位，山西要构建绿色能源体系，陕西要推动能源工业高质量发展及产业绿色低碳转型，河南要以城市降碳为主体推进黄河流域碳达峰，山东要聚焦能源转型和产业升级。

关键词： 碳达峰　生态保护　绿色低碳发展　高质量发展　黄河流域

前　言

推动实现碳达峰碳中和目标，是统筹国内国际两个大局的重大战略决策，是瞄准现阶段经济发展与生态环境相冲突的突出问题，着力解决资源环境约束实现中华民族永续发展的必然选择，是面向全球弘扬倡导全人类共同价值观，推动构建人类命运共同体的庄严承诺。一直以来，党和国家高度重视应对气候变化，实施积极应对气候变化国家战略。2015 年我国就向联合国提交了《强化应对气候变化行动——中国国家自主贡献》，并且率先发布《中国落实 2030 年可持续发展议程国别方案》，向联合国交存《巴黎协定》批准文书。2020 年 9 月 22 日，习近平主席在第七十五届联合国大会一般性辩论上宣布中国二氧化碳排放力争于 2030 年前达到峰值，努力争取 2060 年前实现碳中和，即所谓的"双碳"目标。党的十九届五中全会审议通过的"十四五"规划建议进一步明确了降低碳排放强度，支持有条件的地方率先达到碳排放峰值，2021 年 10 月国务院还印发了《2030 年前碳达峰行动方案》。

在 2019 年提出的黄河流域生态保护和高质量发展重大国家战略指引下，2020 年中共中央党校（国家行政学院）与沿黄九省区党校（行政学院）成立"黄河流域智库联盟"，共同撰写了《黄河流域高质量发展及大治理研究报告（2021）》。为学习党中央关于碳达峰碳中和的精神，贯彻国务院对碳达峰的决策部署，中共中央党校科研部组织经济学教研部、马克思主义学院、黄河流域党校（行政学院）的专家学者，共同撰写了《黄河流域高质量发展及大治理研究报告（2022）——黄河流域碳达峰》。

本书以黄河流域碳达峰为切入点，梳理各省区碳达峰的目标、重点、难点，提出黄河流域碳达峰的对策建议，其具有三个方面的特点。

一是从全局层面勾画黄河流域碳达峰的战略图景。总报告从国家战略高度阐述黄河流域碳达峰碳中和的重大意义，提出在"双碳"目标下黄河流域高质量发展要有战略目标。从人口经济发展基本概况、沿黄九省区碳排放总体趋势、黄河流域化石燃料及生产碳排放状况、黄河流域分行业和分城乡碳排放分布状况等视角，全面分析了黄河流域碳达峰的基础条件，提出了黄河流域推进"双碳"目标的现实困境及问题，并总结了推进碳达峰碳中和的国际经验。

二是从城市层面解析黄河流域碳达峰的聚类情况。专题报告选择黄河流域97个城市作为研究对象，选取3个碳排放特征指标和4个经济特征指标，运用K均值聚类分析法，将黄河流域碳达峰划分为"高碳—高发展"资源型、"低碳—高发展"成熟型、"低碳—低发展"潜力型、"高碳—低发展"转型型、"生态优先"型5种类型，每个城市可根据不同类型制定差异化的碳达峰路径。

三是从省区层面梳理黄河流域碳达峰的目标重点。区域报告从各省区的情况出发，各课题组提出本区域碳达峰的目标重点。有的省区提出了阶段性目标，比如青海省、内蒙古自治区提出了2025年、2030年和2060年的阶段性目标；有的预测了碳排放量，比如四川黄河流域碳排放量在2018年达到峰值469.2万吨后呈下降趋势，预计2030年和2060年碳排放量分别为407.4万吨、329.5万吨，碳吸收量分别为400.5万吨、477.6万吨，宁夏回族自治区预计2030年碳达峰时的排放量为2.39亿吨；有的省区预测了碳达峰时间，比如甘肃省高经济增长、中经济增长、低经济增长情景下碳达峰时间分别为2032年、2030年、2029年，宁夏回族自治区设置碳达峰时间为2030年，山西省的经济高速、较高速、中速发展情景下碳达峰时间分别为2034年、2031年、2028年，陕西省的能源清洁、产业升级、绿色发展情景下碳达峰的时间分别为2033年、2034年、2029年，河南省的既定政策、转型发展、激进替代情景下碳达峰的时间分别为2034年、2028年、2025年；有的分析了碳达峰的重点，比如山东省提出能源转型和产业升级是重点。

　　本书由中共中央党校（国家行政学院）科研部组织策划，科研部主任林振义主编，经济学教研部董小君教授主持并统稿，参与写作的有中共中央党校（国家行政学院）汪彬、王学凯，中共青海省委党校（青海省行政学院）张壮、赵红艳、才吉卓玛、刘畅，中共四川省委党校（四川行政学院）许彦、孙继琼、王伟、王晓青、胡振耘、高蒙，中共甘肃省委党校（甘肃行政学院）张建君、张瑞宇、郭军洋、程小旭、蒋尚卿，中共宁夏区委党校（宁夏行政学院）杨丽艳、王雪虹、王迪，中共内蒙古区委党校（内蒙古行政学院）张学刚、郭启光、邢智仓、海琴，中共山西省委党校（山西行政学院）郝玉宾、燕斌斌、樊亚男，中共陕西省委党校（陕西行政学院）张品茹、张倩、张爱玲、李娟，中共河南省委党校（河南行政学院）贺卫华、张万里、仲德涛、林永然，中共山东省委党校（山东行政学院）张彦丽、王金胜、张娟、崔晓伟。中共中央党校（国家行政学院）科研部王君琦、杨大志、徐晓明为本书的协调沟通、出版宣传等做出了大量工作和努力。社会科学文献出版社城市和绿色发展分社任文武社长、刘如东编辑为本书的出版付出了大量辛劳，在此一并感谢！

　　诚然，时间紧迫，本书还有诸多提升空间，恭请读者批评指正！

中共中央党校（国家行政学院）课题组

2022 年 8 月

目 录 ⊾

Ⅰ 总报告

B.1 推动黄河流域碳达峰碳中和……………………………… 汪　彬 / 001

　　一　推动黄河流域"双碳"目标的重大意义 ………………… / 003

　　二　"双碳"目标下黄河流域高质量发展的战略目标 ……… / 007

　　三　黄河流域碳达峰的基础条件分析 ………………………… / 015

　　四　黄河流域推进"双碳"目标的现实困境及问题 ………… / 031

　　五　推进"双碳"目标的国际经验及启示 …………………… / 036

Ⅱ 专题报告

B.2 黄河流域碳达峰的聚类分析 ………………………… 王学凯 / 044

B.3 实现黄河流域碳达峰的行动路径 …………………… 王学凯 / 067

Ⅲ 区域报告

B.4 青海：要在实现碳达峰方面先行先试

　　…………………………… 张　壮　赵红艳　才吉卓玛　刘　畅 / 086

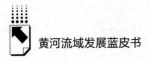
B.5 四川：以生态保护修复和生态碳汇能力提升为抓手

………… 许 彦 孙继琼 王 伟 王晓青 胡振耘 高 蒙 / 113

B.6 甘肃：把节能降碳摆在突出位置

………… 张建君 张瑞宇 郭军洋 程小旭 蒋尚卿 / 147

B.7 宁夏：以"六大碳行动"推进绿色低碳发展

……………………… 杨丽艳 王雪虹 王 迪 / 171

B.8 内蒙古：平衡发展战略和主体功能定位

………… 张学刚 郭启光 邢智仓 海 琴 / 199

B.9 山西：构建绿色能源体系………… 郝玉宾 燕斌斌 樊亚男 / 223

B.10 陕西：推动能源工业高质量发展及产业绿色低碳转型

………… 张品茹 张 倩 张爱玲 李 娟 / 254

B.11 河南：以城市降碳为主体推进黄河流域碳达峰

………… 贺卫华 张万里 仲德涛 林永然 / 288

B.12 山东：聚焦能源转型和产业升级

………… 张彦丽 王金胜 张 娟 崔晓伟 / 327

Abstract ……………………………………………… / 351

Contents ……………………………………………… / 353

皮书数据库阅读**使用指南**

总 报 告

General Report

B.1

推动黄河流域碳达峰碳中和

汪 彬*

摘 要： 推动实现碳达峰碳中和目标是中国向世界的庄严承诺，黄河流域
要严格落实生态优先、绿色发展战略导向，在绿色低碳发展方面
走在全国前列。"双碳"目标下黄河流域高质量发展的战略目标
在于以新发展理念正确处理"三对"关系，推动经济社会向着
绿色转型全面发展、能源向着绿色低碳发展，深度优化调整产业
结构。从黄河流域碳达峰的基础条件看，黄河流域人口较多，碳
排放量占全国的比重超过1/3，九省（区）源于原煤、原油、天
然气和水泥的碳排放各有差异，电力、热力、燃气及水生产和供
应业是碳排放量最大的行业，农村原煤碳排放量明显都高于城
市，黄河流域完成碳达峰任务较为艰巨。从现实困境看，黄河流
域发展不平衡不充分问题更为突出，生态脆弱更加明显，产业结

* 汪彬，经济学博士，中共中央党校（国家行政学院）经济学教研部副教授、政府经济管理教
研室副主任，中国企业管理研究会理事、公共经济研究会理事，研究方向为城市与区域经济
学、产业经济学。

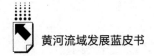

构明显倚能倚重。推动黄河流域碳达峰是一项系统工程，要统一思想达成共识，加强黄河流域"双碳"目标顶层设计，立足黄河流域资源基础条件，分阶段走差异化路径，统筹考虑 2030 年碳达峰与 2035 年基本实现社会主义现代化的双重目标，大力发展循环经济，促进绿色低碳转型发展，构建区域协同治理机制，协作配合做好碳达峰工作。

关键词： 碳达峰　碳中和　黄河流域

推动实现碳达峰碳中和目标，是以习近平同志为核心的党中央立足中国特色社会主义进入新时代历史方位，统筹国内国际两个大局作出的重大战略决策；是瞄准现阶段经济发展与生态环境相冲突的突出问题，着力解决资源环境约束实现中华民族永续发展的必然选择；是面向全球弘扬倡导全人类共同价值观，推动构建人类命运共同体的庄严承诺。

党的十八大以来，党和国家高度重视应对气候变化，实施积极应对气候变化国家战略。2015 年我国就向联合国提交了《强化应对气候变化行动——中国国家自主贡献》，并且率先发布《中国落实 2030 年可持续发展议程国别方案》，向联合国交存《巴黎协定》批准文书，还确定了到 2030 年的 4 项自主行动目标，以及二氧化碳排放 2030 年左右达到峰值并争取尽早达峰，单位国内生产总值二氧化碳排放比 2005 年下降 60%～65%，非化石能源占一次性能源消费比重达到 20%，森林蓄积量比 2005 年增加 45 亿立方米左右。[①] 2020 年 9 月 22 日，习近平主席在第七十五届联合国大会一般性辩论上宣布中国二氧化碳排放力争于 2030 年前达到峰值，努力争取 2060 年前实现碳中和，即所谓的"双碳"目标。党的十九届五中全会审议通过的《中共中央关于制定国民经济和社会发展第十四个五年规划和 2035 年远

---

① 本书编写组：《党的十九届五中全会〈建议〉学习辅导百问》，党建读物出版社，2020。

景目标的建议》进一步明确了降低碳排放强度，支持有条件的地方率先达到碳排放峰值，制定 2030 年前碳排放达峰行动方案。很显然，进入新时代，"双碳"目标的适时提出，既展现了我国作为负责大国积极应对全球气候变化、履行对国际社会责任义务的庄严承诺，也是促进我国经济社会发展方式转变的主动战略选择。

一 推动黄河流域"双碳"目标的重大意义

从理论内涵界定来看，碳达峰是指二氧化碳排放量达到历史最高值，经历平台期后持续下降的过程，是二氧化碳排放量由增转降的历史拐点。碳排放达峰理论有一套成熟的理论体系，西方经济理论对经济增长与碳排放关系进行了充分的研究，主要包括 Kaya 恒等式、环境库兹涅兹曲线以及以诺德豪斯为代表的资源最优配置动态均衡方法等。与此同时，从理论上看，碳排放达峰水平不仅与经济增长方式、人均收入和城市化水平密切相关，而且工业化、产业技术和体制机制创新对碳排放达峰也有直接影响。从实践发展层面来看，碳达峰的实现预示着国家或是地区的经济发展与碳排放实现"脱钩"，也就是说经济增长不再需要依赖碳排放量。碳达峰战略是国家、经济体在实现经济增长与绿色低碳转型环节中的重要一环，具有里程碑式的意义。那么，从区域层面看，黄河流域是一个特定的地理空间概念，推动黄河流域碳达峰应结合区域发展实际，在既定的工业化、城市化发展水平基础上，以新发展理念为指引，转变生产生活发展方式，调整能源结构、优化产业结构，走经济高质量发展之路。

（一）推动实现黄河流域"双碳"目标是深入贯彻习近平生态文明思想的应有之义

党的十八大以来，党中央把生态文明建设摆在全局工作的突出位置，如何构建符合我国特色的生态文明体系制度，将生态文明纳入"五位一体"总体布局和"四个全面"战略布局，融入经济社会发展全局，是新时代的

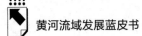
重要命题。2018 年全国生态环境保护大会召开标志着习近平生态文明思想的确立，习近平生态文明思想是习近平新时代中国特色社会主义思想理论体系的重要内容之一，这一时期，我国生态文明建设进入系统推进阶段。把碳达峰碳中和战略纳入我国生态文明建设是时代所趋，将对我国社会经济发展产生历史性变革。① 作为生态文明建设的重要抓手，"双碳"进一步明确了我国经济社会发展全面绿色转型的战略方向和目标要求，推进碳达峰碳中和是我国积极践行绿色发展理念，深入贯彻习近平生态文明思想的重要体现，是统筹推进生产节能、生活低碳、生态绿色，全面建设以生态优先、绿色发展为导向的高质量发展的高效路径。习近平总书记一直以来高度重视黄河流域的保护与发展问题，党的十八大以来多次实地考察黄河流域生态保护和发展情况，并就三江源、祁连山、秦岭等重点区域生态保护建设提出具体要求，多次主持召开专题会议研究黄河流域生态保护和高质量发展问题，为黄河流域生态保护和高质量发展指明了方向、提供了根本遵循。② 2019 年习近平总书记在黄河流域生态保护和高质量发展座谈会上指出，"要坚持绿水青山就是金山银山的理念，坚持生态优先、绿色发展，以水而定、量水而行，因地制宜、分类施策，上下游、干支流、左右岸统筹谋划，共同抓好大保护，协同推进大治理，着力加强生态保护治理、保障黄河长治久安、促进全流域高质量发展、改善人民群众生活、保护传承弘扬黄河文化，让黄河成为造福人民的幸福河"③。因此，推动黄河流域碳达峰是建设黄河流域生态文明的内在要求，是关系黄河流域经济社会可持续健康发展的战略选择，是促进黄河流域生态保护和高质量发展的必由之路。

① 《推动平台经济规范健康持续发展 把碳达峰碳中和纳入生态文明建设整体布局》，《人民日报》2021 年 3 月 16 日。
② 汪彬：《黄河流域生态保护与高质量发展国家战略的时代要求、战略目标与国际治理经验借鉴》，《云南行政学院学报》2021 年第 6 期。
③ 习近平：《在黄河流域生态保护和高质量发展座谈会上的讲话》，《人民日报》2019 年 9 月 19 日。

（二）推动实现黄河流域"双碳"目标是坚定不移贯彻新发展理念的内容体现

理念是行动的先导。在什么样的理念指导下就会采取什么样的行动，就会带来什么样的结果。党的十八届五中全会以来，新发展理念（创新、协调、绿色、开放、共享）成为指导我国经济社会发展的科学理论体系。新发展理念是党的十八大以来最重要的理论创新，是引领我国区域经济发展的重大理论。推动黄河流域碳达峰碳中和，必须完整、准确、全面贯彻新发展理念，坚持系统观念和问题导向，正确处理好发展和减排、整体和局部、短期和中长期三对关系。实现"双碳"目标是一场广泛而深刻的经济社会系统性变革，这场变革将会对黄河流域各省（区）带来巨大挑战，是对过去传统发展模式的极大考验。短期内，黄河流域各省（区）将承受变革带来的阵痛，倒逼黄河流域改变传统粗放式的发展路径，加强技术创新、节能减排，发展绿色产业。从长远来看，有利于各省（区）抓住机遇，拓展发展空间，深化供给侧结构性改革，推动产业重组整合优化转型，发展绿色低碳经济，培育高质量发展动力源，走出高质量发展的新路子。

（三）推动黄河流域"双碳"目标是指引区域经济高质量发展的有效路径

就黄河流域而言，沿黄九省（区）大多数是欠发达地区，自然生态脆弱、经济发展落后，处于经济发展增长期、工业化进程加速期、城镇化持续推进期的多重时期叠加的发展阶段，"双碳"目标的提出对黄河流域既是一种压力倒逼，也是巨大的挑战，唯有走上资源节约、绿色低碳的高质量发展之路才是根本出路。高质量发展是我国当前和今后一段时期的重大战略任务。习近平总书记指出，高质量发展是"十四五"乃至更长时期我国经济社会发展的主题，高质量发展不是只对经济发达地区的要求，而是所有地区发展都必须贯彻的要求。由于欠发达地区自身会受到许多因素的制约，例如稀缺的资源、失衡的产业结构、薄弱的基础条件等，推动欠发达地区的高质量发展面临的挑战更加艰巨、面对的情况更加复杂、转型的急切程度更高。与此同时，一些欠发达地区还处于城镇化的转型过渡阶段，在这一时期，生态功能将对其起到重要的推动作用，环境污染成为不可避免的问题。欠发达地区的生态治理成本只会更高，对治理能力的要求也就更高。推动碳达峰碳中和目标如期实现是推动高质量发展的内在要求。推动黄河流域实现"双碳"目标的重点方向是降碳，推动减污降碳协同增效，促进经济社会发展全面绿色转型，实现生态环境质量改善。区域经济高质量发展，通过科技创新、技术改造，让传统能源逐步退出，建立安全可靠的新能源体系。

（四）推动黄河流域"双碳"目标是彰显跨区域协调发展的标志性成果

黄河流域"双碳"目标不仅是关系本区域内经济社会发展的系统性变革，也是关系全国推动实现"双碳"目标的重要环节。黄河流域是全国重要的能源、电力基地，陕西、山西、内蒙古是全国重要的煤炭资源基地，"双碳"目标刚性约束将直接影响黄河流域的资源开采和能源开发利用，也将影响和制约全国能源资源保供和经济发展。同时，黄河流域大多是经济欠发达和相对落后地区，既是巩固脱贫攻坚成果的重点区域，也是实现共同富裕的短板和弱项所在，"双碳"目标将约束本区域经济社会发展，也直接影响全国高质量发展的成色。因此，推动黄河流域"双碳"目标要坚持全国一盘棋，总体谋划，步调一致，不因为"双碳"目标约束影响黄河流域本区域内的经济社会发展，也不因为刚性目标约束波及影响全国的能源供应和其他地区经济发展。新发展格局下，畅通国内大循环，黄河流域推动"双碳"行动必须加强与全国其他区域的合作，加强与长江经济带、京津冀、长三角等区域在绿色技术创新、能源资源开发、新兴产业培育等方面的合作，推动形成资源节约、能源低碳绿色发展。新发展格局下，畅通国内国际双循环，以国际大循环提升国内大循环的效率和水平，推动黄河流域"双碳"行动还必须加强国际交流与合作，大力引进、吸引国外先进的能源技术、绿色产业等，为我所用。

二 "双碳"目标下黄河流域高质量发展的战略目标

为了进一步落实"双碳"目标战略要求，2021年10月24日，中共中央、国务院发布了《关于完整准确全面贯彻新发展理念做好碳达峰碳中和工作的意见》（以下简称《意见》）。为贯彻落实党中央、国务院决策部署，按照《意见》工作要求，2021年10月国务院印发了《2030年前碳达峰行动方案》（以下简称《方案》），对推进碳达峰工作进行了具体部署。《方案》中具体明确了2030年碳达峰行动的总体要求、工作原则、主要目标、重点任务、国际合作等内容，其中，制定了"碳达峰十大行动"，即实施能源绿色低碳转型行动、节能降碳增效行动、工业领域碳达峰行动、城乡建设碳达峰行动、交通运输绿色低碳行动、循环经济助力降碳行动、绿色低碳科技创新行动、碳汇能力巩固提升行动、绿色低碳全民行动、各地区梯次有序碳达峰行动。

对于黄河流域而言，就是要以绿色低碳作为重要发展方向，从源头、产业、技术、行业、区域等层面全方位、各方面协同推进碳达峰行动。加大生态治理力度，强化污染源头控制，高效整合利用资源，合理调整产业结构，因地制宜推进绿色低碳发展，严格落实生态优先、绿色发展战略导向，在绿色低碳发展方面走在全国前列。

（一）坚定不移贯彻新发展理念，正确处理好"三对"关系

如期实现2030年碳达峰、2060年碳中和，这是党中央深思熟虑作出的重大战略决策。黄河流域是我国重要的能源和战略资源基地，落实国家"双碳"目标，推进绿色低碳发展是黄河流域九省（区）必须肩负的共同重大责任。要坚定不移贯彻新发展理念，坚持系统观念，处理好发展和减排、整体和局部、短期和中长期的关系。

1. 处理好发展和减排的关系，促进人与自然和谐共生

"双碳"目标是我国"十四五"时期乃至今后更长一段时间内经济社会

发展的硬指标和硬约束，针对未来碳排放量和能源资源利用状况作出了相关规定。对于生态脆弱的黄河流域而言，黄河流域的资源环境承载能力有限，面临更为艰巨的任务，肩负更大的政治责任，唯有处理好生态环境保护与经济发展双重目标，才能实现人与自然和谐共生。辩证地把握保护与发展的关系，在发展中更加注重提高发展质量和效率，转变生产方式，明确降碳标准和工作目标。以制定科学碳排放指标倒逼产业转型升级，改善传统粗放产业带来的高污染、高排放问题。从资源产出和能源应用着手，做到对储备资源的合理开发、对使用途径的积极完善，以及对发展循环经济的高度重视。从源头上控制污染和碳排放，改变原有的污染治理方式，将治理的重点放在污染物的排放和碳排放环节。在全社会倡导推行绿色低碳生产生活方式，提倡绿色出行方式。要在发展中保护，构建生态环境保护机制，减少区域内的碳排放量，将产业生态化作为解决黄河流域生态保护与经济发展矛盾的出路，推动经济社会发展和自然生态环境的良性互动。

2. 正确处理整体和局部的关系，推进区域协调绿色可持续发展

与发达地区相比，黄河流域推动"双碳"目标面临的约束条件更多、任务更为艰巨，因此，要坚持系统观念，树立全局意识，进行整体性谋划。近年来，党中央高度重视黄河流域生态保护和高质量发展，并将其纳入区域重大战略的决策部署当中，为全面系统地开展各项工作奠定基础。推动黄河流域碳达峰碳中和要整体谋划、系统规划，从源头上综合治理碳排放，明确各省（区）职责分工、阶段性任务，加大对重点区域、重点环节的治理力度，制定各地区间协同发展策略，强化协同、制定统一规划，把贯彻落实国家"双碳"目标纳入各省（区）日常工作，倡导绿色低碳发展理念，促进黄河流域高质量发展。从局部层面来看，各省（区）应结合自身实际情况，制定个性化的措施和方法。黄河流域跨越东、中、西三大板块，流域面积广，区域资源禀赋不同，经济发展差距大，推动"双碳"目标要综合全面考虑各方面因素进行发展规划设计，深入实际调查研究，以科学严谨的态度制定发展方案，要把造福于民、保护环境、实现持续健康发展作为考核要求，坚决避免只为完成工作进度、不注重工作质量的行为出现，避免形式主义、官僚主义。

及时引进新发展理念，将绿色低碳技术融入产业发展，优化调整能源结构，以绿色低碳转型为切入点推动黄河流域高质量发展，打造新的发展空间和鲜明地方特点，提升区域竞争力，实现黄河流域高质量全面可持续性发展。

3. 正确处理短期和中长期的关系，履行好造福千秋万代的责任

实现碳达峰碳中和不可能毕其功于一役，实现黄河流域绿色低碳发展要把握好短期与长期的关系。从短期内看，黄河流域碳达峰碳中和将面临巨大阵痛，因此，要尊重黄河流域发展的实际情况，尊重碳达峰的客观规律，以区域内的工业化阶段、城市化进程、产业发展基础、能源结构为依据，制定切实可行的传统能源逐步退出机制，挖掘安全可靠的新能源替代。各省（区）经济发展阶段不同，能源、产业结构差异大，在碳达峰时间节点上也理应不同，防止出现盲目提出过早的碳达峰目标，防止各省（区）为了资金或优惠政策而进行内部竞争的做法。从长期来看，实现碳达峰碳中和有其客观规律，是一个自然达峰的过程。黄河流域绿色低碳发展是一场旷日持久的战争，想要打好这场战争，就必须合理规划，明确目标，制定"双碳"目标时间表与经济发展相一致的工作日程，制定切实可行的高质量发展路径，稳扎稳打才能稳赢。大力调整现有产业结构，对一些高污染、高消耗等产业技术进行优化升级，淘汰落后产能，推动绿色低碳发展，改变过去不合理的生产生活方式，建立长期可持续发展策略，将节约资源控制污染和各行业的发展紧密联系在一起。

（二）推动黄河流域经济社会发展全面绿色转型

"双碳"目标是一场关系经济社会发展全局的系统性变革，将引发经济社会发展方式变革、生产生活方式绿色变革。因此，要树立系统观、全局观，将"双碳"目标纳入我国经济社会发展全局，贯穿经济社会发展全过程和各方面。作为特定的地理空间范围，黄河流域要结合本区域的资源禀赋、能源结构、产业特性，依据工业化进程和城镇化水平，遵照《意见》和《方案》要求，落实《黄河流域生态保护和高质量发展规划纲要》，强化绿色低碳发展导向和任务要求。

1. 强化黄河流域绿色低碳发展规划引领

2021年10月中共中央、国务院印发的《黄河流域生态保护和高质量发展规划纲要》，成为指引今后和未来一段时期黄河流域高质量发展的行动指南和根本遵循。推动黄河流域碳达峰碳中和是实现黄河流域生态保护和高质量发展国家战略的重要内容和有效途径，应将"双碳"目标要求与本地的经济发展规划深度融合，强化以黄河流域的区域总体发展规划、国土空间规划、专项规划等为支撑的流域规划体系的保障作用，充分发挥规划对推进黄河流域经济社会高质量发展的引领、指导和约束作用。黄河流域九省（区）应积极对接国家"双碳"目标任务，与我国"双碳"目标同频共振，共同谋划新时代的宏伟蓝图。

2. 优化黄河流域绿色低碳发展区域布局

黄河流域涉及九省（区），地理空间范围大、经济发展落差大、区域发展不平衡问题突出。黄河流域拥有我国青藏高原等在内的重要的生态屏障，流域内拥有30余个国家公园和国家重点生态功能区；黄河流域还是落实我国脱贫攻坚成果的重要区域，受历史和自然条件影响，黄河流域经济社会发展相对滞后，老少边穷地区分布广，深度贫困地区多，全面脱贫之后巩固脱贫攻坚成果任务艰巨；黄河流域也是我国重要的能源和基础工业基地，煤炭、石油、天然气和有色金属资源丰富，煤炭储量占全国一半以上，沿黄各省（区）高度依赖能源化工等产业，低质低效问题突出。因此，推动黄河流域高质量发展要以绿色低碳为目标方向，以其自身的发展现状为依据，坚持系统思维和整体谋划，合理划定城镇、农业、生态功能空间，从实际出发，按照"宜水则水、宜山则山，宜粮则粮、宜农则农，宜工则工、宜商则商"的原则，优化重大基础设施、重大生产力和公共资源布局，走富有黄河流域资源禀赋和地域特色的高质量发展道路，构建有利于"双碳"目标的国土空间开发保护新格局。

3. 加快黄河流域形成绿色生产生活方式

碳达峰碳中和战略是我国经济发展进程中的一个重要转折点，涉及经济、社会、科技、环境、观念等各个方面，将对现有的经济运行基础和人们的生产生活方式产生巨大影响。黄河流域生态十分脆弱，生态脆弱区分布广、类型多，黄河流域上游的高原冰川、草原草甸和三江源、祁连山，中游的黄土高原，下游的黄河三角洲等，都极易发生退化，恢复难度极大且过程缓慢。生态脆弱成为制约黄河流域高质量发展的最大瓶颈。不仅如此，黄河流域的环境污染积重较深，水质总体差于全国平均水平。[①] 因此，要在黄河全流域内倡导形成绿色生产生活方式，在改善生态环境中实现高质量发展。推动形成绿色生产生活方式是一场涉及发展理念、发展模式、发展路径的深层次变化和调整的深刻革命。在发展理念上，要凝聚全流域的思想共识，鼓励流域民众积极参与到绿色低碳行动中来，发挥群众力量，加强教育引导。在发展模式上，强化科技赋能绿色低碳转型发展，加强资源管控，不断提升绿色低碳发展水平。在发展路径上，推行集约、循环利用的生产意识，加大绿色低碳产品的供给；推行节约、简约的消费意识，树立全民绿色低碳生活观。

（三）推动黄河流域能源绿色低碳发展

黄河流域又被称为"能源流域"，煤炭、石油、天然气和有色金属资源丰富，煤炭储量占全国的一半以上，是我国重要的能源、化工、原材料和基础工业基地。[②] 推动实现黄河流域"双碳"目标要双管齐下。一方面，要充分发挥黄河流域能源富集的资源禀赋，发挥科技在资源开采上的速度优势，同时加强对废弃物的资源重塑，继续发挥对全国初级产品供给的保障能力；另一方面，要从源头上解决碳排放，加快构建清洁低碳安全高效能源体系。抓好煤炭清洁高效利用，狠抓绿色低碳技术攻关，增强新能源消纳能力，推动煤炭和新能源优化组合。

1. 强化能源消费"双控"，提高能源利用效率

能耗"双控"是指对能源消费强度和总量的控制。党的十八届五中全

---

① 中共中央、国务院：《黄河流域生态保护和高质量发展规划纲要》，新华社，2021 年 10 月 8 日。

② 习近平：《在黄河流域生态保护和高质量发展座谈会上的讲话》，《人民日报》2019 年 9 月 19 日。

会首次提出实行能源消耗总量和强度的"双控"行动。这一行动是我国立足新时代资源约束趋紧、环境污染严重和推进生态文明建设的重大战略决策部署，已经成为我国经济社会、生产生活的刚性约束。"双碳"目标背景下，黄河流域面临着能耗"双控"与发展转型之困的双重压力，如何按照国家能耗"双控"要求，尽早实现能耗"双控"向碳排放总量和强度"双控"转变，是摆在面前的一大难题。

一是坚持节能优先的能源发展战略，严格控制能耗和二氧化碳排放强度，合理控制能源消费总量，统筹建立二氧化碳排放总量控制制度。做好产业布局、结构调整、节能审查与能耗双控的衔接，对能耗强度下降目标完成形势严峻的地区实行项目缓批限批、能耗等量或减量替代。加强能耗及二氧化碳排放控制目标分析预警，严格责任落实和评价考核。

二是提升能源利用效率。贯彻新发展理念，把节能贯穿黄河流域经济社会发展全过程和各领域，持续深化工业、建筑、交通运输、公共机构等重点领域节能，提升数据中心、新型通信等信息化基础设施能效水平。对标国际先进水平，加快实施节能降碳改造升级，提高能源利用效率。

2. 合理调整能源结构，大力发展新能源

根据《方案》要求，坚持严格控制化石能源消费与大力发展新能源并重，优化调整能源结构，分阶段实施煤炭减量化，从"十四五"时期严控煤炭消费增长到"十五五"时期逐步减少。黄河流域作为全国最重要的煤炭、火电基地，开展行业强制性清洁生产，要加强技术更新改造，淘汰煤电落后产能，统筹煤电发展和保供调峰，严控煤电装机规模，加快现役煤电机组节能升级和灵活性改造，新建机组煤耗标准达到国际先进水平。推动重点用煤行业减煤限煤，大力推动煤炭清洁利用，坚持规模化、集约式利用原则，提高煤炭生产消费集中利用，积极探索合理划定禁止散烧区域，积极有序推进散煤替代，逐步减少直至禁止煤炭散烧。

一是强化资源开发与治理相结合，统筹推进采煤沉陷区、历史遗留矿山综合治理，及时修复生态和治理污染。合理控制煤炭开发强度，严格规范各类勘探开发活动。推进煤炭清洁高效利用。有序有效开发山西、鄂尔多斯盆地综合能源基地资源，推动宁夏宁东、甘肃陇东、陕北、青海海西等重要能源基地高质量发展。推动煤炭产业绿色化、智能化发展，加快生产煤矿智能化改造，强化安全监管执法。

二是大力发展新能源。根据国家2025年前非化石能源消费比重达到20%、2030年前达到25%的要求，实施可再生能源替代行动，提高风能、太阳能、生物质能、地热能等非化石能源消费的比重。鼓励青海、甘肃、宁夏、内蒙古等沿黄区域发展太阳能、风能等清洁能源，探索能源市场化定价方式。坚持集中式与分布式并举，优先推动风电和光伏发电。因地制宜开发水能，发挥龙羊峡、小浪底等大型水利工程的作用。黄河流域是我国农产品主产区，生物质能资源丰富，拥有巨大的开发空间，充分发挥农业秸秆资源与林木资源的种类和分布优势，合理开发利用生物质能。坚持先立后破原则，处理好减污降碳与经济发展、能源安全、产业链供应链安全的关系，传统能源退出建立在新能源确立的基础上，进而确保能源安全稳定供应和平稳过渡。

3. 深化市场化改革，建立有利于"双碳"的体制机制

2022年1月，习近平总书记在中央政治局第三十六次集体学习时明确提出，要加大力度规划建设以大型风光电基地为基础、以其周边清洁高效先进节能的煤电为支撑、以稳定安全可靠的特高压输变电线路为载体的新能源供给消纳体系。[①] 因此，要大力提高新能源开发利用强度，构建以新能源为主体的新型电力系统，提高电网对高比例可再生能源的消纳和调控能力。

一是深化能源体制机制改革。以市场化改革为方向，深化电力系统体制改革。全面推进电力市场化改革，推进电网体制改革，明确以消纳可再生能源为主的增量配电网、微电网和分布式电源的市场主体地位。完善电力等能源品种价格市场化形成机制。从有利于节能的角度深化电价改革，理顺输配电价结构，全面放开竞争性环节电价。按照要素市场化配置和全国统一大市

---

① 《深入分析推进碳达峰碳中和工作面临的形势任务 扎扎实实把党中央决策部署落到实处》，《人民日报》2022年1月26日。

场要求，推进煤炭、油气等市场化改革，加快完善能源统一市场。

二是开展流域水权交易、碳汇交易、排污权交易等区域试点，探索综合性补偿办法。深化资源环境特别是电价水价的综合改革，发挥价格杠杆作用，将生态环境成本纳入经济运行成本，充分体现资源环境价值。建立绿色税收优惠目录定期更新机制，结合减税降费政策，对环保、节能、节水、清洁能源、绿色交通、绿色建筑和绿色农产品等环保项目给予税收优惠和绿色信贷、绿色证券、发展基金、绿色保险等投融资支持，在山水林田湖草生态环境一体化保护治理中促进流域高质量发展。

（四）深度优化调整黄河流域产业结构

产业发展决定了一个国家或地区的能源消耗总量和强度，碳排放量取决于三次产业结构状况。一般而言，第二产业对单位 GDP 能源消耗和二氧化碳排放影响最大，其次是第三产业，影响最轻的是第一产业。推动黄河流域"双碳"目标实现，必须优化调整产业结构，降低单位 GDP 能源消耗和二氧化碳排放量，加快形成节约资源和保护环境的产业结构。

一是推动传统产业转型升级。瞄准节能降碳目标，以第二产业为目标重点，制定和实施黄河流域能源、煤电、钢铁、有色金属、石化化工、建材等重点行业和领域碳达峰实施方案。按照国家产业规划政策，严格落实水泥、平板玻璃、电解铝等高耗能高排放项目产能等量或减量置换。加强区域合作共同修订产业结构调整指导目录，提高流域内高排放、重污染行业的准入门槛，遏制高耗能、高排放项目盲目发展，淘汰退出低效低质产能。以工业园区为试点平台，推进工业领域低碳工艺革新，以数字化转型赋能传统产业绿色低碳发展。作为全国重要的粮食产区和农牧基地，要巩固黄河流域保障国家粮食安全的重要作用，加快推进农业绿色发展，加快突破一批农业农村减排固碳关键技术，因地制宜推进秸秆覆盖还田、碎混还田、翻埋还田、炭化还田、过腹还田等农业固碳增效模式。开展关键核心技术等绿色技术创新和示范推广，着力推动形成绿色生产方式和生活方式，着力加强绿色优质农产品和生态产品的科技供给，着力提升农业绿色发展的质量效益和竞争力。

二是大力发展绿色低碳产业。发展新兴产业、高科技产业是实现"双碳"目标的有效路径。要抢抓新一轮科技革命浪潮，大力发展新一代信息技术、生物技术、新能源、新材料、高端装备、绿色环保等战略性新兴产业。建设绿色制造体系，尽量引导产业往工业园区内集聚，推动园区的绿色化、服务化和高端化。推动互联网、大数据、人工智能、第五代移动通信（5G）等新兴技术与绿色低碳产业深度融合。

三　黄河流域碳达峰的基础条件分析

碳达峰与碳中和不仅是气候变化问题，而且是与产业升级、技术创新等密切相关的经济高质量发展问题，[①] 黄河流域碳排放量主要取决于黄河流域化石能源消费量及生产过程产生二氧化碳排放量。为完成黄河流域"双碳"目标这一历史性任务，完善的市场导向的创新激励与合理有效的政府干预是不可或缺的，但前提条件是摸清黄河流域碳排放的底数，便于科学制定"双碳"目标规划和路线图。

（一）黄河流域九省（区）人口经济发展基本概况

黄河流域碳达峰面临多重约束，既要确保本地经济稳定增长、民生持续改善，与全国人民同步实现社会主义现代化目标，也要确保全国能源供应稳定和经济安全。因此，沿黄九省（区）各级政府要审时度势、精心统筹、科学治理，综合考虑环境复杂性、目标多元性，立足区域发展现状，从本地经济发展水平、工业化阶段和能源产业结构出发，权衡多方目标利益，提出有针对性的治理举措，努力实现 2030 年前碳达峰目标。

《中国统计年鉴》数据显示，2021 年黄河流域总人口约为 4.21 亿人，占全国总人口的 30%，地区生产总值合计约为 28.7 万亿元，占全国生产总

---

① 唐杰、温照傑、王东、孙静宇：《OECD 国家碳排放达峰过程及对我国的借鉴意义》，《深圳社会科学》2021 年第 4 期。

值的 25.08%。分省层面来看，山东省的人口总数与 GDP 总量规模和占比最大，人口约占全国总人口的 7.23%，GDP 总量约占全国的 7.27%；青海省人口和 GDP 占全国比重最小，人口约占全国总人口的 0.42%，GDP 总量仅占全国的 0.29%（见表 1）。受制于区位条件、资源禀赋、产业基础、人力资源、技术条件等因素，沿黄九省（区）的人口、经济集聚程度差距较大，山东省经济总量居全国前三位，经济发展不平衡问题突出。各省（区）的人口集聚和经济规模会对黄河流域碳排放产生直接影响，成为影响和制约碳达峰目标实现的重要因素。

表 1　2021 年黄河流域九省（区）人口及经济集聚度

省（区）	人口总量（万人）	人口集聚度（人口占全国比重）（%）	GDP 总量（亿元）	经济集聚度（地区生产总值占全国比重）（%）
青海	594	0.42	3346.60	0.29
四川	8372	5.95	53850.80	4.71
甘肃	2490	1.77	10243.30	0.90
宁夏	725	0.52	4522.30	0.40
内蒙古	2400	1.71	20514.20	1.79
陕西	3954	2.81	29801.00	2.61
山西	3480	2.47	22590.20	1.98
河南	9883	7.03	58887.40	5.15
山东	10167	7.23	83095.90	7.27
总体	42065	30	286851.70	25.08

资料来源：《中国统计年鉴》。

（二）沿黄九省（区）碳排放总体趋势

碳排放的主要来源是人类生产生活中所使用的化石能源消费以及水泥生产活动。化石燃料主要由碳物质构成，燃料中的碳在燃烧后几乎完全转化为气态性质的二氧化碳。因此，通过估计化石燃料消费量和排放因子可以较为准确地计算出国家或区域在一定时间内的碳排放量。目前，较为精确估计能源消费量的方法主要采用表观消费量计算方法，从能源生产量、净出口量和库存量来估计最终的能源消费量。此办法仅计算原煤、原油、天然气三种一次能源消费量，避免能源加工转化过程中的重复计算。根据世界银行统计数据，二氧化碳排放量是化石燃料燃烧和水泥生产过程中产生的排放，包括在消费固态、液态和气态燃料以及天然气燃除时产生的二氧化碳。

根据中国碳核算数据库（CEADs），2019 年全国 30 个省区市（港澳台、西藏除外）碳排放总量达 10881 百万吨，原煤碳排放量为 5741.1 百万吨，原煤碳排放量占比达 53%。碳排放总量居全国前五位的是山东（937.12 百万吨）、河北（914.2 百万吨）、江苏（804.59 百万吨）、内蒙古（794.28 百万吨）、广东（585.81 百万吨）。黄河流域九省（区）碳排放总量为 3798.6 百万吨，占全国的比重为 34.9%，沿黄九省（区）原煤碳排放总量为 2324.35 百万吨，占全国的比重为 40.5%。可见，黄河流域煤炭消费产生的碳排放量高于全国其他地区。沿黄九省（区）中，山东以 937.12 百万吨碳排放总量居全国首位，内蒙古以 794.28 百万吨排在第 4 位，山西以 566.48 百万吨排在第 6位，河南以 460.63 百万吨排在第 8 位，四川以 315.16 百万吨排在第 13 位，陕西以 296.27 百万吨排在第 15 位，宁夏以 212.41 百万吨排在第 21 位，甘肃以 164.49 百万吨排在第 25 位，青海以 51.75 百万吨排在第 29 位。中国部分省（区、市）二氧化碳排放清单（IPCC 部门核算法）如图 1 所示。

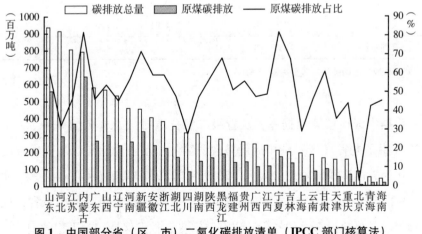

图 1　中国部分省（区、市）二氧化碳排放清单（IPCC 部门核算法）

资料来源：中国碳核算数据库（CEADs）。

如表 2 所示，2019 年沿黄九省（区）碳排放总量达到 3798.6 百万吨，占全国碳排放总量 10881.69 百万吨的 34.91%，其中，山东省占比 8.61%，居全国首位。黄河流域中有 6 个省（区）碳排放总量排在全国前 1/2，分别是山东、内蒙古、山西、河南、四川、陕西，黄河流域碳排放在全国碳排放总量中占据重要地位。可见，黄河流域碳达峰与否直接决定了全国能否顺利实现 2030 年前碳达峰目标。

表 2　黄河流域各省（区）碳排放总量及占全国比重

单位：百万吨，%

省份	碳排放总量	占全国比重	全国排序
山东	937.12	8.61	1
内蒙古	794.28	7.30	4
山西	566.48	5.21	6
河南	460.63	4.23	8
四川	315.16	2.90	13
陕西	296.27	2.72	15
宁夏	212.41	1.95	21
甘肃	164.49	1.51	25
青海	51.75	0.48	29
黄河流域	3798.60	34.91	—
全国总计	10881.69	—	—

资料来源：中国碳核算数据库（CEADs）。

根据中国碳核算数据库，从省级二氧化碳排放总体趋势来看，1997～2019 年沿黄九省（区）碳排放量呈现明显的波动上升趋势。从变动幅度来看，山西省的碳排放量增加最大，2019 年比 1997 年增加了 7 倍之多，尤其是 2012 年之后山西省的碳排放量急剧上升，反超排名第一的山东省，成为黄河流域碳排放量最大的省份。青海、宁夏、甘肃保持较为平稳的增长，尤其是青海碳排放量变化非常小。内蒙古、陕西的碳排放量上升趋势比较明显，与之相反，2011 年之后，河南、四川两省的碳排放量略有下降，尤其是河南省的下降趋势比较明显（见图 2）。

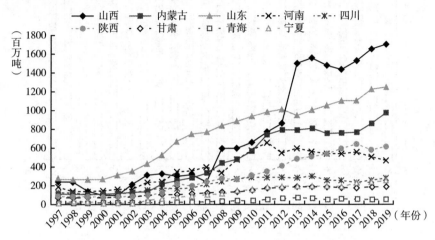

图 2　1997~2019 年沿黄九省（区）表观 CO$_2$ 总排放量

资料来源：中国碳核算数据库（CEADs）。

从碳排放量占比来看，1997~2019 年黄河流域各省（区）呈现此消彼长的趋势。山东、山西、河南、内蒙古四个省份的碳排放量占比排在前四位。比如，1997 年山东、山西的碳排放占比高达 20% 以上，河南、内蒙古的占比约为 10%。从 1997~2019 年的变化趋势来看，山东省呈现了先上升后下降的趋势，由 1997 年的 25% 上升到最高峰的 30%，2008 年之后比重一直下降，到 2019 年约占 20%。山西省碳排放占比在变动中呈上升趋势，2007 年下降到 10% 以下，不过，2008 年之后呈一路上升趋势，占比提高到 20%，尤其是 2013 年之后一直稳定保持在约 30%。内蒙古的碳排放占比稳中有升，由 1997 年的 10% 逐步上升到了 2019 年的 15%。陕西的比重呈上升趋势，由不足 10% 上升到 10% 以上。河南的碳排放量占比呈下降趋势，由约 15% 下降到约 10% 的水平。四川的碳排放量占比呈下降趋势，由 10% 下降到不足 5% 的水平。甘肃稳中有降，由高于 5% 下降到 2019 年的 5% 以下。宁夏基本稳定保持在 5% 以下水平。青海在黄河流域中的碳排放占比很小，而且几乎没有变化（见图 3）。

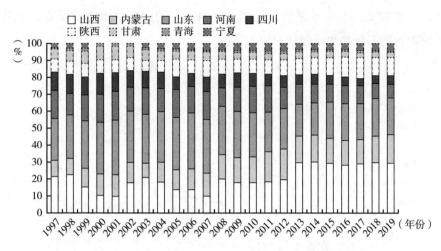

图3　1997～2019年沿黄九省（区）表观 CO_2 排放量占比

资料来源：中国碳核算数据库（CEADs）。

（三）黄河流域化石燃料及生产碳排放状况

根据表观排放核算法测算中国省级二氧化碳排放情况，碳排放主要来源于原煤、原油、天然气和水泥四个方面。从全国整体情况来看，原煤消费的碳排放量占比最高，达到70%以上；其次是原油，约占13%，天然气和水泥碳排放占比相当，均约为5%。黄河流域中山西和内蒙古的原煤碳排放占比高达90%以上，宁夏、河南、陕西原煤碳排放占比高达80%以上，其余山东、四川、甘肃、青海原煤碳排放占比都在60%上下，山东省的原油碳排放占比最高，达到30%，甘肃省原油碳排放占比达到20%以上；四川、青海的天然气碳排放占比相对较高，均为15%以上。四川省的水泥碳排放量占比较高，达到15%（见图4）。

如表3所示，沿黄九省（区）中包括煤炭、石油、天然气等在内的化石燃料消费碳排放量中，碳排放量地区分布存在较大差异性。其中，山东省碳排放量最高，达到937.12百万吨，内蒙古排放量排第二，达到794.28百万吨，山西则以566.48百万吨排在第三位，青海排放量最小，仅为51.75百万

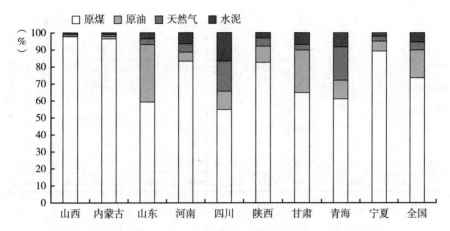

图4 2019年沿黄九省（区）化石燃料和水泥生产表观 CO$_2$ 总排放量占比

资料来源：中国碳核算数据库（CEADs）。

吨。山东省的碳排放量几乎是青海省的 20 倍之多。除原煤之外，焦炭、其他气、汽油、柴油、天然气和加工产生的碳排放量较高。相对而言，黄河流域的原油碳排放量并不高，山东和陕西原油碳排放量最高，也仅约为 1.8 百万吨。

表3 2019年沿黄九省（区）化石燃料及生产碳排放量

单位：百万吨

类型	内蒙古	四川	宁夏	山东	山西	河南	甘肃	陕西	青海
原煤	646.73	86.86	173.17	562.14	303.27	259.44	99.78	171.03	21.94
精煤	0.03	0.01	0.00	0.00	0.00	0.00	0.00	0.00	0.00
其他洗煤	4.70	4.40	3.31	19.29	44.53	4.71	0.62	16.31	0.00
煤球	6.42	3.67	1.32	15.93	15.52	10.12	1.93	6.53	0.03
焦炭	54.22	36.39	12.32	102.29	72.59	38.75	14.36	20.53	5.79
焦炉煤气	7.68	4.75	2.30	10.63	23.35	4.18	1.36	7.69	0.20
其他气	20.17	22.34	3.48	59.69	43.18	24.82	6.91	7.58	1.28
其他焦化产品	7.56	0.89	0.66	2.20	4.51	2.69	0.93	0.32	0.01
原油	0.15	0.00	0.00	1.82	0.00	0.27	0.43	1.81	0.07
汽油	10.76	26.83	0.57	19.87	7.25	22.53	6.11	8.95	1.95
煤油	1.52	6.50	0.00	3.82	1.39	2.81	0.32	2.77	0.00
柴油	13.89	28.24	3.73	38.77	15.44	31.17	8.71	11.63	5.23

续表

类型	内蒙古	四川	宁夏	山东	山西	河南	甘肃	陕西	青海
燃油	0.04	0.56	0.00	5.62	0.01	0.30	0.11	0.22	0.01
液化石油气	1.70	1.66	0.73	3.44	0.22	5.53	0.51	1.01	0.32
炼厂气	0.01	2.43	0.00	4.65	0.00	0.83	3.03	0.06	0.18
其他石油产品	0.00	0.00	0.00	1.37	0.00	0.35	0.00	0.00	0.00
天然气	8.88	43.87	4.74	39.22	19.14	21.73	6.57	20.58	10.85
加工	9.82	45.76	6.10	46.36	16.09	30.41	12.81	19.24	3.89
总计	794.28	315.16	212.41	937.12	566.48	460.63	164.49	296.27	51.75

资料来源：中国碳核算数据库（CEADs）。

从能源消费和生产过程碳排放来源分布来看，各省（区）化石燃料碳排放量占比有所不同，原煤碳排放量占比最高，其中，宁夏、内蒙古原煤碳排放量占比分别高达81.52%和81.42%，甘肃、山东占比约为60%，陕西、河南和山西占比都在50%以上，分别为57.73%、56.32%、53.54%，青海和四川占比相对较低，分别为42.39%和27.56%（见表4）。

表4　2019年沿黄九省（区）化石燃料及生产碳排放量占比

单位：%

目录	内蒙古	四川	宁夏	山东	山西	河南	甘肃	陕西	青海
原煤	81.42	27.56	81.52	59.99	53.54	56.32	60.66	57.73	42.39
精煤	0.00	0.00	0.00	0.00	0.00	0.00	0.00	0.00	0.00
其他洗煤	0.59	1.40	1.56	2.06	7.86	1.02	0.38	5.51	0.00
煤球	0.81	1.16	0.62	1.70	2.74	2.20	1.17	2.20	0.06
焦炭	6.83	11.55	5.80	10.92	12.81	8.41	8.73	6.93	11.19
焦炉煤气	0.97	1.51	1.08	1.13	4.12	0.91	0.83	2.60	0.39
其他气	2.54	7.09	1.64	6.37	7.62	5.39	4.20	2.56	2.47
其他焦化产品	0.95	0.28	0.31	0.24	0.80	0.58	0.56	0.11	0.02
原油	0.02	0.00	0.00	0.19	0.00	0.06	0.26	0.61	0.14
汽油	1.35	8.51	0.27	2.12	1.28	4.89	3.71	3.02	3.78
煤油	0.19	2.06	0.00	0.41	0.24	0.61	0.19	0.93	0.00
柴油	1.75	8.96	1.75	4.14	2.73	6.77	5.30	3.93	10.10
燃油	0.00	0.18	0.00	0.60	0.00	0.07	0.07	0.07	0.01

目录	内蒙古	四川	宁夏	山东	山西	河南	甘肃	陕西	青海
液化石油气	0.21	0.53	0.35	0.37	0.04	1.20	0.31	0.34	0.61
炼厂气	0.00	0.77	0.00	0.50	0.00	0.18	1.84	0.02	0.35
其他石油产品	0.00	0.00	0.00	0.15	0.00	0.08	0.00	0.00	0.00
天然气	1.12	13.92	2.23	4.19	3.38	4.72	3.99	6.95	20.96
加工	1.24	14.52	2.87	4.95	2.84	6.60	7.79	6.49	7.52
总计	100.00	100.00	100.00	100.00	100.00	100.00	100.00	100.00	100.00

资料来源：中国碳核算数据库（CEADs）。

（四）黄河流域分行业、分城乡碳排放分布状况

根据 IPCC 部门核算法，测算中国省级二氧化碳排放情况，结果如表 5 所示。黄河流域碳排放量前三位的是山东、内蒙古、山西，山东省碳排放量最大，达到 937.12 百万吨，内蒙古为 794.28 百万吨，山西省为 566.48 百万吨。分行业来看，第二产业碳排放量明显高于第一产业和第三产业。无一例外，第二产业中的电力、热力、燃气及水生产和供应业是黄河流域各省（区）碳排放量最大的行业，非金属矿物制品业，黑色金属冶炼和压延加工业，煤炭开采和洗选业，石油加工、炼焦加工业，化学原料和化学制品制造业等行业也是黄河流域碳排放量较大的行业。河南省的燃气生产和供应业碳排放量较大，达到 26.68 百万吨。第三产业中的运输、仓储、邮电服务是黄河流域碳排放量较大的行业，其中，山东、河南、四川三个人口经济规模大、交通发达省份的碳排放量居前三位，这反映了第三产业碳排放量取决于人口规模和经济发达程度。相对而言，第一产业农、林、牧、渔、水利的碳排放量普遍不高，是三次产业中碳排放量最轻的，分省层面来看，河南省最高，为 6.51 百万吨，其次是山东、内蒙古、四川，碳排放量分别为 4.91 百万吨、4.90 百万吨、4.18 百万吨，碳排放量与农业主产区的分布直接相关。分城乡来看，碳排放量城市高于农村地区的省份主要有四川、宁夏、山东、河南、陕西、青海；尤其是山东、河南、四川三个省份经济相对发达、人口

规模大、城市人口聚居，能源消费量大，城市碳排放量明显高于农村地区。农村碳排放量高于城市的省（区）为内蒙古、山西、甘肃。这可能是因为这三个省（区）既是煤炭主产区，农村人口居住又分散，散烧煤炭取暖产生的二氧化碳排放量大。

表5 2019年沿黄九省（区）分行业、城乡化石燃料消费碳排放量

单位：百万吨

行业	内蒙古	四川	宁夏	山东	山西	河南	甘肃	陕西	青海
总消费	794.28	315.16	212.41	937.12	566.48	460.63	164.49	296.27	51.75
农、林、牧、渔、水利	4.90	4.18	0.26	4.91	3.70	6.51	1.82	1.88	0.31
煤炭开采和洗选业	11.94	17.88	2.35	29.35	12.33	18.67	1.12	21.51	0.17
石油和天然气开采业	0.04	5.19	0.00	5.10	0.17	1.04	0.08	4.02	5.37
黑色金属矿采选业	0.29	2.79	0.29	0.94	0.61	0.01	0.38	0.02	0.01
有色金属矿采选业	0.10	0.74	0.00	0.12	0.04	0.04	0.01	0.06	0.04
非金属矿采选业	0.09	1.03	0.10	0.15	0.01	0.03	0.03	0.08	0.03
其他采矿业	0.00	0.00	0.00	0.01	0.00	0.57	0.01	0.22	0.01
食品加工业	0.60	1.48	0.02	2.19	0.12	0.23	0.05	0.14	0.05
食品制造业	1.30	0.63	0.39	2.11	0.07	0.15	0.03	0.25	0.01
酒、饮料和精制茶制造业	0.16	1.49	0.02	0.33	0.11	0.15	0.09	0.07	0.01
烟草制品业	0.02	0.04	0.00	0.07	0.00	0.02	0.00	0.00	0.00
纺织业	0.01	1.48	0.00	3.15	0.01	0.07	0.01	0.02	0.00
服装和其他纤维制品	0.02	0.03	0.00	0.31	0.00	0.01	0.00	0.04	0.01
皮革、毛皮、羽毛及其制品和制鞋业	0.00	0.35	0.00	0.13	0.00	0.08	0.00	0.01	0.00
木材加工和木、竹、藤、棕、草制品业	0.01	0.18	0.00	0.95	0.00	0.01	0.00	0.00	0.00
家具制造业	0.00	0.18	0.00	0.11	0.00	0.00	0.00	0.00	0.00
造纸和纸制品业	0.08	1.38	0.05	2.59	0.12	0.41	0.02	0.04	0.00
印刷和记录媒介复制业	0.06	0.11	0.00	0.07	0.00	0.00	0.00	0.03	0.01
文教、工美、体育和娱乐用品制造业	0.00	0.05	0.00	0.08	0.01	0.00	0.00	0.01	0.00
石油加工、炼焦加工业	16.67	5.42	13.21	11.39	40.93	3.59	4.53	13.52	0.13
化学原料和化学制品制造业	8.33	13.94	1.82	5.81	4.22	1.90	1.39	5.12	4.81
医药制造业	0.01	0.69	0.00	0.44	0.00	0.04	0.01	0.07	0.01

续表

行业	内蒙古	四川	宁夏	山东	山西	河南	甘肃	陕西	青海
化学纤维制造业	0.00	0.13	0.00	0.19	0.00	0.01	0.34	0.00	0.00
橡胶制造品	0.00	0.14	0.00	0.06	0.04	0.01	0.00	0.07	0.00
塑料制品业	0.00	0.16	0.00	0.16	0.01	0.01	0.00	0.07	0.00
非金属矿物制品业	54.48	66.36	7.89	65.94	22.66	41.99	15.68	21.69	7.03
黑色金属冶炼和压延加工业	29.77	44.03	12.95	102.45	92.07	43.93	18.51	17.36	7.06
有色金属冶炼和压延加工业	9.23	1.76	0.19	30.48	12.00	13.56	4.60	3.43	0.67
金属制品业	4.09	0.68	0.02	1.13	0.64	0.95	0.02	0.04	0.00
通用设备制造业	0.04	2.07	0.14	4.55	0.23	0.41	0.00	0.12	0.01
专用设备制造业	0.11	1.28	0.01	1.29	5.01	2.47	0.05	0.07	0.00
运输设备	0.12	1.22	0.00	3.11	0.05	0.16	0.01	0.14	0.00
电气机械和器材制造业	0.04	0.64	0.01	1.92	0.00	0.92	0.00	0.00	0.00
计算机、通信和其他电子设备制造业	0.01	0.19	0.00	0.45	0.05	0.44	0.00	0.07	0.00
仪器仪表、文化办公机械制造业	0.00	0.02	0.00	0.09	0.00	0.01	0.00	0.03	0.00
其他制造业	0.00	0.13	0.00	0.24	0.00	0.05	0.02	0.04	0.00
废弃资源综合利用业	0.02	0.02	0.00	0.01	0.00	0.01	0.05	0.01	0.00
电力、热力、燃气及水生产和供应业	604.18	61.06	164.81	564.44	331.88	222.87	91.15	167.14	13.69
燃气生产和供应业	2.95	0.51	1.23	0.56	0.03	26.68	0.00	4.50	0.00
水的生产和供应业	0.01	0.02	0.00	0.04	0.00	0.00	0.00	0.02	0.01
建筑业	3.72	4.37	0.73	2.52	2.06	5.47	1.06	1.54	0.68
运输、仓储、邮电服务	16.28	30.03	3.44	43.60	18.14	30.98	9.04	14.07	4.52
批发、零售贸易和餐饮服务	6.31	8.31	0.34	8.34	4.13	8.57	1.70	3.93	1.65
其他	6.83	6.79	0.46	6.15	3.89	2.78	3.73	2.10	1.80
城市	4.78	18.06	0.92	20.16	4.88	14.22	3.74	7.71	2.10
农村	6.68	7.88	0.76	8.90	6.17	10.60	5.14	4.95	1.52

资料来源：中国碳核算数据库（CEADs）。

按照二氧化碳排放来源，主要是化石燃料和生产过程的能源消费产生，考虑到我国煤炭能源生产和消费规模大、占比高，我们选取黄河流域原煤消费碳排放数据，根据 IPCC 部门核算法，得到黄河流域二氧化碳排放数据。如表 6 所示，2019 年沿黄九省（区）分行业、城乡消费原煤产生的碳排放量数据显示，内蒙古原煤碳排放量最高，达到 646.73 百万吨，其次为山东，原煤碳排放量达到 562.14 百万吨，山西排第三位，达到 303.27 百万吨，青海碳排放量最小，为 21.94 百万吨。除河南持平外，农村原煤碳排放量明显都高于城市，可能农村散烧煤炭取暖产生二氧化碳，城市地区已经煤改气，原煤碳排放量较小。

表6 2019 年沿黄九省（区）分行业、城乡消费原煤碳排放量

单位：百万吨

行业	内蒙古	四川	宁夏	山东	山西	河南	甘肃	陕西	青海
总消费	646.73	86.86	173.17	562.14	303.27	259.44	99.78	171.03	21.94
农、林、牧、渔、水利	1.41	0.57	0.06	0.75	2.04	0.98	0.56	0.32	0.04
煤炭开采和洗选业	7.62	16.77	2.14	23.70	3.68	17.32	0.82	21.23	0.03
石油和天然气开采业	0.00	0.02	0.00	0.01	0.00	0.03	0.01	0.09	0.00
黑色金属矿采选业	0.13	0.09	0.00	0.03	0.05	0.00	0.00	0.00	0.00
有色金属矿采选业	0.07	0.03	0.00	0.09	0.00	0.00	0.00	0.00	0.01
非金属矿采选业	0.04	0.82	0.10	0.11	0.01	0.00	0.00	0.02	0.01
其他采矿业	0.00	0.00	0.00	0.00	0.00	0.05	0.00	0.00	0.01
食品加工业	0.53	0.94	0.00	1.54	0.01	0.14	0.03	0.05	0.01
食品制造业	1.25	0.25	0.32	0.94	0.00	0.09	0.01	0.06	0.00
酒、饮料和精制茶制造业	0.11	1.04	0.00	0.24	0.00	0.09	0.02	0.01	0.00
烟草制品业	0.00	0.01	0.00	0.00	0.00	0.00	0.00	0.00	0.00
纺织业	0.01	1.01	0.00	2.27	0.01	0.01	0.00	0.00	0.00
服装和其他纤维制品	0.00	0.02	0.00	0.21	0.00	0.00	0.00	0.00	0.00
皮革、毛皮、羽毛及其制品和制鞋业	0.00	0.09	0.00	0.11	0.00	0.01	0.00	0.00	0.00
木材加工和木、竹、藤、棕、草制品业	0.01	0.12	0.00	0.31	0.00	0.00	0.00	0.00	0.00
家具制造业	0.00	0.02	0.00	0.07	0.00	0.00	0.00	0.00	0.00
造纸和纸制品业	0.06	1.19	0.05	2.13	0.03	0.39	0.02	0.02	0.00
印刷和记录媒介复制业	0.00	0.07	0.00	0.04	0.00	0.00	0.00	0.00	0.00
文教、工美、体育和娱乐用品制造业	0.00	0.00	0.00	0.05	0.00	0.00	0.00	0.00	0.00
石油加工、炼焦加工业	12.22	2.57	10.03	1.00	21.74	1.61	1.00	10.19	0.00
化学原料和化学制品制造业	0.00	4.13	0.00	0.00	0.00	0.00	0.00	0.00	4.39

行业	内蒙古	四川	宁夏	山东	山西	河南	甘肃	陕西	青海
医药制造业	0.00	0.43	0.00	0.00	0.00	0.00	0.00	0.00	0.00
化学纤维制造业	0.00	0.07	0.00	0.00	0.00	0.00	0.00	0.00	0.00
橡胶制造品	0.00	0.10	0.00	0.00	0.00	0.00	0.00	0.00	0.00
塑料制品业	0.00	0.05	0.00	0.00	0.00	0.00	0.00	0.00	0.00
非金属矿物制品业	1.41	7.58	0.93	6.85	1.23	2.56	1.75	1.18	2.92
黑色金属冶炼和压延加工业	5.34	1.07	0.30	2.23	3.79	0.96	1.12	0.30	0.50
有色金属冶炼和压延加工业	8.27	0.21	0.04	3.00	2.70	5.70	1.74	2.29	0.09
金属制品业	0.00	0.05	0.00	0.25	0.02	0.01	0.00	0.00	0.00
通用设备制造业	0.00	0.27	0.00	0.76	0.00	0.00	0.00	0.00	0.00
专用设备制造业	0.00	0.13	0.00	0.40	0.00	0.00	0.00	0.00	0.00
运输设备	0.00	0.28	0.00	0.30	0.00	0.00	0.00	0.00	0.00
电气机械和器材制造业	0.01	0.05	0.00	1.07	0.00	0.00	0.00	0.00	0.00
计算机、通信和其他电子设备制造业	0.00	0.02	0.00	0.19	0.00	0.00	0.00	0.00	0.00
仪器仪表、文化办公机械制造业	0.00	0.01	0.00	0.04	0.00	0.00	0.00	0.00	0.00
其他制造业	0.00	0.11	0.00	0.15	0.00	0.00	0.00	0.00	0.00
废弃资源综合利用业	0.01	0.01	0.00	0.01	0.00	0.00	0.00	0.00	0.00
电力、热力、燃气及水生产和供应业	589.18	45.07	158.18	510.75	257.12	202.41	87.72	128.83	12.52
燃气生产和供应业	2.31	0.11	0.00	0.07	0.00	26.15	0.00	0.00	0.00
水的生产和供应业	0.01	0.01	0.00	0.03	0.00	0.00	0.00	0.00	0.00
建筑业	2.49	0.06	0.05	0.00	0.08	0.50	0.24	0.22	0.07
运输、仓储、邮电服务	2.16	0.03	0.04	0.22	0.13	0.00	0.26	0.16	0.07
批发、零售贸易和餐饮服务	4.80	0.19	0.05	0.74	2.40	0.00	0.34	0.69	0.09
其他	2.84	0.16	0.27	0.37	2.25	0.44	0.31	1.23	0.22
城市	0.59	0.00	0.03	0.44	1.82	0.00	0.31	0.71	0.28
农村	3.83	1.03	0.55	0.67	4.15	0.00	3.51	3.42	0.67

资料来源：中国碳核算数据库（CEADs）。

如表7所示，分行业来看，43个行业原煤消费碳排放量中，电力、热力、燃气及水生产和供应业的碳排放量规模最大、占比最高，沿黄九省（区）占比都在50%以上。其中，内蒙古、宁夏、山东三省（区）占比高达

90%以上，山西、甘肃占比达80%以上，河南、陕西占比达70%以上，青海、四川也达50%以上。其他行业原煤消费碳排放规模较大、占比较高的还有煤炭开采和洗选业，石油加工、炼焦加工业，化学原料和化学制品制造业，非金属矿物制品业，黑色金属冶炼和压延加工业，有色金属冶炼和压延加工业等。个别省（区）的个别行业碳排放量占比较高，比如，青海省的化学原料和化学制品制造业占比达20%，四川省的煤炭开采和洗选业达到19.3%，河南省的燃气生产和供应业占比达10%以上。

表7 2019年沿黄九省（区）分行业、城乡消费原煤碳排放量占比

单位：%

行业	内蒙古	四川	宁夏	山东	山西	河南	甘肃	陕西	青海
农、林、牧、渔、水利	0.22	0.66	0.04	0.13	0.67	0.38	0.56	0.19	0.17
煤炭开采和洗选业	1.18	19.30	1.24	4.22	1.21	6.67	0.82	12.42	0.14
石油和天然气开采业	0.00	0.02	0.00	0.00	0.00	0.01	0.01	0.05	0.00
黑色金属矿采选业	0.02	0.11	0.00	0.01	0.02	0.00	0.00	0.00	0.01
有色金属矿采选业	0.01	0.04	0.00	0.02	0.00	0.00	0.00	0.00	0.06
非金属矿采选业	0.01	0.94	0.06	0.02	0.00	0.00	0.00	0.01	0.04
其他采矿业	0.00	0.00	0.00	0.00	0.00	0.02	0.00	0.00	0.06
食品加工业	0.08	1.08	0.00	0.27	0.00	0.06	0.03	0.03	0.05
食品制造业	0.19	0.28	0.19	0.17	0.00	0.03	0.01	0.03	0.00
酒、饮料和精制茶制造业	0.02	1.20	0.00	0.04	0.00	0.04	0.02	0.00	0.01
烟草制品业	0.00	0.02	0.00	0.00	0.00	0.00	0.00	0.00	0.00
纺织业	0.00	1.17	0.00	0.40	0.00	0.00	0.00	0.00	0.00
服装和其他纤维制品	0.00	0.03	0.00	0.04	0.00	0.00	0.00	0.00	0.00
皮革、毛皮、羽毛及其制品和制鞋业	0.00	0.11	0.00	0.02	0.00	0.01	0.00	0.00	0.00
木材加工和木、竹、藤、棕、草制品业	0.00	0.14	0.00	0.00	0.00	0.00	0.00	0.00	0.00
家具制造业	0.00	0.03	0.00	0.01	0.00	0.00	0.00	0.00	0.00
造纸和纸制品业	0.01	1.37	0.03	0.38	0.01	0.15	0.02	0.01	0.00
印刷和记录媒介复制业	0.00	0.08	0.00	0.00	0.00	0.00	0.00	0.00	0.00
文教、工美、体育和娱乐用品制造业	0.00	0.00	0.00	0.00	0.00	0.00	0.00	0.00	0.00
石油加工、炼焦加工业	1.89	2.96	5.79	0.18	7.17	0.62	1.00	5.96	0.00

行业	内蒙古	四川	宁夏	山东	山西	河南	甘肃	陕西	青海
化学原料和化学制品制造业	0.00	4.75	0.00	0.00	0.00	0.00	0.00	0.00	20.01
医药制造业	0.00	0.50	0.00	0.00	0.00	0.00	0.00	0.00	0.02
化学纤维制造业	0.00	0.08	0.00	0.00	0.00	0.00	0.00	0.00	0.00
橡胶制造品	0.00	0.12	0.00	0.00	0.00	0.00	0.00	0.00	0.00
塑料制品业	0.00	0.06	0.00	0.00	0.00	0.00	0.00	0.00	0.00
非金属矿物制品业	0.22	8.73	0.54	1.22	0.40	0.99	1.75	0.69	13.29
黑色金属冶炼和压延加工业	0.83	1.24	0.18	0.40	1.25	0.37	1.12	0.17	2.29
有色金属冶炼和压延加工业	1.28	0.25	0.02	0.53	0.89	2.20	1.74	1.34	0.39
金属制品业	0.00	0.06	0.00	0.04	0.01	0.00	0.00	0.00	0.00
通用设备制造业	0.00	0.31	0.00	0.14	0.00	0.00	0.00	0.00	0.00
专用设备制造业	0.00	0.15	0.00	0.07	0.00	0.00	0.00	0.00	0.00
运输设备	0.00	0.33	0.00	0.05	0.00	0.00	0.00	0.00	0.00
电气机械和器材制造业	0.00	0.05	0.00	0.19	0.00	0.00	0.00	0.00	0.00
计算机、通信和其他电子设备制造业	0.00	0.02	0.00	0.03	0.00	0.00	0.00	0.00	0.00
仪器仪表、文化办公机械制造业	0.00	0.01	0.00	0.01	0.00	0.00	0.00	0.00	0.00
其他制造业	0.00	0.13	0.00	0.03	0.00	0.00	0.00	0.00	0.00
废弃资源综合利用业	0.00	0.01	0.00	0.00	0.00	0.00	0.00	0.00	0.00
电力、热力、燃气及水生产和供应业	91.10	51.89	91.35	90.86	84.78	78.02	87.91	75.32	57.08
燃气生产和供应业	0.36	0.13	0.00	0.01	0.00	10.08	0.00	0.00	0.00
水的生产和供应业	0.00	0.01	0.00	0.00	0.00	0.00	0.00	0.00	0.00
建筑业	0.39	0.07	0.03	0.00	0.03	0.19	0.24	0.13	0.30
运输、仓储、邮电服务	0.33	0.04	0.02	0.04	0.04	0.00	0.26	0.09	0.34
批发、零售贸易和餐饮服务	0.74	0.22	0.03	0.13	0.79	0.00	0.34	0.41	0.40
其他	0.44	0.18	0.16	0.07	0.74	0.17	0.31	0.72	1.01
城市	0.09	0.00	0.01	0.08	0.60	0.00	0.31	0.41	1.28
农村	0.59	1.18	0.32	0.12	1.37	0.00	3.52	2.00	3.05

资料来源：中国碳核算数据库（CEADs）。

（五）各省（区）碳达峰情况预测

根据区域报告，各省（区）根据自身情况提出区域碳达峰的目标重点。

有的省（区）提出了阶段性目标，比如青海省、内蒙古自治区提出了 2025
年、2030 年和 2060 年的阶段性目标；有的预测了碳排放量，比如四川碳排
放量在 2018 年达到峰值 469.2 万吨后呈下降趋势，预计 2030 年和 2060 年
碳排放量分别为 407.4 万吨、329.5 万吨，碳吸收量分别为 400.5 万吨、
477.6 万吨，宁夏预计 2030 年碳达峰时的排放量为 2.39 亿吨。有的省（区）
预测了碳达峰时间，比如甘肃省高经济增长、中经济增长、低经济增长情景
下碳达峰时间分别为 2032 年、2030 年、2029 年。宁夏设置碳达峰时间为 2030
年。山西省的经济高速、较高速、中速发展情景下碳达峰时间分别为 2034 年、
2031 年、2028 年。陕西省的能源清洁、产业升级、绿色发展情景下碳达峰的
时间分别为 2033 年、2034 年、2029 年。河南省的既定政策、转型发展、激进
替代情景下碳达峰的时间分别为 2034 年、2028 年、2025 年。有的分析了碳达
峰的重点，比如山东省提出能源转型和产业升级是重点（见表 8）。

表 8　沿黄九省（区）碳达峰情况预测

省（区）	碳达峰情况预测
青海	到 2025 年,生产总值单位能耗与 2020 年相比下降 12.5%,二氧化碳单位排放与 2020 年相比下降 12%,非化石能源消费比重达到 52.2% 左右;到 2030 年,单位地区生产总值能耗持续大幅下降,实现二氧化碳排放量达到峰值并稳中有降;2060 年前,经济社会发展全面脱碳,碳达峰目标如期完成
四川	碳排放量在 2018 年达到峰值 469.2 万吨后呈下降趋势,预计 2030 年和 2060 年碳排放量分别为 407.4 万吨、329.5 万吨,碳吸收量分别为 400.5 万吨、477.6 万吨
甘肃	高经济增长、中经济增长、低经济增长情景下碳达峰时间分别为 2032 年、2030 年、2029 年
宁夏	2030 年碳达峰,二氧化碳排放量为 2.39 亿吨。从分行业情况来看,到 2030 年碳达峰时,全区二氧化碳排放来源中,电力行业(发电、供热)占排放总量的 55.2%,化工行业占排放总量的 26.3%,建材行业和冶金行业分别占排放总量的 6.5% 和 5.6%
内蒙古	到 2025 年,单位 GDP 能耗较快下降,单位 GDP 二氧化碳排放强度完成自治区下达目标;到 2030 年,单位 GDP 能耗持续下降,单位 GDP 二氧化碳排放比 2005 年下降 65% 以上;到 2060 年,碳中和目标基本实现
山西	经济高速、较高速、中速发展情景下碳达峰时间分别为 2034 年、2031 年、2028 年
陕西	能源清洁、产业升级、绿色发展情景下碳达峰的时间分别为 2033 年、2034 年、2029 年
河南	既定政策、转型发展、激进替代情景下碳达峰的时间分别为 2034 年、2028 年、2025 年
山东	2030 年如期碳达峰,碳排放量峰值为 13.09 亿吨

四 黄河流域推进"双碳"目标的现实困境及问题

推动黄河流域实现"双碳"目标是个系统工程，黄河流域面临着多重目标约束。一是与全国其他地区相比，经济社会发展落后，发展不平衡不充分问题突出，大多数省份仍处于工业化、城镇化加速发展阶段，需要保持一定的经济增速才能追赶上发达地区，才能在全面建设社会主义现代化国家目标中发挥黄河流域的功能和作用。二是黄河流域生态脆弱，生态环境保护压力大，生态环境保护刚性目标对经济社会发展的约束性强。三是黄河流域产业结构倚能倚重明显，产业结构调整压力大，"双碳"目标提出之后，对于黄河流域而言意味着多重目标下的权衡与选择，面临着经济发展、生态保护与"双碳"目标多重约束。作为欠发达地区，黄河流域推进"双碳"目标面临着时间紧、任务重诸多困难和问题。

（一）对"双碳"目标认识不到位，可能影响经济社会发展全局

目前包括黄河流域在内的各级政府对"双碳"目标的认识仍不到位，可能会影响推进碳达峰工作。国外发达经济体已经完成工业化发展历程，碳达峰碳中和探讨及酝酿为时已久，而"双碳"在国内仍是个新鲜事物，各界普遍接触时间不长、认识不深，对"双碳"这一问题的认识还不够充分，尤其是欠发达地区，仍处于工业化发展的中前期阶段，对推进"双碳"目标、方法、路径还没有意识和充分的思想准备，大家认识不清晰可能会盲目作为、乱作为，简单粗暴地运用行政化手段推进碳达峰，不顾客观规律地盲目提前设定目标任务，不切实际地开展降污减碳，给经济社会发展全局带来负面影响。

因此，黄河流域推进"双碳"目标上要防止两种倾向。一是缺乏对"双碳"目标的科学认识，在缺乏深入调查研究和科学规划的情况下，仍然按照过去那套中央提出总目标，各地政府简单地层层分解，在没有科学定量测定的基础上就制定发展目标和路径，盲目过早地提出不切实际的碳达峰目标，轻诺寡言，到期无法完成任务，造成严肃的国际政治问题。二是简单机

械化地执行，什么都是一刀切，严格制定碳达峰硬性目标，压制了市场主体发展，压制了经济的正常增长。如此一来，将对产业和能源结构偏重以煤为主制造业的黄河流域带来更加巨大的冲击，如果设定提前碳达峰目标，必然会拉低经济增速，导致经济过早进入停滞期，影响黄河流域经济稳定增长，造成无法按期完成 2035 年基本实现社会主义现代化目标。

（二）保持经济增长与工业化、城镇化加速多重目标约束导致碳达峰压力大

碳排放量与经济增长相关性很强，西方经济学中的库兹涅兹曲线论证了经济发展与碳排放量存在着"倒 U 形"关系，很显然，碳达峰对经济增速具有锁定作用。一般而言，碳达峰时的经济增速上限由碳排放强度下降速度锁定，碳排放强度降速则由能源碳密度降速和能耗强度降速决定。如图 5 所示，黄河流域经济增速与全国平均增速的变化趋势保持高度一致，除了山西省外，绝大多数省份经济增速高于全国平均水平，不过，内蒙古经济增速变动最大，2005~2010 年保持两位数的高增长，但是，2016 年之后经济增速断崖式下跌，甚至低于全国平均水平。2030 年前碳达峰目标是对黄河流域经济发展的刚性约束，必然改变过去粗放式增长模式，努力推动产业转型升级，在经济高质量发展中实现碳达峰。

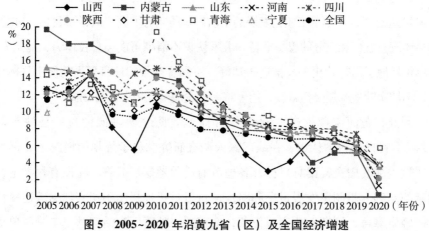

图 5　2005~2020 年沿黄九省（区）及全国经济增速

　　城镇化水平既是经济发达程度的体现，也反映了人口与经济要素集聚程度，而人口、产业、资源越聚集，能源消耗越大，碳排放量必然越多，城镇化水平与碳排放呈正相关关系。如表9所示，总体而言，2016~2020年沿黄九省（区）城镇化水平变化趋势，除了内蒙古、山西之外，城镇化率普遍低于全国平均水平，从增长速度来看，以每年1个百分点上升，增长率高于全国水平。未来，黄河流域城镇化进程加速，也是碳排放量持续增加的时期。

表9　2016~2020年沿黄九省（区）城镇化水平变化

单位：%

省份	2016	2017	2018	2019	2020
青海	53	54	56	57	58
四川	49	51	52	54	56
甘肃	46	48	50	51	52
宁夏	55	56	57	58	59
内蒙古	63	64	66	67	68
陕西	54	56	57	58	60
山西	59	60	62	64	65
河南	47	49	50	52	53
山东	59	60	61	61	61

　　纵观发达国家工业发展史，工业化发展与碳排放量直接相关。随着工业化由初期向中后期过渡，最终迈入后工业化阶段，碳排放也逐步上升，最终达到高峰期，随后进入逐渐下降、排放量稳定平台期。目前，我国整体已进入后工业化阶段，黄河流域工业化发展阶段滞后，沿黄九省（区）工业化进程仍滞后于全国平均水平，其中，只有山东省已经进入了工业化后期阶段，其他八省（区）仍处于中后期及前中期阶段。很显然，黄河流域工业化进程加速，也必然会带来碳排放量的与日俱增。

　　综合以上来看，黄河流域大多数为欠发达地区，工业化发展水平低，多数省份仍处于工业化中前发展阶段，城镇化滞后，大多数省份城镇化率低于全国平均水平，沿黄九省（区）仍处于经济增速追赶期、工业化进程演进

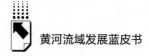

和城镇化持续加速期,未来工业化进程加速,人口和产业集聚必然带来碳排放量增加。

(三)沿黄九省(区)以第二产业为主导的倚能倚重问题制约"双碳"目标实现

产业发展既是支撑经济社会发展的支柱,也是决定碳排放总量和强度的关键因素。从碳排量的产业分布来看,第二产业是碳排放量最大最集中的行业领域,因此,产业高级化即由第二产业向第三产业转型升级过渡,是实现碳排放自然达峰的过程。目前,黄河流域仍处于工业化进程中,产业结构仍较为低级。与全国三次产业结构相比,2020年黄河流域九省(区)三次产业结构中第二产业产值比例明显偏高,陕西、山西、河南、宁夏第二产业产值比重达到40%以上,山东、内蒙古第二产业产值比重也高于39%,高于全国平均水平的37.8%。甘肃、内蒙古、四川、青海四省(区)的第一产业产值比重都在11%以上,高于全国平均水平的7.7%(见图6)。从2016~2020年变化趋势来看,第三产业产值占比上升缓慢,产业调整趋势不明显。以青海省为例,五年间第二产业产值占比几乎没有变化,产业结构高级化趋势不显著。甚至山西省第二产业产值占比逆市上升,从2016年的42.8%上升至2020年的43.5%,这与山西省盛产煤炭、"一煤独大"的产业结构直接相关。总而言之,黄河流域各省(区)产业倚能倚重、低质低效问题突出,第二产业中以能源化工、金属加工制造为主导,缺乏有较强竞争力的新兴产业集群,产业结构高级化趋势较缓,这些都是制约黄河流域"双碳"目标实现的掣肘。

(四)黄河流域化石能源生产消费占比高,绿色转型升级压力大

能源是"工业粮食",关系一国经济社会发展,同时,能源结构也决定了资源消耗和二氧化硫排放强度,优化调整能源结构是实现碳达峰碳中和的根本之策。2020年黄河流域九省(区)能源生产总量为257247万吨标准煤,占全国的比重为63.1%,能源消费总量为656891万吨标准煤,占全国

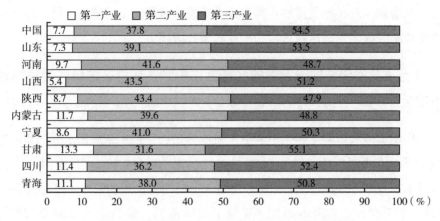

图6 2020年全国及沿黄九省（区）三次产业结构

的比重为32%（见图7）。调整能源结构就是要减少经济社会生产生活对化石能源的消费需求，降低传统煤电比重，大力发展新能源和可再生能源。沿黄九省（区）能源结构以煤炭化石能源为主，山西、内蒙古、宁夏能源生产中原煤占比高达90%以上，陕西、河南原煤生产占比也高达80%。煤炭是我国能源生产、消费最主要的化石燃料，也是碳排放规模最大的来源。黄河流域九省（区）是我国煤炭生产主产区，多个省份能源结构"一煤独大"，能源生产消费以煤炭为主，城镇人口、产业集聚导致能源消耗上升，

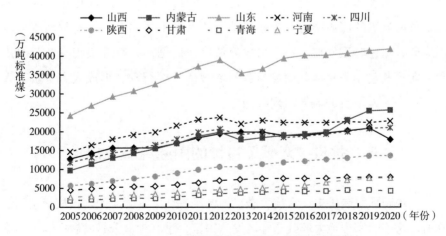

图7 2005~2020年沿黄九省（区）能源消费总量

工业制造业、汽车尾气排放等都会造成黄河流域环境负外部性问题，进一步加剧黄河流域实现碳达峰目标和产业转型升级压力。

（五）黄河流域缺乏完善的区域合作机制，环境区域协同治理机制不健全

推动黄河流域碳达峰碳中和是黄河流域生态保护和高质量发展国家战略的重要组成部分，也是实现区域重大战略的有效路径。2021 年 10 月《黄河流域生态保护和高质量发展规划纲要》印发实施，为推动黄河流域各省（区）相互协作，实现协同发展提供了根本遵循。但是推动黄河流域各省（区）协同发展还有待时日，协同合作机制尚未成型，各项工作合力还未形成。环境污染改善和二氧化碳减排不仅是某一地区的事务，也是黄河流域区域整体性事务。黄河流域碳达峰行动涉及跨区域的协同配合，由于受经济社会发展不均衡、行政壁垒障碍、管理体制条块分割等因素制约，黄河流域生态保护治理仍以碎片化管理为主，各省（区）污染治理仍各自为政，分工协作机制不明确，区域合作行动力不足，生态治理水平较低，导致流域环境协同治理机制不完善。推动黄河流域碳达峰和跨区域合作治理是切实增进流域整体利益、确保黄河治理稳定与可持续的关键，也是推进流域生态文明国家治理体系和治理能力现代化建设的重要内容。沿黄九省（区）要立足黄河流域的能源结构、产业基础、技术水平共同努力推动黄河流域减污降碳、绿色转型发展，积极引导流域内政府部门、企业组织、社会组织和公众等利益相关主体共同参与黄河流域碳达峰行动，形成人人有责、人人尽责、人人享有的流域治理共同体。

五 推进"双碳"目标的国际经验及启示

纵观国际发展历史，目前，全世界已经有几十个国家的碳排放量达到了峰值，这些国家中绝大部分是经济发达国家，也有少部分是发展中国家。许多国家的碳达峰碳中和之路历经坎坷，但最终达成了目标，尽管发展阶段与具体国情不同，但发达国家碳达峰的现实经历及碳中和的政策走向，对我国以及黄河流域推进碳达峰碳中和具有借鉴意义。

（一）主要发达经济体推进"双碳"目标的经验启示

1. 大力推进能源结构调整，强化"双碳"源头治理

人类生产生活必然涉及能源消耗，调整能源结构，减少非再生能源消耗，提高清洁能源比例成为推动"双碳"目标必不可少的环节，也是实现"双碳"目标的根本之策。发达国家在调整能源结构、减少碳排放方面做出了积极的努力和尝试，在减污降碳方面做出了卓有成效的工作，欧盟、美、日等发达国家和地区在新近几十年中，高度重视以能源结构调整改善生产生活方式，并且多数国家以发展氢能等清洁能源为战略导向。德国大力改善管道能源类型提高可再生能源的比例，对燃料进行脱碳，通过发展电解水制氢技术大规模替代不可再生能源。欧盟出台《欧盟氢能战略》与《能源系统一体化战略》等举措，对能源系统进行深度脱碳变革，最大限度提升可再生能源比例。2002 年美国能源部发布了《国家氢能路线图》，构建了氢能发展的长期路线，并启动大批科研项目进行研发生产氢能，经过能源结构积极调整，美国可再生能源比例显著提高，2019 年美国水力发电、太阳能、风能等可再生能源比例首次超过了煤炭，实现了 130 多年来的历史性飞跃，可再生能源成为第三大能源，美国能源消费结构得到了前所未有的优化。日本同样发展氢能以提升本国能源安全水平，并将氢能产业快速运用于工业生产、车用及家用领域。因而，我国也应立足资源能源结构实际，因地制宜、统筹规划、合理布局，适当借鉴各国能源结构调整方法，发展氢能及其他可替代清洁能源，调整能源结构以促进生产方式低碳化。

2. 积极推动环境保护立法，为"双碳"提供法律制度保障

环境规制是改善环境的刚性约束，发达国家重视从立法层面保护环境、改善气候，为促进"双碳"目标完成提供了法治保障。英国早在 1972 年就出台《有毒废物处置法》，1990 年出台《环境保护法》，2001 年出台《污染预防法》，2008 年出台《气候变化法案》以及 2009 年成立了气候债券倡议

组织。德国制定了《气候保护规划 2050》《德国联邦气候保护法》等一整套有关减排的政策走向和行动计划。欧盟是致力于改善气候变化的重点地区，遵循《京都协议书》确定碳排放总量实行配额制度，根据各成员国实际情况，配给碳排放量额度，实施总量管制与碳市场交易制度，总量管制由法律强制规定碳排放总量不超过标准，不过，各地区和企业之间可以采用市场行为购买碳排放指标，调剂碳排放量指标，由此欧盟实施了《欧盟排放交易指令》《欧盟气候变化计划》等一系列法令为碳交易市场提供法律保障。2020 年的数据显示，欧盟碳交易市场量已经达到全球总量的 75%。与此同时，欧盟委员会 2021 年出台《欧盟行动计划：实现空气、水和土壤零污染》，并实施"零污染行动计划"，致力于到 2050 年将空气、水和土壤污染降低到对人类健康和自然生态环境不再有害的水平。可见，发达国家在推动"双碳"目标的过程中，环境立法为改善环境、实现减排降碳提供了坚强保障。

3. 推进绿色生活方式，改善居民生活减排

随着人类文明的进步，绿色低碳生活方式理念深入人心，同时，科技进步也为人类生活方式改善提供了技术条件。发达国家政府纷纷出台各项限制生活碳排放的规定，倒逼生活方式改变。德国政府致力于通过替代燃料实现低碳出行，还制定了关于燃油车的碳排放税政策，从 2021 年起政府就开始投入大量资金制造电动公交车，预计到 2030 年实现德国铁路网的电气化和智能化；在建筑节能减排方面，德国政府对存量房进行研究并对公共非住宅建筑进行节能改造，制定建筑改造以实现碳中和路线图，目标到 2022 年底至少达到节能的 40%标准，建筑翻新材料要求选用保温性能更好的材料以降低房屋的热量需求，设定技术标准减少燃油供暖和燃气供暖比重，鼓励增加可再生能源供热的比例。法国政府于 2019 年 12 月颁布了《交通未来导向法》，明确在 2040 年停止出售使用汽油、柴油和天然气等化石燃料的车辆。英国政府提高常规交通工具的燃放效率，支持低碳交通工具和清洁燃料发展，鼓励市民、旅行者选择低碳出行方式，对航空、海运实施碳排放限度管理等。

4. 加大政策激励力度，大力发展低碳技术并推动应用普及

低碳技术研发和应用对于能源结构调整和生活方式低碳化改善至关重要。各国积极采取激励政策，推动低碳技术普及应用。日本政府为了振兴本国低碳产业发展，制定了促进绿色低碳转型和扩大低碳产业就业的综合性政策举措，早在 2010 年日本政府就推出"低碳型创造就业产业补助金"，并一再扩大补助范围，加大补助力度，推动了包括电动车用锂离子电池、LED芯片、太阳能电池制造等日本具有明显市场优势的战略性新兴产业的发展，提高国际市场占有率。与此同时，2020 年日本经济产业省提出通过补贴和税收优惠等激励措施，动员超 240 万亿日元的私营领域绿色投资，力争到 2030 年实现 90 万亿日元的年度额外经济增长。英国政府通过加大可再生能源的支持力度、新核电站的建设、碳捕获和封存设施方面的建设、智能电网的建设等减少碳排放。欧盟则将碳捕获与封存技术（CSS）项目纳入碳市场配额补贴范围之内。美国通过直接立法将 CSS 技术纳入碳市场的衔接规则，让其项目运营商直接参加碳市场交易获益。由此可见，各国政府通过投入大量资金支持低碳技术与研发碳捕捉技术，以加强政策激励鼓励低碳技术创新，充分发挥科技在碳排放治理中的作用，以更高效的方式为绿色降碳提供政策支撑。

（二）推进黄河流域碳达峰路径的政策建议

推动碳达峰行动并不是简单孤立的一项工作，而是一项系统工程，涉及经济增长、能源结构调整、发展方式转变。要科学地分析碳达峰与经济增长、城镇化、工业化的逻辑互动关系，在此基础上，定量测算黄河流域不同时间点实现碳达峰的损益和风险分析，由此系统地提出黄河流域碳达峰目标的科学路径和政策举措。推动黄河流域碳达峰要坚持系统观念、全局观念，综合考虑经济发展、生态安全、能源安全，按照国家碳达峰行动方案总体部署，结合本地区资源环境禀赋、产业布局、工业发展等，坚持全国一盘棋，科学制定本地区碳达峰行动方案，提出符合实际、切实可行的碳达峰时间表、路线图、施工图，避免"一刀切"限电限产或运动式"减碳"，长期坚

持、久久为功,既保持经济稳定增长,也以最小代价促进气候和环境改善。

1.统一思想达成共识,加强黄河流域"双碳"目标顶层设计

2021年底中央经济工作会议上明确重申要正确认识和把握碳达峰碳中和,要坚定不移加以推进,但不能搞"运动式减碳",不可能毕其功于一役。过早碳达峰或能源达峰对经济增速有强抑制效应,延续或加码过去累计起来的多重能源环境约束性指标,导致事实上的提前碳达峰,甚至是能源达峰将导致经济低速增长,影响2035年基本实现社会主义现代化的目标。

对于黄河流域而言,要充分认识到推动实现碳达峰碳中和是一项复杂工程和长期任务,要充分考虑本区域内的能源结构、产业结构等基本情况,尊重规律,通盘谋划,立足以煤为主的基本国情,先立后破,不能影响经济社会发展全局,推动煤炭和新能源优化组合,完善能耗"双控"制度,新增可再生能源和原料用能不纳入能源消费总量控制,还要创造条件尽早实现能耗"双控"向碳排放总量和强度"双控"转变,不能把任务简单地层层分解。加强顶层设计,考虑成立黄河流域碳达峰碳中和发展规划领导小组,共同制定黄河流域"双碳"目标路线图,成立碳达峰碳中和区域联盟,积极推进碳达峰区域协同治理。组织各级党政部门全面学习碳达峰碳中和相关知识和相关政策部署,警惕过分依赖行政手段,发挥市场手段的积极作用,通过政策引导和激励,引导资金、人才、技术等往高科技、战略新兴产业集聚,发挥碳达峰碳中和对经济发展的激励作用,促进经济社会绿色转型和高质量发展。

2.立足黄河流域资源基础条件,分阶段走差异化路径

推动黄河流域"双碳"目标考验黄河流域治理体系和治理能力现代化。要以国家"双碳"目标为总体任务,测量评估黄河流域碳规模与碳结构,评估碳排放年度增速和碳达峰周期,制定当地碳达峰碳中和发展规划及分阶段、差异化发展路径。因为黄河流域各省(区)发展不均衡,要在区域环境协同治理的基础上,结合各自资源禀赋、经济发展水平、工业化发展阶段,立足资源环境承受能力,提出切实可行的行动方案,"十四五"时期是推动我国实现碳达峰和经济社会全面转型的关键时期。沿黄九省(区)依

据国家《2030前碳达峰行动方案》和《意见》精神，结合本省（区）实际情况制定了"十四五"碳达峰战略目标规划，确定碳达峰碳中和"十四五"行动计划，成为未来一段时期内碳达峰行动的根本遵循。宁夏立足建设黄河流域生态保护和高质量发展先行区，先后出台了《宁夏碳达峰碳中和科技支撑行动方案》和《关于完整准确全面贯彻新发展理念做好碳达峰碳中和工作的实施意见》，建设国家农业绿色发展先行示范区和多个新能源产业示范区，加速传统产业升级和转型。山东提出绿色低碳转型2022年行动计划有序推进碳达峰碳中和工作，争做国家级碳达峰试点。青海立足牦牛、藏羊、青稞、冷水鱼、枸杞等优势主导特色产业，全力推进农业碳达峰。山西作为全国乃至全球最大的焦炭生产供应基地，依托丰富的炼焦煤资源优势，瞄准焦化行业，助力"双碳"目标实现。

3. 统筹考虑2030碳达峰与2035基本实现社会主义现代化的双重目标

"双碳"目标对经济发展具有激励约束作用。一方面，碳达峰碳中和对经济增速具有锁定作用，达峰时的经济增速上限由碳排放强度下降速度锁定，碳排放强度降速则由能源碳密度降速和能耗强度降速决定；另一方面，碳达峰碳中和对经济社会发展转型具有倒逼功能。推进"双碳"目标必须统筹考虑社会主义现代化目标下的经济增长速度要求，制订透明可预期的2030年碳达峰行动计划。在科学把握碳达峰与经济增长、工业化、城镇化之间的互动关系客观规律的基础上，对不同时间点碳达峰的损益和风险进行分析，提出黄河流域协同实现2030年碳达峰和2035年现代化目标的路线图和政策举措。根据基本实现社会主义现代化目标测算黄河流域各省（区）经济增速要求，以经济增速推演能源消耗总量和强度，测算黄河流域2030年前碳达峰目标对经济增速的影响，拟定不同选择方案，权衡利弊，以最小代价实现利益最大化。

一方面，可选择在符合环保标准的情况下，2030年前让企业充分发挥现有先进产能。自2030年开始，落实现阶段制定的可预期、透明的行政和市场相结合的降碳措施，大量淘汰落后和相对落后产能，大幅度减少行业范围扩大后的碳交易免费碳配额，大幅度提高碳交易价格，征收碳税，确保碳排放量大的地区和行业在 2029 年达峰。

另一方面，科学制定能源环境政策，处理好能源达峰与碳达峰时间之间的关系，确保能源达峰时间晚于碳达峰时间，在严控盲目新增"两高"产业产能的前提下，完善和优化多年累积的能源环境约束性指标，防止多重累加的能源环境政策的惯性导致过早进入碳达峰，由人为干预影响经济正常增长，导致经济增速过低。避免各省（区）自行宣布其过早碳达峰时间，或继续沿用甚至加强 5 类能源环境类约束性指标的约束力度，导致实际上的过早碳达峰，最终导致全国碳排放量进入平台振荡期，同时影响 2030 年前碳达峰和 2035 年基本实现社会主义现代化目标。

4. 大力发展循环经济，促进绿色低碳转型发展

循环经济是以尽可能小的资源消耗和环境成本，获得尽可能大的社会经济效益，从而实现经济系统与自然生态系统的物质循环过程相互和谐。发展循环经济应当遵循统筹规划、合理布局，因地制宜、注重实效，政府推动、市场引导，企业实施、公众参与的方针。沿黄九省（区）应秉持资源循环使用原则，从全生命周期、全产业链条加快推进资源回收利用，在生产投入过程中将废弃材料纳入技术加工部门，在中期加工及后期零售环节，将附加塑料包装回收利用、落实生产者资源环境责任贯穿产品全生命周期，推动外部环境成本内部化。加强对重污染、高排放行业的废水、废气的技术处理和再回收利用，合理改善环境负外部性。制定自然资源产权制度，科学管理资源总量，构建合理利用资源的新型社会，促进资源节约、综合和高效利用。重点对高耗能行业领域节能降碳改造升级，严格监管城市重点行业领域排放，放大可再循环利用耗能的极限空间，实施各类垃圾分类处理，制定废旧物品可循环利用的措施办法。争取国家财政支持，建立专门的低碳经济和生态经济发展基金，严格监测企业碳排放量，制定低碳排放尺度，秉持生态安全保护原则为各企业提供合理减排标准。发挥科技创新在黄河流域环境治理中的决定性作用。加大科技投资力度，重视高新技术人才支撑，鼓励企业研发低耗能、低污染的新型产品，努力实现科技驱动企业高效转型，加速科技创新技术路径，带动能源结构调整、成果转换及减污降碳。

5. 构建区域协同治理机制，协作配合做好碳达峰工作

推进黄河流域碳达峰是一项系统工程，沿黄九省（区）各部门、各行业要协同并进，制定共同推进策略，避免单兵突进，影响整体战略推进实施。加快实现黄河流域碳达峰目标，要提升沿黄省（区）改善环境质量的水平，巩固沿河各段流域减排降碳的能力。考虑到黄河流域经济发展水平和产业分布不均衡，鼓励部分地区或是部分重点行业优先探索碳达峰路径，为带动其他地区或行业提供有益经验与和合适路径。① 黄河流域"双碳"目标涉及一些关键领域和行业变革，在推进过程中会遇到许多不确定性因素，需要沿黄九省（区）整体统筹、共同谋划。按照党的十九届四中全会提出的构建与社会主义现代化国家相适应的国家治理体系和治理能力的要求，加强跨区域合作，创新区域协同治理模式，贯彻全国市场大统一精神，以开放促合作，加快商品要素资源在各省（区）间自由流动。各省（区）应加强绿色生态协同保护，加强黄土高原地段水土流失治理，植树造林，增强涵养水源和空气净化能力，加强山、水、田、湖等生态要素的综合治理，积极推动黄河上、中、下游地区的互动协作、协同联动，制定各项举措为绿色生态安全提供制度保障。发挥森林碳汇作为促进我国自主贡献减排义务的功能作用，积极落实生态保护红线制度，采取保护措施减少毁林和森林退化问题，做好碳汇造林项目，扩大黄河流域森林空间，提升黄河流域碳汇供给。②

---

① 范恒山：《运用系统思维和立体举措推动实现"双碳"预期目标——在第五届鲁青论坛"黄河流域碳达峰与碳中和路径高峰论坛"上的讲话》，《青海师范大学学报》（社会科学版）2021年第4期。

② 张璐：《黄河保护立法中的能源开发规制》，《甘肃社会科学》2022年第2期。

专题报告
Special Reports

B.2
黄河流域碳达峰的聚类分析

王学凯[*]

摘　要： 基于 K 均值聚类分析法，选择 3 个碳排放特征指标和 4 个经济特征指标，以黄河流域 97 个城市 2017 年截面数据为例，分析黄河流域碳达峰的聚类情况。聚类分析的结果表明，黄河流域碳达峰可分为五种类型：第一类为"高碳—高发展"资源型，第二类为"低碳—高发展"成熟型，第三类为"低碳—低发展"潜力型，第四类为"高碳—低发展"转型型，第五类为"生态优先"型。可根据不同类型制定差异化的碳达峰路径，最终实现黄河流域在绿色低碳发展方面走在全国前列的目标。

关键词： 碳达峰　绿色低碳发展　黄河流域

---

[*] 王学凯，博士，中共中央党校（国家行政学院）马克思主义学院副研究员，研究方向为宏观经济、政治经济学。

黄河流域横跨东中西，黄河流经九个省区，不同省区的经济发展、生态保护存在显著差异，即使在同一省区内，各城市的发展水平和生态禀赋也明显不同。在2030年前碳达峰目标的指引下，有必要采取分类的思路，对黄河流域碳达峰进行聚类分析。

一　聚类分析的原理与方法

对于纷繁复杂的对象，人们往往会通过同种属性的划分来加以区分认识。聚类分析是一种较为常用的方法，旨在通过分析样本或指标的相似程度，将相似程度较大的聚合为同类。聚类方法包括层次聚类、K均值聚类、模糊聚类、图论聚类等，常用的为层次聚类和K均值聚类。[①]

（一）聚类分析的基本原理

聚类分析的基本思路在于通过研究样本或指标的相似程度或亲疏关系，按照相似性进行分类，其中按照样本的分类叫作Q型聚类，按照指标的分类叫作R型聚类。通常，用相似系数或距离来度量相似性。

假设有m个样本，每个样本有n个指标，那么就可以形成$m \times n$的矩阵，可以通过举例来度量样本的亲疏程度。距离可以表达为：

$$d_{ij}(q) = \left[\sum_{k=1}^{n} |x_{ik} - x_{jk}|^q \right]^{1/q} \tag{1}$$

其中，x_{ik}表示第i个样本的第k个指标，d_{ij}表示第i个样本和第j个样本之间的距离，这个距离也称为明考斯基（Minkowski）距离。q为变换系数，当其取不同值时，这个距离也会有所差异，比如当$q=1$时，就变成了绝对值距离，当$q=2$时，就变成了欧氏距离，当$q=\infty$时，就变成了切比雪夫距离。

不过，由于多个指标的单位存在差异，而且没有考虑指标的关联性，明

---

① 何晓群：《多元统计分析》（第四版），中国人民大学出版社，2015，第43~52页。

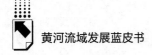

考斯基距离仍然存在一些缺陷。一个改进方法是，可以将数据进行标准化处理，然后再计算距离，即：

$$x_{ij}^* = \frac{x_{ij} - \overline{X_j}}{S_j} \tag{2}$$

其中，$\overline{X_j}$表示第j个指标的均值，S_j表示第j个指标的标准差，x_{ij}^*则表示标准化后的数据。根据处理后的数据，可以计算出所谓的兰氏距离（兰斯和威廉姆斯）为：

$$d_{ij}(LW) = \frac{1}{n}\sum_{k=1}^{n} \frac{|x_{ik} - x_{jk}|}{x_{ik} + x_{jk}} \tag{3}$$

另一个改进方法是既考虑不同指标的量纲，又考虑样本的关联性，可计算马氏距离，其中$x_{(i)}$为矩阵行向量的转置，可以表示为：

$$d_{ij}^2(M) = (x_{(i)} - x_{(j)})' \sum\nolimits^{-1} (x_{(i)} - x_{(j)}) \tag{4}$$

（二）层次聚类法

层次聚类法的思路是根据一定标准将相近的样本聚合，然后逐步放松标准，使得次相近的样本聚合，最终实现所有样本的聚类。在层次聚类法中，计算距离的方法有很多，1967年兰斯和威廉姆斯给出了统一的计算公式，即：

$$D^2(k,r) = \alpha_p D^2(k,p) + \alpha_q D^2(k,q) + \beta D^2(p,q) + \gamma|D^2(k,p) - D^2(k,q)| \tag{5}$$

按这个公式，对系数取不同值，可得到计算距离的不同方法，详见表1。[①]

层次聚类法通常用于样本或指标不是很大的情况，不同距离的使用范围有所差异，条形的类一般使用最短距离法，椭圆形的类一般使用最长距离法、重心法、类平均法、离差平方和法等。不过，还要考虑到层次聚类法的

---

① 何晓群：《多元统计分析》（第四版），中国人民大学出版社，2015，第60页。

表 1　系统聚类法参数

方法	α_p	α_q	β	γ
最短距离法	$1/2$	$1/2$	0	$-1/2$
最长距离法	$1/2$	$1/2$	0	$1/2$
中间距离法	$1/2$	$1/2$	$-1/4$	0
重心法	n_p/n_r	n_q/n_r	$-\alpha_p\alpha_q$	0
类平均法	n_p/n_r	n_q/n_r	0	0
可变类平均法	$(1-\beta)n_p/n_r$	$(1-\beta)n_q/n_r$	$\beta<1$	0
可变法	$(1-\beta)/2$	$(1-\beta)/2$	$\beta<1$	0
离差平方和法	$(n_k+n_p)/(n_k+n_r)$	$(n_k+n_q)/(n_k+n_r)$	$n_k/(n_k+n_r)$	0

单调性、空间的浓缩与扩张等因素，相比于其他方法，类平均法相对适中，比较适合通常的情况。

（三）K 均值聚类法

如果样本或指标比较大，虽然使用层次聚类法也可以得到聚类分析的结果，但是需要通过自行设定标准来确定分类。而使用 K 均值聚类法，可事先设定一定的标准，经过多次聚类，得到最适合的分类数，然后按照这一分类数进行聚类分析。

K 均值聚类法的思路是把每个样本聚集到最近均值类中，其具体由三个步骤组成：[1] 第一步，将所有样本粗略分成 K 个初始类；第二步，将样本逐个分派到最近的均值类中，重新计算接受新样本的类和失去样本的类的均值；第三步，重复第二步，直到各类无元素进出。

K 均值聚类法需要提前设定分类数，这可能存在几个问题：一是如果有两个或多个形心偶然聚集到同一个类中，那么聚类结果就难以区分；二是存在一些外部的干扰，使得至少产生一个比较分散的类；三是强行预设分类

---

[1] MacQueen J., *Some Methods for Classification and Analysis of Multivariate Observations*, Proceedings of the 5th Berkeley Symposium on Mathematical Statistics and Probability, 1967, 1 (1)：281-297.

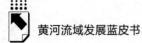

数，可能会出现一些没有实际意义的聚类。当然，如何确定合理的分类数，目前仍然没有统一的规定。在实践中，可以通过研究需要和实际情况选择合适的分类数，也可以计算族群内方差（WGSS）最小值，以此确定合适的分类数。

二 黄河流域碳达峰聚类分析的设定

考虑到黄河流域城市众多，选择 K 均值聚类法，对黄河流域聚类分析进行一些基本的设定。

（一）样本的选择

黄河流域横跨九个省区，这是聚类分析的对象，可从空间和时间两个维度对样本进行选择。

空间维度，涵盖黄河流域 97 个城市。根据水利部黄河水利委员会的数据，黄河流经的九个省区中，据 1995 年行政区划的统计，黄河流域共涉及 69 个地区（州、盟、市）、329 个县（旗、市），其中全部位于黄河流域内的县（旗、市）共有 236 个，[1] 这个只统计了黄河流域真正流经的地区，属于窄口径的统计。2019 年习近平总书记在黄河流域生态保护和高质量发展座谈会上的讲话中提到，黄河流域九省区 2018 年底总人口 4.2 亿，占全国的 30.3%，[2] 这是基于九个省区所有城市的宽口径统计。考虑到黄河流域碳达峰更加讲求系统性，也考虑到黄河流域四川段只涉及少数地州，因此选择黄河流域的地级市（州、盟），包括青海省 8 个、四川省 2 个（阿坝州、甘孜州）、甘肃省 14 个、宁夏回族自治区 5 个、内蒙古自治区 12 个、山西省 11 个、陕西省 10 个、河南省 18 个、山东省 17 个，共计 97 个城市，作为黄河流域碳达峰的聚类分析的样本。这其中，济源属于河南省直辖县级市，莱

---

[1] 参考《流域行政区划》，黄河网，http：//www.yrcc.gov.cn/hhyl/hhgk/hd/lyfw/201108/t20110814_103296.html。

[2] 习近平：《在黄河流域生态保护和高质量发展座谈会上的讲话》，《求是》2019 年第 20 期。

芜原属于山东省的地级市，2019 年 1 月才正式撤市设区，并入济南市，考虑到这两个城市的历史因素和重要地位，将其视作地级市。

时间维度，选择 2017 年作为研究对象。聚类分析主要采用界面数据，中国碳核算数据库（CEADs）研究采用"粒子群优化—反向传播"（PSO-BP）算法统一 DMSP/OLS 和 NPP/VIIRS 卫星图像的规模，估算了 1997~2017 年中国 2735 个县的二氧化碳（CO_2）排放量，这为黄河流域碳达峰的聚类分析提供了丰富的数据。考虑到数据的可得性，黄河流域碳达峰的聚类分析以 2017 年 97 个城市的截面数据为主。

（二）指标的选择

为了准确地对黄河流域碳达峰进行聚类分析，需要选取合适的指标。碳达峰既是经济问题，又是环境问题，研究环境影响因素可追溯至马尔萨斯的人口增长与自然资源缺乏关系。目前，国内外关于碳排放影响因素的研究大致包括三类。

第一类是基于 IPAT 模型及其扩展。关于哪些因素导致环境问题，始于 Commoner 和 Ehrlich 之争。Commoner 提出"技术决定论"，认为工业技术是环境质量恶化的最主要因素。[①] 而 Ehrlich 和 Holden 提出了影响环境的人口模型，即 $I=P×F$，其中 I 为环境压力，P 为人口规模，F 为人均环境影响的函数，人口增长是环境变化的最主要因素。[②] 在争论中，学术界逐渐形成了 IPAT 模型，即 $I=P×A×T$，其中 A 为富裕水平，T 为特定技术或在特定技术下的单位能耗。从这个模型可以看出，影响环境的因素包括人口规模、富裕水平（或消费水平）、提供消费品的技术等。关于人口规模的实证，人口规模与环境存在显著的正相关关系，人口规模越大，对环境的影响越大。[③] 除

---

① Commoner B., *The Closing Circle: Nature, Man, and Technology*, New York: Bantam Books, Inc., 1971.

② Ehrlich P. R., Holdren J. P., "Impact of Population Growth," *Science*, 1971, 171 (3977): 1212-1217.

③ Commoner, B., "Bulletin Dialogue on 'The Closing Circle': Response," *Bulletin of the Atomic Scientists*, 1972, 28 (5): 17, 42-56.

此之外，人口结构变化、人口空间分布、人口增长速度等，对环境也可能存在影响，比如欠发达国家人口对环境的影响程度要明显大于发达国家，农村人口增长速度和密度对环境的影响要明显大于城市。[①] 关于富裕水平的实证，富裕水平越高，消费水平越高，对环境造成的影响越大，特别是无差别的消费会加剧环境影响。[②] 关于特定技术的实证，特定技术并不单纯指的是生产技术，还包括除了人口规模和富裕程度之外的其他因素，比如社会结构、文化、制度安排等，在实证中一般作为残差项处理，由于特定技术存在结构差异，对环境的影响程度也存在差异。[③] 在 IPAT 模型的基础上，学者们做出了许多扩展，主要有两个。一个是 Waggoner[④] 提出的 ImPACT 模型，即 $Im = P \times A \times C \times T$，其中 C 为食品消费占 GDP 比重，在对草原环境的实证中，陈强强和孙小花发现人口规模和富裕程度对草原环境产生正向压力，畜产品使用强度降低（C）和草原资源利用效率提高（T）有利于抑制环境压力的上升。[⑤] 另一个是 Dietz 和 Rosa[⑥] 提出的 STIRPAT 模型，即 $I = a \times P^b \times A^c \times T^d \times e$，其中 a 为常数项，b、c、d 分别为 P、A、T 的指数项，e 为误差项，当常数项、指数项、误差项均为 1，则为 IPAT 模型。

第二类是基于 Kaya 恒等式及其扩展。Kaya 提出了恒等式 $CO_2 = \dfrac{CO_2}{E} \times$

$\dfrac{E}{GDP} \times \dfrac{GDP}{P} \times P$，其中 CO_2 为二氧化碳排放量，E 为能源消耗量，GDP 为国内

---

① Rudel, T. K., "Population, Development, and Tropical Deforestation: A Cross-national Study," *Rural Sociology*, 1989, 54 (3): 327-338.

② 钟兴菊、龙少波：《环境影响的 IPAT 模型再认识》，《中国人口·资源与环境》2016 年第 3 期。

③ 〔美〕查尔斯·哈伯：《环境与社会：环境问题中的人文视野》，肖晨阳等译，天津人民出版社，1998，第 299 页。

④ Waggoner, P. E., "Agricultural Technology and Its Societal Implications," *Technology in Society*, 2004, 26 (2-3): 123-136.

⑤ 陈强强、孙小花：《基于 ImPACT 等式的人类活动对草原环境的影响——以甘南州草原牧区为例》，《干旱地区农业研究》2010 年第 1 期。

⑥ Dietz, T., Rosa, E. A., "Rethinking the Environmental Impacts of Population, Affluence and Technology," *Human Ecology Review*, 1994, 1 (2): 277-300.

生产总值，P 为人口规模，这样二氧化碳排放量就可以被分解为碳排放强度 $\left(\dfrac{CO_2}{E}\right)$、能源强度 $\left(\dfrac{E}{GDP}\right)$、人均 GDP $\left(\dfrac{GDP}{P}\right)$ 和人口规模四个因素。[1] 沿着 Kaya 恒等式的思路，学者做了许多拓展性的研究，比如运用 LMDI 方法研究碳排放量和因素差异[2]，运用模糊聚类分析中国碳排放分区[3]，运用 LMDI "两层完全分解法"将影响碳排放的因素总结为人口、经济、结构（能源结构和经济结构）、技术（主要为能源强度变化）四个方面[4]，进一步分解出城镇化水平[5]。

第三类是基于环境库兹涅兹曲线。Grossman 和 Krueger[6] 发现了环境库兹涅兹曲线，即污染程度与经济增长在长期呈倒 U 形的关系。美国和欧盟等发达国家和地区比较符合环境库兹涅兹曲线[7]，但是发展中国家并不一定支持环境库兹涅兹曲线，比如中国环境污染和经济增长可能存在线性、U 形、N 形、倒 N 形等关系[8]。在影响因素选择中，人均 GDP 是最为主要的解释变量[9]，

① Yoichi, Kaya, *Impact of Carbon Dioxide Emission on GNP Growth*: *Interpretation of Proposed Scenarios*, Presentation to the Energy and Industry Subgroup, Response Strategies Working Group, IPCC, Paris, 1989.

② 陈诗一、严法善、吴若沉：《资本深化、生产率提高与中国二氧化碳排放变化——产业、区域、能源三维结构调整视角的因素分解分析》，《财贸经济》2010 年第 12 期。

③ 张彬、姚娜、刘学敏：《基于模糊聚类的中国分省碳排放初步研究》，《中国人口·资源与环境》2011 年第 1 期。

④ 涂正革、谌仁俊：《中国碳排放区域划分与减排路径——基于多指标面板数据的聚类分析》，《中国地质大学学报》（社会科学版）2012 年第 6 期。

⑤ 戴小文、何艳秋、钟秋波：《基于扩展的 Kaya 恒等式的中国农业碳排放驱动因素分析》，《中国科学院大学学报》2015 年第 6 期。

⑥ Gene M. Grossman & Alan B. Krueger, *Environmental Impacts of a North American Free Trade Agreement*, NBER Working Papers, 1991, No. 3914.

⑦ Apergis N., Payne J. E., "CO₂, Emissions, Energy Usage, and Output in Central America," *Energy Policy*, 2009, 37 (8): 3282-3286; Dogan E., Seker F., "Determinants of CO₂, Emissions in the European Union: The Role of Renewable and Non-renewable Energy," *Renewable Energy*, 2016, 94 (C): 429-439.

⑧ 包群、彭水军：《经济增长与环境污染——基于面板数据的联立方程估计》，《世界经济》2006 年第 8 期。

⑨ 蔡昉、都阳、王美艳：《经济发展方式转变与节能减排内在动力》，《经济研究》2008 年第 6 期。

同时也包含人口密度、是否靠近海岸线和沙漠、产业结构等①。

综合国内外学者的研究，可以将影响碳达峰的因素分为两大类。第一大类是经济特征，包括经济发展水平（人均 GDP）、工业化程度（第三产业占 GDP 比重）、城市化水平（城镇化率）、经济增速（经济增长率）四个指标。一般认为，当经济发展水平、工业化程度、城市化水平比较低时，经济增长率可能会比较高，这个阶段的碳排放大概率处于上升趋势，当经济发展水平、工业化程度、城市化水平比较高时，经济增长率可能由高转低，这个阶段碳排放有可能达到峰值。第二大类是碳排放特征，包括人均二氧化碳排放水平（人均二氧化碳排放量）、能源效率（单位 GDP 能耗）、人口规模（常住人口数量）三个指标，这与 IPAT 模型中的 P 和 T，以及 Kaya 恒等式中的碳排放强度、能源强度、人口规模等因素相关。

（三）数据的处理

选择黄河流域 97 个城市 2017 年的数据作为黄河流域碳达峰聚类分析的基础，如无特殊说明，所列数据均指 2017 年数值，并且对数据进行一些处理。

关于数据来源，经济特征的人均 GDP、第三产业占 GDP 比重、城镇化率、经济增长率和碳排放特征的单位 GDP 能耗、常住人口数量均来自各省区和地级市（州、盟）的统计年鉴、统计公报。需要说明的是，个别城市的一些指标在省区统计年鉴中的数据与地级市（州、盟）统计年鉴的数据存在略微的差异，以省区统计年鉴的数据为准。碳排放特征的人均二氧化碳排放量根据该城市的常住人口数量和二氧化碳排放总量计算得到，其中二氧化碳排放总量数据来源于中国碳核算数据库（CEADs），根据该数据库公布的县（区）级二氧化碳排放量，加总得到城市的二氧化碳排放量。

关于数据缺漏，进行了合理化补缺。城镇化率方面，陕西省西安 2017

---

① 张昭利、任荣明、朱晓明：《我国环境库兹涅兹曲线的再检验》，《当代经济科学》2012 年第 5 期。

年城镇化率根据前续年份的平均增幅递增折算。单位 GDP 能耗方面，青海省 8 个城市 2017 年数值用青海省数值替代；甘肃省兰州、嘉峪关、白银、天水、武威、平凉、酒泉、庆阳、陇南、临夏州、甘南州 2017 年单位 GDP 能耗用甘肃省数值替代；陕西省 10 个城市 2017 年单位 GDP 能耗根据陕西省单位 GDP 能耗增速折算；河南省 18 个城市 2017 年单位 GDP 能耗根据河南省单位 GDP 能耗增速折算；山东省 17 个城市 2017 年单位 GDP 能耗根据山东省单位 GDP 能耗增速折算。

关于数据标准化，进行了标准化处理。不同指标的单位、量纲存在差异，比如常住人口数量的单位为万人，单位 GDP 能耗的单位为吨标准煤/万元，第三产业占 GDP 比重、城镇化率、经济增长率只是百分比而无具体单位，为了降低单位和量纲差异带来的影响，需要对原始数据进行标准化处理，标准化处理之后，标准差均为 1。

（四）分类数的确定

采用 K 均值聚类法，需要提前设定分类数，通过计算族群内方差（WGSS）最小值的方法，确定分类数。

$$WGSS = \sum_{j=1}^{p} \sum_{l=1}^{k} \sum_{i \in G_l} (y_{ij} - \bar{y_j}^{(l)})^2 = \sum_{l=1}^{k} \sum_{i \in G_l} (y_i - \bar{y}^{(l)})'(y_i - \bar{y}^{(l)}) \tag{6}$$

其中，$\bar{y}^{(l)}$ 是族群 G_l 中变量 j 的均值，y_i 是第 i 个样本点，$\bar{y}^{(l)}$ 是族群内所有样本的均值。当 $k=n$ 时，$WGSS=0$，为最小值，但并非要求 $WGSS$ 必须达到最小，而只要越小即可。在 Stata 计量软件中，聚类分析没有直接提供碎石图的命令，可以采用 Calinski-Harabasz 伪 F 值停止规则，这个值越大，表明分类越是明显，反则反之。从图 1 可以看出，Calinski-Harabasz 伪 F 值的最大值位于分类数为 5 的位置，这意味着将黄河流域碳达峰分为 5 类更加合适，这与郭芳等[1]对全国 286 个城市碳达峰的分类数相同。

---

[1] 郭芳、王灿、张诗卉：《中国城市碳达峰趋势的聚类分析》，《中国环境管理》2021 年第 1 期。

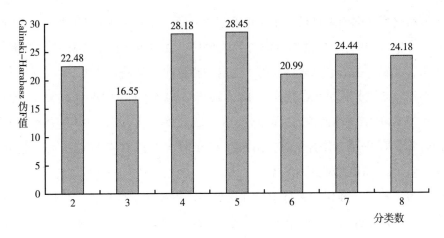

图 1　Calinski-Harabasz 伪 F 值

三　黄河流域碳达峰聚类分析的结果

根据 K 均值聚类法，可以得到黄河流域碳达峰的聚类结果（见表 2）。对各分类的指标进行统计性描述，将之与 97 个城市的平均值对比（见表 3），可大致归纳黄河流域碳达峰的五种类型的特征，即第一类为"高碳—高发展"资源型，第二类为"低碳—高发展"成熟型，第三类为"低碳—低发展"潜力型，第四类为"高碳—低发展"转型型，第五类为"生态优先"型。

表 2　黄河流域碳达峰聚类结果

类型	城市数量（个）	城市特征	城市数量占比（%）	二氧化碳排放占比（%）	城市平均二氧化碳排放量（百万吨）
第一类	11	"高碳—高发展"资源型	11.3	16.1	43.5
第二类	15	"低碳—高发展"成熟型	15.5	27.5	54.5
第三类	28	"低碳—低发展"潜力型	28.9	27.1	28.8
第四类	23	"高碳—低发展"转型型	23.7	22.1	28.6
第五类	20	"生态优先"型	20.6	7.2	10.8
合计	97		100	100	30.7

表3　黄河流域碳达峰聚类的指标特征

指标	第一类	第二类	第三类	第四类	第五类
人均 GDP （万元）	104404 (46887~177962)	79618 (41227~124463)	42732 (22097~99076)	41304 (25115~81984)	23041 (11411~49200)
第三产业 占比(%)	43.1 (28~55.7)	52.7 (43.4%~68.6)	37.7 (27.3~45)	44.1 (29.8~57.6)	50.2 (21.5~68.1)
城镇化率 （%）	76 (65.1~94.7)	66.7 (56~84.7)	48.7 (30.6~60.8)	53.6 (27.5~70.1)	39.8 (16.6~60.3)
经济增长率 （%）	5.4 (0.1~9.5)	7.3 (5~8.7)	8.1 (6.7~10.5)	6.7 (1.9~9.5)	0.1 (−20.3~7.7)
人均二氧化碳 排放量(吨)	31.5 (19.5~62)	8 (4.7~22.9)	6.1 (2.4~24.1)	11.5 (4.4~25.5)	7.1 (3.4~14.5)
单位 GDP 能耗 （吨标准煤/万元）	1.3 (0.6~3.9)	0.6 (0.4~1)	0.7 (0.4~1.2)	1.6 (1.2~2.6)	1.1 (0.7~1.6)
人口数量 （万人）	138 (25~288)	685 (283~1056)	470 (119~1005)	236 (47~448)	276 (21~334)

注：单元格中数字为平均值，括号内数字为最小值、最大值，其中各类型城市的指标平均值（经济增长率除外）根据数值加总后再计算，比如第一类城市的人均二氧化碳排放量等于该类型城市的二氧化碳排放总量除以该类型城市的常住人口总量，经济增长率为算数平均值。

（一）第一类："高碳—高发展"资源型城市

"高碳—高发展"型指的是碳排放特征指标较高，经济特征指标也较高，符合这个特征的包括海西州、嘉峪关、银川、石嘴山、包头、呼伦贝尔、锡林郭勒盟、鄂尔多斯、乌海、阿拉善盟、东营等11个城市（见表4）。这些城市还有一个共同点，即多为资源型城市[①]，有着丰富的煤、石油、矿产等资源。

---

① 国务院印发的《全国资源型城市可持续发展规划（2013~2020年）》（国发〔2013〕45号）中，将资源型城市划分为成长型、成熟型、衰退型和再生型四种类型。成长型城市资源开发处于上升阶段，资源保障潜力大，经济社会发展后劲足，是我国能源资源的供给和后备基地；成熟型城市资源开发处于稳定阶段，资源保障能力强，经济社会发展水平较高，是现阶段我国能源资源安全保障的核心区；衰退型城市资源趋于枯竭，经济发展滞后，民生问题突出，生态环境压力大，是加快转变经济发展方式的重点难点地区；再生型城市基本摆脱了资源依赖，经济社会开始步入良性发展轨道，是资源型城市转变经济发展方式的先行区。

表4 "高碳—高发展"资源型城市

省区:城市数量	城市名称
青海省:1	海西州
甘肃省:1	嘉峪关
宁夏回族自治区:2	银川、石嘴山
内蒙古自治区:6	包头、呼伦贝尔、锡林郭勒盟、鄂尔多斯、乌海、阿拉善盟
山东省:1	东营

碳排放特征方面，这些城市具有高耗能、高排放的特点。关于人均二氧化碳排放量，这些城市的人均二氧化碳排放量达到了 31.5 吨，远远高于黄河流域 8.8 吨的人均二氧化碳排放量，其中阿拉善盟、鄂尔多斯、乌海、海西州、锡林郭勒盟的人均二氧化碳排放量分别高达 62 吨、50.5 吨、47.3 吨、44.4 吨、36.2 吨，该类型中人均二氧化碳排放量最低的东营，也达到了 19.5 吨。关于单位 GDP 能耗，这些城市的单位 GDP 能耗达到 1.3 吨标准煤/万元，而黄河流域平均值只有 0.8 吨标准煤/万元，其中乌海、石嘴山、阿拉善盟、银川、海西州的单位 GDP 能耗分别高达 3.9 吨标准煤/万元、2.8 吨标准煤/万元、2.5 吨标准煤/万元、1.8 吨标准煤/万元、1.6 吨标准煤/万元，高耗能最终导致了高排放，不过该类型中单位 GDP 能耗最低的东营，只有 0.6 吨标准煤/万元，低于黄河流域平均值。关于常住人口数量，该类型的常住人口数量较其他类型的少，比如银川、东营、鄂尔多斯、锡林郭勒盟常住人口数量分别为 223 万人、215 万人、207 万人、105 万人，其他城市常住人口数量都低于 100 万人（最低的为嘉峪关和阿拉善盟均为 25 万人），该类型常住人口数量占黄河流域常住人口数量比重只有 4.5%，但该类型的二氧化碳排放量占黄河流域比重达到了 16.1%。可以说，在高耗能的模式下，即使人口数量相对较少，也处于高排放的状态。

经济特征方面，这些城市经济发展水平很高。关于人均 GDP，这些城市的人均 GDP 都比较高，有些甚至达到了全国领先的水平，东营、鄂尔多斯、阿拉善盟、海西州的人均 GDP 高达 177962 元、173046 元、103399 元、102391 元，而黄河流域平均值为 54729 元，全国平均值为 59660 元，只有呼伦贝尔的人均 GDP（46887 元）低于黄河流域平均值，从人均 GDP 可以判定这些城市基本属于较为发达的城市。关于第三产业占 GDP 比重，这些城市第三产业占 GDP 比重为 43.1%，低于黄河流域平均值的 46.1%，特别是海西州、东营、石嘴山、阿拉善盟的第三产业占 GDP 比重分别只有 28%、33.7%、34.4%、37%，以资源开采和利用为主的第二产业在产业结构中占据较大比重，比如海西州的柴达木盆地素有"聚宝盆"的美称，全州现已探明储量的矿产有 57 种，原盐、钾、镁、锂、锶、石棉、芒硝等矿藏储量居全国首位，溴、硼等储量居第二位；[①] 东营是胜利油田主产区，至 2020 年底，胜利油田共发现油气田 81 个，累计探明石油地质储量 55.87 亿吨；[②] 石嘴山煤、硅石、黏土等非金属矿藏蕴藏量大，煤炭储量为 25 亿吨，被誉为"太西乌金"的太西煤储量达 6.55 亿吨。[③] 关于城镇化率，这些城市的城镇化率总体水平较高，达到 76%，而黄河流域平均值只有 55.4%，其中乌海、嘉峪关、包头、鄂尔多斯、阿拉善盟、银川的城镇化率分别高达 94.7%、93.4%、83.3%、77.7%、77.7%、77.1%，即使是城镇化率最低的锡林郭勒盟，也达到了 65.1%，高于全国城镇化率 58.5% 的水平。关于经济增长率，这些城市的发展程度已经较高，但经济增长率表现不一，既有保持较高增速的海西州（9.5%）、银川（8%），也有处于较低增速的呼伦贝尔（0.1%）、嘉峪关（3.7%）、阿拉善盟（3.9%），不过由于发展水平总体上比较高，即使经济增长率有高有低，经济发展水平也会越来越高。

碳排放趋势方面，这些城市二氧化碳排放量呈现两种状态。第一种状态是不断趋高。海西州、嘉峪关、银川、石嘴山的二氧化碳排放量从 2005 年开始一直升高，特别是 2010 年以来升高更快，到 2017 年仍处于不断趋高的状态。以海西州为例，2005 年二氧化碳排放量为 7.7 百万吨，2010 年为 9.8 百万吨，到 2017 年已经高达 16.9 百万吨，2005~2010 年的年均增速为

---

① 《矿产资源》，海西州人民政府网，http://www.haixi.gov.cn/info/4415/98344.htm。

② 《矿产资源》，东营市人民政府网，http://www.dongying.gov.cn/col/col40584/index.html。

③ 《矿产资源》，石嘴山市人民政府网，http://www.shizuishan.gov.cn/szsgk/zrdl/201806/t20180601_783681.html。

5%，2010~2017 年的年均增速达到 8.1%。第二种状态是趋于稳定。尽管锡林郭勒盟、鄂尔多斯、乌海、阿拉善盟、东营等也曾有过不断趋高的阶段，但包头、呼伦贝尔、锡林郭勒盟从 2011 年，鄂尔多斯从 2012 年，乌海从 2011 年，阿拉善盟从 2011 年，东营从 2012 年开始，二氧化碳排放量趋于稳定，甚至出现了一定幅度的下降。以锡林郭勒盟为例，2005 年二氧化碳排放量为 11.9 百万吨，2011 年为 37.7 百万吨，到 2017 年达到 38.1 百万吨，2005~2011 年的年均增速为 21.1%，但 2011~2017 年的年均增速仅为 0.2%，2014 年二氧化碳排放量达到峰值 39.7 百万吨，从某种程度上来说，锡林郭勒盟已经初步实现了碳达峰目标。

（二）第二类："低碳—高发展"成熟型城市

"低碳—高发展"型指的是碳排放特征指标较低，但经济特征指标较高，符合这个特征的包括兰州、呼和浩特、太原、西安、郑州、洛阳、济南、青岛、淄博、烟台、潍坊、济宁、泰安、威海、临沂等 15 个城市（见表 5）。这些城市的共同点在于，基本是发展水平较高的省会城市或重点城市，并且有兰州等 6 个资源成熟型城市、洛阳等 4 个资源再生型城市，是最可能率先实现碳达峰的城市。

表 5 "低碳—高发展"成熟型城市

省区：城市数量	城市名称
甘肃省：1	兰州
内蒙古自治区：1	呼和浩特
山西省：1	太原
陕西省：1	西安
河南省：2	郑州、洛阳
山东省：9	济南、青岛、淄博、烟台、潍坊、济宁、泰安、威海、临沂

碳排放特征方面，这些城市呈现低排放、低耗能的特点。关于人均二氧化碳排放量，这些城市人均二氧化碳排放量为 8 吨，远远低于第一类"高

碳—高发展"型的 31.5 吨，也低于黄河流域 8.8 吨的平均值，其中西安、洛阳、泰安、临沂、济宁的人均二氧化碳排放量分别为 4.7 吨、6.1 吨、6.2 吨、6.2 吨、6.5 吨，属于人均二氧化碳排放量较低的城市。当然，该类型中也存在少数人均二氧化碳排放量较高的城市，比如呼和浩特、威海、兰州的人均二氧化碳排放量分别为 22.9 吨、12.3 吨、10.6 吨。关于单位 GDP 能耗，这些城市的单位 GDP 能耗只有 0.6 吨标准煤/万元，低于黄河流域 0.8 吨标准煤/万元的平均值，西安和郑州的单位 GDP 能耗均只有 0.4 吨标准煤/万元，烟台、青岛和济南的单位 GDP 能耗均为 0.5 吨标准煤/万元，属于低能耗的城市。当然，该类城市中也存在少数能耗较高的城市，比如淄博和兰州，单位 GDP 能耗都达到了 1 吨标准煤/万元。关于常住人口数量，由于该类城市多为省会城市或重点城市，人口规模相对较大。比如，临沂常住人口数量高达 1056 万人，郑州、西安、潍坊、青岛等城市常住人口均近千万人，常住人口数量最少的威海也达到了 283 万人，这就使得这类城市二氧化碳排放量总体较大，该类型城市常住人口数量占黄河流域常住人口数量比重为 30.5%，二氧化碳排放量占黄河流域比重达到了 27.5%，每个城市平均二氧化碳排放量达到 54.5 百万吨，在所有类型中排在首位。

经济特征方面，这些城市发展水平较高。关于人均 GDP，该类城市人均 GDP 为 79618 元，尽管低于第一类城市的 104404 元，但高于黄河流域 54729 元的平均值，也高于全国 59660 的平均值，其中威海、青岛、烟台、淄博的人均 GDP 分别为 124463 元、119215 元、103771 元、101569 元，在黄河流域城市中的排名相对靠前，但由于临沂和济宁的常住人口数量偏多，这两个城市的人均 GDP 只有 41227 元、55430 元，低于全国平均值。关于第三产业占 GDP 比重，该类城市第三产业占 GDP 比重达到了 52.7%，高于黄河流域 46.1% 的平均值，是黄河流域五类城市中最高的一类，其中呼和浩特、兰州、西安、太原、济南的第三产业占 GDP 比重分别为 68.6%、63.2%、61.5%、61.2%、60.3%，产业结构优化程度居于领先水平。关于城镇化率，该类城市城镇化率达到了 66.7%，高于黄河流域 55.4% 的平均值，其中太原和兰州的城镇化率超过 80%，西安、青岛、郑州、济南、淄博的城镇化率超过 70%，城镇化水平较为领先，除洛阳（56%）和临沂（57.4%）外，其他城市的城镇化率均高于全国 58.5% 的平均值。关于经济增长率，该类城市经济均保持较为良好的增速，最低增速也有 5%（呼和浩特），最高甚至可以达到 8.7%（洛阳），作为省会城市或重点城市，承担着地区经济发展中心的功能，牵引地区经济稳定发展。

碳排放趋势方面，该类城市二氧化碳排放量呈现两种状态。第一种状态是先升后稳。兰州、郑州、洛阳从 2011 年开始，济南、青岛、淄博从 2010 年开始，烟台、潍坊、威海从 2012 年开始，二氧化碳排放量趋于平稳，有些城市甚至出现了一定幅度的下降，不过在此之前，这些城市的二氧化碳排放量都处于升高态势。以兰州为例，2005 年二氧化碳排放量达到 24.6 百万吨，2011 年达到峰值 41.9 百万吨，2005～2011 年的年均增速为 9.3%，2011 年后二氧化碳排放量开始下降，最低达到 37.5 百万吨（2015 年），尽管 2016 年和 2017 年略有上升，但也未超过 2011 年的峰值。第二种状态是先升后稳再升。呼和浩特、太原、西安的二氧化碳排放量在 2011～2015 年较为平稳，但 2016～2017 年又有所增长，济宁、泰安、临沂的二氧化碳排放量从 2013 年开始上升，2005～2017 年经历了先升高、后平稳、再升高的阶段。以济宁为例，2005～2012 年二氧化碳排放量从 36.1 百万吨上升至 52.8 百万吨，2013 年下降至 50.1 百万吨，但 2014 年之后又开始上升，到 2017 年已经达到 54.4 百万吨。

（三）第三类："低碳—低发展"潜力型城市

"低碳—低发展"型指的是碳排放特征指标较低，并且经济特征指标也较低，符合这个特征的包括甘孜州、宝鸡、咸阳、渭南、延安、汉中、榆林、安康、商洛、开封、平顶山、安阳、鹤壁、新乡、焦作、濮阳、许昌、漯河、三门峡、南阳、商丘、信阳、周口、驻马店、枣庄、德州、聊城、菏泽等 28 个城市（见表 6）。这些城市中有咸阳等 5 个资源成长型城市、宝鸡等 7 个资源成熟型城市、安阳和南阳 2 个资源再生型城市，具备一定的经济发展潜力。

表6 "低碳—低发展"潜力型城市

省区:城市数量	城市名称
四川省:1	甘孜州
陕西省:8	宝鸡、咸阳、渭南、延安、汉中、榆林、安康、商洛
河南省:15	开封、平顶山、安阳、鹤壁、新乡、焦作、濮阳、许昌、漯河、三门峡、南阳、商丘、信阳、周口、驻马店
山东省:4	枣庄、德州、聊城、菏泽

碳排放特征方面，这些城市碳排放和能耗均比较低。关于人均二氧化碳排放量，该类城市的人均二氧化碳排放量为6.1吨，除了延安（24.1吨）和榆林（16.9吨）高于黄河流域8.8吨的平均值，该类型中剩余城市的人均二氧化碳排放量均低于黄河流域平均值，在黄河流域碳达峰的五种类型中处于最低水平，其中安康人均二氧化碳排放量只有2.4吨，商洛和信阳的人均二氧化碳排放量分别只有3吨、3.1吨，这三个城市的人均二氧化碳排放量水平排在黄河流域97个城市的最后三位。关于单位GDP能耗，该类城市单位GDP能耗为0.7吨标准煤/万元，低于黄河流域0.8吨标准煤/万元的平均值，其中周口、南阳、商洛、许昌、开封的单位GDP能耗甚至不到0.5吨标准煤/万元。当然，也有一些城市单位GDP能耗较高，比如渭南的单位GDP能耗为1.2吨标准煤/万元。关于常住人口数量，该类城市常住人口数量大多在300万~800万人，也有少量城市常住人口数量较大，比如南阳、周口、菏泽常住人口数量分别为1005万人、876万人、874万人，不过由于该类型城市数量众多，常住人口数量占黄河流域常住人口数量的比重为39%，尽管人均二氧化碳排放量水平较低，但二氧化碳排放量总体水平也较高，二氧化碳排放量占黄河流域比重达到了27.1%。

经济特征方面，这些城市发展水平较低。关于人均GDP，该类型城市的人均GDP为42732元，低于黄河流域54729元的平均值，28个城市中有23个城市的人均GDP在3万~6万元，在该类型中排名前三位的榆林（99076元）、焦作（64173元）、三门峡（63977元）高于全国59660元的平均值。关于第三产业占GDP比重，该类型城市第三产业占GDP比重为

37.7%，低于黄河流域 46.1% 的平均值，宝鸡、咸阳、鹤壁、漯河的第三产业占 GDP 比重甚至低于 30%，这与其资源禀赋、发展阶段密切相关。关于城镇化率，该类型城市城镇化率达到 48.7%，低于黄河流域 55.4% 的平均值，不过只有甘孜州的城镇化率较低，为 30.6%，其他城市的城镇化率都在 40% 以上。关于经济增长率，该类城市的经济增长率大多在 7%~9%，最低的也有 6.7%（信阳），最高的甚至达到了 10.5%（安康），具有较大的经济发展潜力。

碳排放趋势方面，这些城市碳排放大致呈现三种状态。第一种状态是持续升高。聊城、菏泽从 2005 年开始，二氧化碳排放量基本呈持续升高的趋势。以菏泽为例，2005 年二氧化碳排放量为 24.8 百万吨，持续上升至 2012 年的 37.2 百万吨，尽管 2013 年略微下降至 35.1 百万吨，但随后又开始上升，到 2017 年已经达到 41 百万吨。第二种状态是趋于稳定。甘孜州、延安、榆林从 2014 年，平顶山、安阳、鹤壁、新乡、焦作、濮阳、许昌、三门峡、南阳、商丘、信阳从 2011 年，枣庄从 2012 年，二氧化碳排放量趋于稳定，有的甚至出现了下降。以三门峡为例，2005 年二氧化碳排放量为 11.4 百万吨，2012 年达到峰值 19.5 百万吨，此后便开始下降，到 2017 年为 17.1 百万吨，从某种程度来说，已经实现了碳达峰目标。第三种状态是先升后稳再升。宝鸡、咸阳、渭南、汉中、安康、商洛、开封、漯河、周口、驻马店、德州 2005~2010 年的二氧化碳排放量持续上升，2011~2015 年趋于稳定，但 2016~2017 年再次升高。以宝鸡为例，2005 年二氧化碳排放量为 9.6 百万吨，2011 年达到 18.1 百万吨，几乎翻番，但 2011~2015 年基本维持在 18 百万~19 百万吨的排放量，不过此后却有所上升，2017 年达到 19.5 百万吨，超过此前 2014 年 19.2 百万吨的峰值。

（四）第四类："高碳—低发展"转型型城市

"高碳—低发展"型指的是碳排放特征指标较高，但经济特征指标较低，符合这个特征的包括西宁、海东、金昌、吴忠、中卫、赤峰、乌兰察布、巴彦淖尔、大同、阳泉、长治、晋城、朔州、晋中、运城、忻州、临汾、吕梁、铜川、济源、日照、莱芜、滨州等23个城市（见表7）。这些城市中有金昌等14个资源成熟型城市，尽管二氧化碳排放比较高，但并未带来更高水平的发展，需转型升级。

表7 "高碳—低发展"转型型城市

省区：城市数量	城市名称
青海省：2	西宁、海东
甘肃省：1	金昌
宁夏回族自治区：2	吴忠、中卫
内蒙古自治区：3	赤峰、乌兰察布、巴彦淖尔
山西省：10	大同、阳泉、长治、晋城、朔州、晋中、运城、忻州、临汾、吕梁
陕西省：1	铜川
河南省：1	济源
山东省：3	日照、莱芜、滨州

碳排放特征方面，这些城市碳排放水平比较高。关于人均二氧化碳排放量，该类城市人均二氧化碳排放量为11.5吨，其中吴忠、中卫、乌兰察布的人均二氧化碳排放量分别为25.5吨、21吨、17.9吨，尽管低于第一类城市31.5吨的人均二氧化碳排放量，但也明显高于黄河流域8.8吨的平均值，不过也有少数城市低于黄河流域平均值，比如莱芜（4.4吨）、海东（6.3吨）、运城（6.7吨）、日照（7吨）等。关于单位GDP能耗，该类城市单位GDP能耗为1.6吨标准煤/万元，不仅高于黄河流域0.8吨标准煤/万元的平均值，更高于第一类城市1.3吨标准煤/万元的水平，在黄河流域五种类型中排名第一，其中中卫、临汾、乌兰察布、莱芜的单位GDP能耗分别达到2.6吨标准煤/万元、2.2吨标准煤/万元、2.1吨标准煤/万元、2吨标准煤/万元。关于常住人口数量，该类型城市人口大多在100万~400万人，城区常住人口大多在50万~300万人，属于中等城市、Ⅱ型大城市，[①] 尽管

---

① 国务院印发的《关于调整城市规模划分标准的通知》（国发〔2014〕51号）规定，城区常住人口20万人以下的为Ⅱ型小城市，20万~50万人的为Ⅰ型小城市，50万~100万人的为中等城市，100万~300万人的为Ⅱ型大城市，300万~500万人的为Ⅰ型大城市，500万~1000万人的为特大城市，1000万人以上的为超大城市。

该类型常住人口数量占黄河流域常住人口数量比重只有17%，但由于高碳排放的特征，使得该类型的二氧化碳排放量占黄河流域比重达到了22.1%。

经济特征方面，这些城市经济发展处于中等水平。关于人均GDP，该类型城市人均GDP为41304元，低于第三类城市42732元的水平，更低于黄河流域54729元的平均值，其中济源、日照、滨州、莱芜的人均GDP分别为81984元、69062元、66668元、65046元，高于全国59660元的平均值，其他城市的人均GDP水平均低于全国平均水平。关于第三产业占GDP比重，该类型城市第三产业占GDP比重为44.1%，低于黄河流域46.1%的平均值，其中只有大同（57.6%）、西宁（53.4%）、朔州（53.4%）、阳泉（50.8%）超过了50%的水平，其他城市均低于50%。关于城镇化率，该类型城市城镇化率为53.6%，略低于黄河流域55.4%的平均值，除了个别城市城镇化率较高，比如金昌（70.1%），该类型大部分城市的城镇化率在40%~60%。关于经济增长率，该类型城市经济增长分化明显，既有西宁（9.5%）、日照（9%）这样的高增速城市，又有金昌（1.9%）、赤峰（3.6%）这样的低增速城市，还有大同（6.5%）、铜川（7.5%）这样的中等增速的城市。

碳排放趋势方面，这些城市碳排放呈现三种状态。第一种状态为波折上升，西宁、海东、金昌、吴忠、中卫、滨州属于这种状态。以西宁为例，2005~2014年二氧化碳排放量呈上升趋势，尽管2015~2016年略有下降，但2017年又开始升高，整体呈波折上升的趋势。第二种状态为先升后稳。赤峰、巴彦淖尔、运城、莱芜从2011年，大同、阳泉、长治、晋城、朔州、晋中、忻州、临汾、吕梁、济源、日照从2012年，乌兰察布从2014年开始，二氧化碳排放量趋于平稳，个别城市甚至呈下降的趋势。以济源为例，2005年二氧化碳排放量为5百万吨，2012年达到峰值8.6百万吨，此后便开始下降，到2017年二氧化碳排放量只有7.4百万吨。第三种状态为先升后稳再升。铜川2005~2010处于升高态势，2011~2015年趋于平稳，但2016~2017年又有所升高。

（五）第五类:"生态优先"型城市

"生态优先"型指的是要把生态优先放在首要位置，无须过多关注碳排放特征、经济特征的指标具体数值，除了其他四类城市之外的城市，符合这个特征的包括海北州、黄南州、海南州、果洛州、玉树州、阿坝州、白银、天水、武威、张掖、平凉、酒泉、庆阳、定西、陇南、临夏州、甘南州、固原、兴安盟、通辽等 20 个城市（见表 8）。这些城市多为限制开发区域（农产品主产区和重点生态功能区）、禁止开发区域，① 与经济发展相比，生态环境更为重要。

表 8 "生态优先"型城市

省区:城市数量	城市名称
青海省:5	海北州、黄南州、海南州、果洛州、玉树州
四川省:1	阿坝州
甘肃省:11	白银、天水、武威、张掖、平凉、酒泉、庆阳、定西、陇南、临夏州、甘南州
宁夏回族自治区:1	固原
内蒙古自治区:2	兴安盟、通辽

碳排放特征方面，这些城市碳排放水平较低。关于人均二氧化碳排放量，该类型城市人均二氧化碳排放量为 7.1 吨，低于黄河流域 8.8 吨的平均值，其中固原、酒泉、通辽、兴安盟、海北州的人均二氧化碳排放量分别为14.5 吨、13.6 吨、12.6 吨、12.1 吨、10.3 吨，相对较高，其他城市的人均二氧化碳排放量都比较低，最低的陇南只有 3.4 吨。关于单位 GDP 能耗，该类型城市单位 GDP 能耗为 1.1 吨标准煤/万元，高于黄河流域 0.8 吨标准煤/万元的平均值，在该类型的 20 个城市中，有 11 个为资源型城市，比如白银为资源衰退型城市、平凉为资源成熟型城市。关于常住人口数量，该类

---

① 国务院《关于印发全国主体功能区规划的通知》（国发〔2010〕46 号）中，将国家层面主体功能区划分为优化开发区域、重点开发区域、限制开发区域（农产品主产区和重点生态功能区）、禁止开发区域。

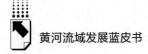
型城市的常住人口数量相对较低，海北州、黄南州、海南州、果洛州和玉树州的常住人口数量不到 50 万人，其他城市常住人口数量大致在 100 万~300 万人，除了通辽和天水属于Ⅱ型大城市，其他都属于中等城市、小城市，该类型城市的碳排放量总体不高，二氧化碳排放量占黄河流域比重只有 7.2%。

经济特征方面，这些城市经济发展水平很低。关于人均 GDP，该类城市人均 GDP 只有 23041 元，甚至都未达到黄河流域 54729 元的平均值的一半水平，人均 GDP 最高的酒泉也仅为 49200 元，临夏州、定西、陇南的人均 GDP 只略超 1 万元。关于第三产业占 GDP 比重，该类型第三产业占 GDP 比重为 50.2%，高于黄河流域 46.1% 的平均值。关于城镇化率，该类型城市的城镇化率为 39.8%，远低于黄河流域 55.4% 的平均值，在黄河流域碳达峰的五种类型中排在最后一位，这既与该类型城市经济发展水平很低有关，也与地理地貌有关。关于经济增长率，该类型城市的经济增长率相对较低，大多数都在 4% 的经济增速之下，有些城市甚至出现负增长情况，如海北州（−20.3%）、武威（−3.1%）、果洛州（−2.6%）等。

碳排放趋势方面，大致有三种状态。第一种为持续上升状态。海北州、黄南州、海南州、果洛州、玉树州、天水、张掖、定西、陇南、固原属于这种状态。以海北州为例，2005 年二氧化碳排放量只有 0.8 百万吨，但到 2017 年已经升高至 3 百万吨。第二种为先升后稳状态。阿坝州、临夏州从 2012 年，白银、酒泉、兴安盟、通辽从 2011 年，武威、庆阳从 2014 年开始，二氧化碳排放量趋于平稳。以阿坝州为例，2005 年二氧化碳排放量为 3.6 百万吨，2012 年达到 7 百万吨，随后基本稳定在 6 百万~7 百万吨。第三种为先升后稳再升状态。平凉、甘南州 2005~2010 年二氧化碳排放量为上升趋势，2011~2015 年为平稳趋势，2016~2017 年再次呈上升趋势。

B.3
实现黄河流域碳达峰的行动路径

王学凯*

摘　要： 实现黄河流域碳达峰是一项系统工程。要落实《2030 年前碳达峰行动方案》，推进黄河流域严格落实生态优先、绿色发展战略导向，在绿色低碳发展方面走在全国前列。路径一是分类型梯次有序实行碳达峰行动，"低碳—高发展"成熟型和"生态优先"型城市可提前碳达峰，"高碳—高发展"资源型和"高碳—低发展"转型型城市可按期碳达峰，"低碳—低发展"潜力型城市可延后碳达峰。路径二是分重点系统落实节能降碳行动，包括工业领域、城乡建设、交通运输节能降碳行动，以及实施节能降碳增效行动。路径三是分驱动协同推进绿色转型发展，构建清洁低碳安全高效的能源体系，大力发展循环经济，加强黄河流域碳排放权交易市场建设。路径四是守底线织牢能源安全防范网，加强能源产业链供应链建设，防范化解各类风险隐患，加强能源安全合作。

关键词： 碳达峰　生态优先　绿色发展　节能降碳　黄河流域

实现黄河流域碳达峰是一项系统工程。根据国务院印发的《2030 年前碳达峰行动方案》，要按照"总体部署、分类施策，系统推进、重点突破，双轮驱动、两手发力，稳妥有序、安全降碳"的工作原则，推进黄河流域

* 王学凯，博士，中共中央党校（国家行政学院）马克思主义学院副研究员，研究方向为宏观经济、政治经济学。

严格落实生态优先、绿色发展战略导向，在绿色低碳发展方面走在全国前列。

一 分类型梯次有序实行碳达峰行动

对黄河流域碳达峰的聚类分析结果表明，黄河流域碳达峰可分为"高碳—高发展"资源型、"低碳—高发展"成熟型、"低碳—低发展"潜力型、"高碳—低发展"转型型、"生态优先"型五种类型，应根据不同类型的特点，分类型梯次有序实行碳达峰行动。

（一）"低碳—高发展"成熟型和"生态优先"型城市可提前碳达峰

由于已经达到较高的发展水平，"低碳—高发展"成熟型城市可以考虑对碳排放总量加以约束，提前实现碳达峰；"生态优先"型城市的生态环境相对脆弱，生态重要性较高，也可考虑提前实现碳达峰。

对"低碳—高发展"成熟型城市，由"生产型"城市转变为"生活型"城市。不论是兰州、呼和浩特、太原、西安、郑州和济南等省会城市，还是洛阳、青岛、淄博等重点城市，碳排放都主要集中在工业、交通和建筑等领域，工业制造、运输、建筑、传统能源等在碳排放中占据主要地位，属于"生产型"城市。而国际上的东京、纽约、伦敦等城市，碳排放主要来源于建筑和交通等领域，是较为典型的"生活型"城市。"低碳—高发展"成熟型城市要从"生产型"城市转变为"生活型"城市，可实行的措施，一是实施"农民工市民化"的城镇化战略。这些城市的平均城镇化率达到66.7%，水平本身就比较高，而且作为地区经济的增长核，也吸引了周边许多农民工进城，因而可将城镇化的重点放在农民工市民化上，为进城农民工提供落户便利，推进医疗、教育、养老等公共服务均等化。二是建立主城区与周边城区协同机制。这些城市的主城区过密与周边城区过疏并存，借鉴疏解非首都功能的雄安新区建设经验，将主城区的存量更新与周边城区的增量供给相结合，推动建设用地指标的跨区调剂，推动主城区与周边城区通勤便利。三是推进绿色智慧城市建设。① 这些城市的绿色指数不是很高，根据《中国生态城市建设发展报告（2019）》，全国绿色生产型城市综合指数排名中，青岛、威海、济南、郑州、兰州、太原分别排在第 15 位、第 40 位、第 49 位、第 58 位、第 64 位、第 78 位，其他城市未进入全国前 100 位。② 要倡导城市生态、韧性、智慧，推进绿色城镇化和智慧城市化，以能源存储、数字化变电站、分布式能源系统、电动汽车基础设施、智能交通和智能电网等为重点，大力推进城市基础设施智慧化转型。

对"生态优先"型城市，由"限制开发"转变为"保护优先"。这些城市中，甘肃省的许多城市是农产品主产区，属于限制开发区域，青海省的海北州等是重点生态功能区，属于限制开发和禁止开发区域。可参照陕西省秦岭的生态环境保护，由"限制开发"转变为"保护优先"，其具体措施，一是精准划定开发和保护边界。结合国家主体功能区划分，通过制定城市层面的生态环境保护条例，明确开发区域、保护区域的范围。二是建立生态导向的考核机制。这些城市生态保护更加重要，因而在考核时，可将经济发展的因素适当降低，将生态保护的因素适当提高，建立生态导向的考核机制。三是建立多元化环境保护投融资机制。除了纵向转移支付，还要大力支持绿色金融发展，探索生态保护横向转移机制，拓宽环境保护的资金渠道。

（二）"高碳—高发展"资源型和"高碳—低发展"转型型城市可按期碳达峰

"高碳—高发展"资源型和"高碳—低发展"转型型城市的共同点在于碳排放水平比较高，并且"高碳—低发展"转型型城市的发展水平较全国平均低得不多，首先需要控制碳排放水平，如期实现碳达峰目标。

一是推动能耗"双控"向碳排放总量和强度"双控"转变。能耗"双

---

① 杨开忠：《加快从生产型城市向生活型城市转变》，《天津日报》2021 年 2 月 5 日。
② 钱国权等：《绿色生产型城市建设评价报告》，载刘举科等主编《中国生态城市建设发展报告（2019）》，社会科学文献出版社，2019，第 227~249 页。

控"控制的是能源消费总量和强度[①]，碳排放"双控"控制的是碳排放总量和强度[②]。能耗"双控"和碳排放"双控"选择考核对象的思路基本一致，主要区别在于核算时电力转换系数的取值不同，目前部分地区能耗"双控"并没有考虑存量可再生能源的贡献，国家发展改革委和国家能源局印发的《关于完善能源绿色低碳转型体制机制和政策措施的意见》（发改能源〔2022〕206号）规定，"新增可再生能源和原料用能不纳入能源消费总量控制"，要充分考虑可再生能源、外来核电、水电等不直接产生碳排放的因素，推动考核方式向碳排放总量和强度"双控"转变。

二是科学设置能耗"双控"与碳排放"双控"考核的阶段。根据国际经验，一般情况下，碳排放强度先达峰、总量后达峰，碳排放先达峰、能耗后达峰。能耗"双控"与碳排放"双控"考核阶段将可能按照达峰特点分为两个阶段。碳达峰阶段（2030年前）：不会过分强调能源消费总量控制，但严格考核"单位生产总值能耗下降率"以保证能耗强度逐年降低；碳排放强度和总量考核加强，从而有效控制碳达峰前的碳排放总量。碳达峰之后：能源消费总量控制指标逐渐加强，碳排放强度指标考核力度不减；这个阶段需要更有效、更直接的控制手段，此时能耗"双控"可能仍是考核重点。[③]

三是推进资源型城市转型发展。这两类城市共涉及34个地级市（州、盟），其中25个为国务院认定的资源型城市。[④]对于海西州、呼伦贝尔等资源成长型城市，设定开发强度上限，提高资源开发企业的准入门槛，促进开

[①] 能源消费总量是指在一定区域内，国民经济各行业和居民家庭在一定时期消费的各种能源的总和，包括煤、油、气等一次能源和加工转换产生的电力、热力、成品油等二次能源及其他产品，通常采用标准煤作为折算单位；能源消费强度是指一定时期内一个区域每生产一单位的生产总值所消费的能源。

[②] 碳排放总量是一定时期区域内所产生的二氧化碳总量，目前常用的是生态环境部发布的核算方法，二氧化碳总量仅包括能源活动产生的二氧化碳（即化石能源消费产生的排放和电力调入蕴含的排放），不包含非能源活动产生的二氧化碳（如钢铁行业产生的排放）；碳排放强度是指单位生产总值所产生的二氧化碳排放。

[③] 参考《能耗"双控"转向碳排放"双控"将带来哪些变化》，《国家电网报》2022年3月9日。

[④] 参考国务院印发的《全国资源型城市可持续发展规划（2013～2020年）》（国发〔2013〕45号）。

发、深加工、运输等产业链融合配套发展，建立严格的环境影响评价体系。对于赤峰、大同、东营等资源成熟型城市，提高资源开发利用效率，提升资源型产业技术水平，以龙头企业带动产业集群发展，发展其他支柱型产业。对于石嘴山、乌海、铜川等资源衰退型城市，以民生保障为导向，着重化解历史遗留的发展问题，推进棚户区改造，加快废弃矿坑、沉陷区等地质灾害隐患综合治理。对于包头等资源再生型城市，发展高新技术产业和战略性新兴产业，加快发展现代服务业，以现代、生态为目标，构建功能完善、环境优质的城市。

（三）"低碳—低发展"潜力型城市可延后碳达峰

"低碳—低发展"潜力型城市主要分布在四川省、陕西省、河南省和山东省的 28 个城市，特别是河南省有 15 个城市属于这个类型，这些城市在很长一段时间内仍需要提高发展水平，因而可将碳达峰的时间适当延后。

一方面，差别化实施能耗"双控"方案。2021 年国家发展改革委印发的《完善能源消费强度和总量双控制度方案》（发改环资〔2021〕1310 号）提出，要有所差别地实施能耗"双控"方案。其一，合理设置能耗"双控"指标。综合考虑"低碳—低发展"潜力型城市的发展水平、产业结构和布局、节能潜力等因素，对于单位 GDP 能耗比较低的城市，可以适当降低能耗"双控"的约束性指标要求，同时省级层面可以预留一定总量的指标，有针对性地向"低碳—低发展"潜力型城市的重大项目倾斜。其二，推动用能指标跨区域交易。"低碳—低发展"潜力型城市拥有相对丰富的用能指标，对于高碳排放的城市，可以通过跨区域交易的方式，向"低碳—低发展"潜力型城市购买用能指标。其三，推动用能预算管理。参照财政预算管理机制，建立用能预算管理体系，探索开展能耗产出效益评价，制定区域、行业、企业单位能耗产出效益评价指标及标准，同时做好节能审查和能耗"双控"考核工作。

另一方面，推进以县城为重要载体的城镇化。"低碳—低发展"潜力型城市人口大多在 300 万~800 万人，属于Ⅰ型大城市和特大城市，单纯依靠城区推进城镇化建设的压力较大，要发挥县城的作用，推进以县城为重要载体的城镇化。根据 2022 年 5 月中共中央办公厅、国务院办公厅印发的《关于推进以县城为重要载体的城镇化建设的意见》，一是分类引导县城发展方向，可将"低碳—低发展"潜力型城市所属的县划分为大城市周边、专业功能、农产品主产区、生态功能区、人口流失五种类型，根据不同类型制定差异化的发展策略。二是培育发展特色优势产业，找准县域特色优势，因地制宜发展农产品生产和加工业集群，发展农资供应、技术集成、仓储物流、农产品营销等农业生产性服务业，发展一般性制造业，发展文化体验、休闲度假、特色民宿、养生养老等产业。三是完善基础设施和公共服务体系，加强市政交通、对外连接、防洪排涝、防灾减灾、管网改造、老旧小区改造、数字化改造等基础设施建设，完善医疗卫生、教育、养老托育、文化体育、社会福利等公共服务体系建设。四是提高县城辐射带动乡村能力，要推进县城基础设施向乡村延伸，推进县城公共服务向乡村覆盖，推进巩固拓展脱贫攻坚成果同乡村振兴有效衔接。

二 分重点系统落实节能降碳行动

有些领域、行业、地区碳排放量较大，可抓住主要矛盾和矛盾的主要方面，推动重点领域、重点行业和有条件的地方率先达峰，分重点系统落实黄河流域的节能降碳行动。

（一）落实工业领域节能降碳行动

作为碳排放的主要领域之一，工业领域能否实现碳达峰，对黄河流域乃至我国的碳达峰目标，都起着关键的作用，要根据《"十四五"工业绿色发展规划》[①]，落实工业领域节能降碳行动。

---

① 参考工业和信息化部《关于印发〈"十四五"工业绿色发展规划〉的通知》（工信部规〔2021〕178 号），2021 年 11 月 15 日。

一是制定工业碳达峰路线图和时间表。在工业领域，由于行业特性和生产方式，有一些行业碳排放水平很高，这些行业包括钢铁、石化化工、有色金属、建材等。对于这些重点行业，要根据不同的行业特点，制定碳达峰的路线图和时间表。以钢铁行业为例，作为典型的资源能源密集型产业，钢铁行业以长流程炼钢为主，高度依赖铁矿石和煤炭等能源，该行业二氧化碳、二氧化硫、氮氧化物、颗粒物排放量在工业行业中均居前三位，可由中国钢铁工业协会牵头制定本行业碳达峰的路线图和时间表，黄河流域各省区参照执行，碳达峰时间可设定在 2025 年前，2030 年碳排放量较峰值再降低 30%。[①]

二是明确工业降碳实施路径。工业降碳的实施路径包括流程降碳、工艺降碳、原料替代等。流程降碳方面，根据制造的流程型、离散型特点，找准工业领域重点行业碳排放的生产工序，精准实施降碳路径，实现生产过程降碳。工艺降碳方面，以技术创新提升化石能源清洁利用的效率，大力开发太阳能、风能、水能等可再生能源，加强可再生能源制氢，推进非化石能源和可再生能源高效利用的基础设施建设，同时创新二氧化碳捕集、资源化转化利用、封存等技术路径。原料替代方面，对于高度依赖煤、石油焦、重油等的锅炉和工业窑炉，发挥清洁能源的替代作用，制定清洁能源替代比例和时间节点。

三是开展降碳重大工程示范。选择黄河流域的大型企业或龙头企业作为试点，开展降碳重大工程示范，重点包括绿色能源应用、新型储能、碳捕集利用和封存等。降碳重大工程示范方面，可以实施高比例的燃料替代工程、可再生能源电解制氢工程，以及碳捕集利用和封存工程等。绿色低碳材料推广方面，大力推广节能环保建材，大力发展生物基材料，推动建材绿色化，推进生活用品低碳化。降碳基础能力建设方面，建设完善的碳排放核算标准，加强碳排放数据的信息管理、数据分析工作，培育和提升碳排放核算专业机构的能力。

---

① 参考《钢铁行业碳达峰实施方案成型》，《经济参考报》2021 年 12 月 2 日。

四是加强非二氧化碳温室气体管控。根据《京都议定书》的规定，包括甲烷、氧化亚氮、氢氟碳化物等在内的非二氧化碳，都属于温室气体，具有较强的温室效应。荷兰环境评估署（PBL）2020 年发布的数据显示，2010～2019 年全球工业生产过程中二氧化碳排放量和其他温室气体排放量分别占全球温室气体排放总量的 72.6% 和 27.4%。要对黄河流域非二氧化碳温室气体进行有序管控，启动一批淘汰工程，进一步削减非二氧化碳温室气体排放。

（二）落实城乡建设节能降碳行动

2021 年我国城镇化率不到 65%，黄河流域城镇化率更低，与发达国家还存在一定差距，未来要继续推进城镇化特别是以县城为重要载体的城镇化，还要实施乡村振兴战略，此过程中无法避免地产生碳排放，可根据《关于推动城乡建设绿色发展的意见》[①]，落实黄河流域城乡建设节能降碳行动。

一是推动绿色低碳城市建设。围绕西宁、兰州、西安—咸阳、银川、呼和浩特、太原、郑州、济南和青岛等大型都市圈，推进区域和城市群绿色发展，在制定规划时就充分考虑生产、生活和生态空间，划定城镇开发边界、永久基本农田和生态保护红线等管控边界。把水资源作为最大的刚性约束，根据"以水定城、以水定地、以水定人、以水定产"的要求，不断优化城市结构和布局，根据国家主体功能化划分，要合理确定黄河流域各个城市的人口、用水、用地规模，合理确定开发建设密度和强度。在绿色建筑上发力，新城建设、城镇老旧小区改造和抗震加固等，以及城镇基础设施建设等，将绿色建筑理念贯穿设计、施工、运行和管理等各环节，大力推广超低能耗、近零能耗建筑，发展零碳建筑。

二是打造绿色低碳乡村。按照产业兴旺、生态宜居、乡风文明、治理有

---

① 参考中共中央办公厅、国务院办公厅印发的《关于推动城乡建设绿色发展的意见》，2021年 10 月 21 日。

效、生活富裕的总要求，打造绿色生态宜居的美丽乡村。建房方面，将零碳建筑的思路和方法拓展至乡村，在设计和建造过程中，充分考虑乡村生产生活的实际需要，建设水电气厕全配套的新型农房。基础设施方面，通过提高镇村基础设施水平，加大对农村生活垃圾、污水、畜禽养殖粪污等的治理力度，可就地集中建立粪污收集站、处理中心，促进粪污资源化利用，形成乡村排放和转化的自我循环。产业链方面，发挥黄河流域地势地貌、生态禀赋、黄河文化等优势，建立旅游休闲、观光民宿、乡村文化和传统手工艺等新业态的产业链条，立足产镇融合、产村融合，促进城乡产业融合、农村一二三产业融合发展。

三是建立城乡建设统计监测体系和考核评价指标体系。编制城乡建设领域碳排放统计计量标准，完善城乡规划、建设、管理制度，实施动态监测碳排放量和客观评价节能降碳工作，动态管控城乡建设进程，确保一张蓝图实施不走样、不变形。建立城乡体检评估制度，对于城市可建立"一年一体检、五年一评估"的城市体检评估制度，对于乡村可建立"两年一体检、五年一评估"的乡村体检评估制度，同时对于重大突发的生态环境事件，可建立即时的体检评估机制。建立激励与约束相容的考核评价机制，既要考虑黄河流域碳达峰的总体要求，又要考虑少数地区要发展的需求，适当放松约束限制，适当加大激励力度，使黄河流域城乡建设符合发展规律和发展阶段。

（三）落实交通运输节能降碳行动

交通运输领域既面临降低碳排放的任务，又面临减少污染物排放的任务，要实现碳达峰目标，需要根据《绿色交通"十四五"发展规划》①，落实交通运输节能降碳行动。

一是以多式联运推动黄河流域交通体系建设。国际能源署（IEA）统计

---

① 参考交通运输部《关于印发〈绿色交通"十四五"发展规划〉的通知》（交规划发〔2021〕104号），2021年10月29日。

数据显示，交通运输领域的碳排放占社会总碳排放比重达 9.7%，其中约80% 的碳排放来自路面交通。① 一方面，加强黄河流域中下游的高速铁路建设。黄河流域上游的生态保护功能更为明显，但对于中下游城市，经济发展功能更为突出，要科学有序推进黄河流域铁路规划建设，优化完善黄河流域中下游各城市之间的高速铁路网布局和结构，提升黄河流域各省区与沿海、沿长江地区的互联互通水平。另一方面，在黄河流域下游尝试建立生态航道。黄河河情特殊，水量不足、泥沙淤积、河床游荡等是客观事实，暂不具备通航的条件，但是在《河南省内河航道与港口布局规划（2021～2035年）》中，黄河作为干线航道已经被列入其中，下游的河南省和山东省，可以在黄河两岸规划建设一些港口，或具备旅游客运、货运功能，或主要服务旅游客运，尝试建立生态航道。

二是推进绿色低碳出行工程。公共交通方面，除了省会城市和少数重点城市，黄河流域的城市发展节奏不是很快，可大力发展慢行交通，实施城市公共交通优先发展战略，因地制宜构建以城市轨道交通和快速公交为骨干、以常规公交为主体的公共交通出行体系，强化"轨道+公交+慢行"网络融合发展。共享交通方面，黄河流域许多城市人口规模不大、城市面积较大，在自动驾驶技术快速发展的条件下，可以优先试点"自动驾驶+共享汽车"的模式，同时，推动共享单车向县城、乡镇下沉，大力发展共享交通。数字化支持方面，根据黄河流域城市人口规模、流动特点等因素，利用数字化技术优化路网结构、站点设置，降低空驶率、空载率、空置率，提高公共交通和共享交通的服务效率。

三是提升新能源渗透率。公路客运方面，尽管国家对于新能源的补贴呈降低的趋势，但黄河流域可在省区层面或重点城市层面设置新能源补贴退坡机制，通过推广新能源汽车，加大置换城市公共交通工具和私家车的力度，提高新能源汽车的数量和比重。公路货运方面，公路货运更加注重能源的持久性、稳定性与燃料加注的便捷性，天然气是当前符合需求的能源之一，氢

---

① 陈仲扬：《交通运输领域如何实现绿色低碳转型》，《唯实》2022 年第 3 期。

燃料电池是未来符合需求的重要能源，黄河流域资源型城市发挥资源禀赋优势，同时积极引入发达省市研制氢燃料电池的技术和工艺，降低公路货运碳排放水平。铁路、水路和航空方面，优化路线和航线结构，提高运输效率，持续提升铁路电气化水平，逐步推进水路的新能源替代，逐步推动清洁替代燃料开发应用。

（四）实施节能降碳增效行动

在推动能耗"双控"向碳排放总量和强度"双控"转变的同时，要科学、准确地评价节能降碳增效，还要建立多元化的节能降碳增效体系，做好节能增效和绿色降碳服务工作，实施节能降碳增效行动。

一是推行地区和行业的用能预算管理。参照财政预算管理，在黄河流域建立地区和行业的用能预算管理机制。可以参照浙江省《衢州市用能预算化管理办法（暂行）》，创建用能预算化管理的应用场景，建立地区和行业年度用能预算余量交易规则，通过公共资源交易中心交易，依据交易结果对地区或企业年度用能预算进行调整，提高市场活跃度。同时，参考《浙江省重点行业企业用能预算管理实施办法（试行）》，建立用能预算管理实施情况年度考核评价机制，对于完成用能预算目标任务的地区和行业，由上级政府和地方政府分别视情况给予表彰和资金奖励，对于未能完成用能目标任务的地区和行业，制定用能失信标准，实施信用约束。

二是建立多元化的节能降碳增效体系。重点工程方面，实施城市节能降碳工程，推进城市提升综合效能；实施园区节能降碳工程，降低高耗能高排放项目园区的能耗和排放；实施重点行业节能降碳工程，实施重大节能降碳技术示范工程。重点用能设备方面，梳理黄河流域电机、风机、泵、压缩机、变压器、换热器、工业锅炉等设备，全面提升重点用能设备的能效标准。新型基础设施方面，发挥黄河流域拥有众多资源型城市的优势，采用直流供电、分布式储能、"光伏+储能"等模式，积极探索多样化能源供应，同时建立综合高耗能主体名单，将其纳入在线监测系统。

三是做好节能增效和绿色降碳服务工作。根据国家节能中心《节能增效、绿色降碳服务行动方案》，可以首先在黄河流域展开试点，以降低能耗、提升能效水平压力大的地市为重点，以地方产业园区绿色化改造为重点，以地方重点用能行业领域和重点用能单位为重点，开展产业结构调整、能源结构优化、重点用能行业领域能效提升、产业园区能源综合利用研究分析，开展重点用能单位降本增效诊评服务，对新上项目耗能进行分析评估，对碳达峰碳中和进行分析研究，着力推动节能服务由单一、短时效的技术服务向整体性、系统性的综合服务延伸拓展，探索创新可复制、可推广的市场化服务模式。

三 分驱动协同推进绿色转型发展

实现绿色转型发展，既需要更好发挥政府作用，又需要充分发挥市场机制作用，双轮驱动、两手发力，协同推进绿色转型发展。

（一）构建清洁低碳安全高效的能源体系

长期以来，我国形成了以煤为主的能源体系。每完全燃烧 1 吨标煤的商品煤，大约可以生成 2.64 吨二氧化碳，与此同时还产生约 200~300 千克灰渣、12~15 千克二氧化硫、50~70 千克粉尘以及 16~20 千克氮氧化物等。[①]不过，我国能源结构正由煤炭为主向多元化转变，实现黄河流域碳达峰目标，需要构建清洁低碳安全高效的能源体系。

一是以"三个一批"推进煤炭开发利用的转型升级。我国能源结构中，2012 年煤炭占比为 68.5%，非化石能源占比为 0.7%，但是到 2020 年，煤炭占比下降至 56.7%，非化石能源升至 15.6%，能源结构已经大大改善。[②]黄河流域的内蒙古自治区、陕西省、山西省等，是我国煤炭的主要分布地区，许多城市都是资源型城市，需要以"三个一批"推进煤炭开发利用的

---

① 参考《我国能源结构正由煤炭为主向多元化转变》，《人民日报》2018 年 4 月 8 日。
② 参考《我国能源结构中煤炭占比逐年下降》，《中国青年报》2021 年 7 月 11 日。

转型升级。严控"一批"，2030 年碳达峰之前，要做好全面的项目审查，严格控制新增煤电项目；淘汰"一批"，对于落后的煤电产能，要设置退出机制，陆续淘汰一批技术陈旧的落后煤电产能；升级"一批"，对于还有改造潜力的煤电产能，要通过外部引进和内部研发相结合的方式，加快现役机组节能升级和灵活性改造，积极推进供热改造。

二是差异化地发展新能源。黄河流域上中下游禀赋不同，发展新能源的战略选择也应有所差异，要根据流域特点和禀赋，差异化地发展新能源。上游地区，充分利用沙漠、戈壁、荒漠地区的风、光资源，重点发展光伏、风电、光热、地热等新能源，同时要建设好电力外输通道，确保新能源输向中下游地区的渠道畅通。中游地区，充分发挥化石能源的优势，建设风光火储一体化开发消纳基地，推动氢能制造、储存、运输、使用的全产业链布局，构建化石能源和新能源融合发展的机制。下游地区，依托临海优势，充分挖掘海上风电的潜力，建设液化天然气（LNG）接卸基地，推进"光伏+"综合利用，建设能源储运枢纽中心，重点推进能源基地转型和安全保障设施布局。[①]

三是开发黄河上游水电。黄河水库和水利枢纽众多，小浪底水利枢纽、大峡水电站、故县水库等发挥了巨大的作用，不过大多位于黄河流域中下游地区。要推动黄河流域上游水电项目开工建设，目前黄河上游已经被纳入水电项目规划，拉西瓦水电站是黄河上游装机容量最大的水电站，从 2003 年 11 月开工建设至今，已经累计发电量 1349 亿千瓦时，这相当于节约了 4195 万吨标准煤，减少 10522 万吨的二氧化碳排放量，[②] 未来要进一步推动上游水电项目建设。同时，还要根据水利部等七部门联合印发的《关于进一步做好小水电分类整改工作的意见》和《关于开展黄河流域小水电清理整改工作的通知》，做好小水电站的清理整改工作，推动小水电站转型升级。

---

① 吕建中：《统筹推进黄河流域能源绿色低碳转型发展》，《石油商报》2022 年 4 月 25 日。
② 参考《黄河上游装机容量最大的水电站拉西瓦水电站 420 万千瓦全容量投产》，《青海日报》2022 年 1 月 7 日。

（二）大力发展循环经济

资源利用是源头，运用循环利用的思路，大力发展循环经济，可以提高资源利用效率，这有助于减少能源消耗，也有助于降碳，这已经成为国际共识。

一是推进产业园的循环发展。作为我国重要的工业生产空间和主要布局方式，产业园在带来经济增长的同时，也带来了碳排放，推进产业园的循环发展，也就牵住了发展循环经济的"牛鼻子"。根据前瞻产业研究院的统计，黄河流域大大小小的产业园共 15096 个，其中青海省 159 个、四川省阿坝州 15 个、甘肃省 681 个、宁夏回族自治区 371 个、内蒙古自治区 855 个、陕西省 1788 个、山西省 1114 个、河南省 3416 个、山东省 6697 个，黄河流域产业园数量占全国产业园总数的比重为 18.1%。可在黄河流域上游生态保护职责较大的地区、下游经济发展较为成熟的地区，选择一些省级以上重点产业园作为发展循环经济的试点，根据产业园发展定位、优势等，开展循环化改造。

二是加强大宗固废综合利用。大宗固体废弃物（简称"大宗固废"），指的是单一种类年产生量在 1 亿吨以上的固体废弃物，具体包括煤矸石、粉煤灰、尾矿、共伴生矿、冶炼渣、工业副产石膏、建筑垃圾、农作物秸秆等。黄河流域煤炭储量占全国一半以上，上游榆林、鄂尔多斯、乌海、宁东等地煤矸石、粉煤灰和脱硫石膏等固体废物产量和堆存量均处于较高水平，自我消纳固废资源综合利用产品的能力有限，内蒙古工业结构主要以电力、冶炼为主，建筑材料等主要利废行业产能严重过剩，资源化利用途径不畅，产品附加值较低。[①] 要落实国家发展改革委等 10 部门联合印发的《关于"十四五"大宗固体废弃物综合利用的指导意见》（发改环资〔2021〕381号），提高各类大宗固废综合利用效率，建立多产业协同利用、专业化运

---

① 马淑杰、张英健等：《双碳背景下"十四五"大宗固废综合利用建议》，《中国投资（中英文）》2021 年第 Z8 期。

作、互联网+大宗固废利用、骨干企业示范引领等模式，增强重点区域大宗固废消纳能力，提升大宗固废系统治理能力。

三是健全资源循环利用体系。18 世纪 60 年代第一次工业革命以来，全球 80% 以上可工业化利用的矿产资源被开采，随着成品的更新替代，数千亿吨的废旧矿产制品堆积在城市各个角落，被称为"城市矿产"。在废旧的电线电缆、通信工具、家电等中，蕴藏着许多可以循环利用的钢铁、有色金属、贵金属、橡胶等资源。早在 2010 年国家发展改革委和财政部就联合印发了《关于开展城市矿产示范基地建设的通知》（发改环资〔2010〕977号），可以黄河流域具有资质的产业园为试点，高水平建设现代化"城市矿产"基地，重点围绕废钢铁、废铜、废铝、废铅、废锌、废纸、废塑料、废橡胶、废玻璃等主要再生资源，提高资源循环利用规模和质量。

四是大力推进生活垃圾减量化资源化。生活垃圾是污染的重要源头，不恰当的垃圾处理也导致碳排放水平升高。一方面，在黄河流域统一垃圾分类标准。不同城市、不同省区之间，对于垃圾分类的标准存在一定差异，可在黄河流域范围内统一制定垃圾分类的标准，统一标识、统一分类、统一方案。另一方面，提高资源化利用水平。生活垃圾的成分以生物质废弃物为主，属于碳中性燃料，如果加以科学利用，既可以替代一部分化石能源，又能减少生物质自然分解产生的甲烷等温室气体逃逸问题，可加强全链条治理，创新治理技术，提高生活垃圾资源化利用水平。

（三）加强黄河流域碳排放权交易市场建设

2011 年我国选择北京等 7 个省市启动碳排放权交易试点，2021 年 7 月全国碳排放权交易市场启动上线交易，发电行业成为首个被纳入其中的行业，促进温室气体减排和绿色低碳转型的作用初步显现。但是，目前黄河流域碳排放权交易市场建设相对缓慢，需要予以加强。

一是建设黄河流域碳市场联合服务中心。在全国碳排放权交易市场逐步发展的基础上，黄河流域各省区开始建立省级碳市场服务中心，为本省区加入全国碳排放权交易市场提供全方位服务。可以黄河流域九省区碳市场服务中心为基础，或由发达省区碳市场服务中心牵头，建立黄河流域碳市场联合服务中心，为黄河流域内各级政府和控排企业提供服务。参照山东碳市场服务中心"一个平台四个中心"的功能定位，打造对接全国碳市场，搭建黄河流域双碳智慧服务平台，打造绿色金融服务中心、低碳教育科普中心、碳普惠碳中和体验中心与能力建设培训中心。

二是建立黄河流域碳普惠共同机制。2022年4月，广州等9家碳排放权交易平台启动碳普惠共同机制，发布《碳普惠共同机制宣言》。碳普惠共同机制是一种面向家庭和个人的自愿减排机制，每个人、每个家庭、每个林户、每个企业的点滴行动产生的碳汇和减排量，通过科学的核算和认证，都可以在碳市场中获得价值。参照这一做法，在黄河流域建立碳普惠机制，按照减源增汇、跨区域连接、相互认可的基本原则，共同推进建立更高标准、更高质量、更高诚信度的碳普惠机制和市场。

三是在黄河流域试点扩大碳市场覆盖范围。目前只有电力行业被纳入碳排放权交易市场，石化、化工、建材、钢铁、有色、造纸、航空等高排放行业将在"十四五"时期逐步纳入。可以根据黄河流域各省区或各城市碳排放的特点，优先选择除电力之外其他高排放行业作为试点，将这些高排放行业逐步纳入全国碳排放权交易市场，最终形成可复制可推广的经验做法。

四　守底线织牢能源安全防范网

我国能源资源呈现富煤贫油少气的特点，推动黄河流域碳达峰要有科学的规划，特别要以国家能源安全和经济发展为底线，确保安全降碳。

（一）加强能源产业链供应链建设

黄河流域能源丰富，要在开发利用、储备、进出口等方面，加强能源产业链供应链建设。

一方面，优化能源开发利用。根据黄河流域不同地区的禀赋和优势，参照《黄河流域生态保护和高质量发展规划纲要》的要求，采取不同的策略对能源进行开发利用。对于山西、鄂尔多斯盆地,可建设综合能源基地,具体可包括但不限于煤炭生产及煤电一体化基地、大型水电基地、煤化工基地、可再生能源基地和"西电东送"北部通道电煤基地。对于宁夏宁东、甘肃陇东、陕北、青海海西等,可建设重要能源基地,比如在《陕西省黄河流域生态保护和高质量发展规划》中,就提出要大力发展风电、光伏发电等非水可再生能源,支持陕北地区建设大型可再生能源基地。

另一方面,加大能源开发储备基础设施建设。其一,加大青海省、四川省和甘肃省的风光水能设施建设。青海省和甘肃省相对呈现为地广人稀的特点,四川省水资源发达,可以充分利用这些特点,在这几个省建设大型的风光水能设施,挖掘非化石能源的潜力。其二,加大青海、甘肃、内蒙古等省区清洁能源消纳外送基础设施建设。青海、甘肃、内蒙古等省区可以挖掘出许多清洁能源,但由于本省区消纳有限,电网又因审批建设周期长而发展滞后,导致"弃风""弃光"现象时有发生。要统筹规划新能源开发和消纳,加强黄河流域跨省区的消纳外送基础设施建设,建立全国统一的电力市场。其三,开展大容量、高效率储能工程建设。我国储能与风电光伏新能源装机规模的比例(简称"储新比")不到7%,而其他国家和地区的平均储新比已达15.8%,我国储能有很大的提升空间。[①]要落实国家发展改革委和国家能源局印发的《"十四五"新型储能发展实施方案》(发改能源〔2022〕209号),在黄河流域开展新型锂离子电池、液流电池、飞轮、压缩空气、氢(氨)储能、热(冷)储能等新型储能基础设施建设,充分发挥新型储能建设周期短、选址简单灵活、调节能力强、与新能源开发消纳匹配度高等特点,黄河流域各省区可争创新型储能的示范点。

(二)防范化解各类风险隐患

黄河流域碳达峰涉及方方面面,不恰当的降碳行动也难免会引发一些风险,需要加以防范化解。

[①] 丁怡婷:《新型储能,大型"充电宝"怎么建?》,《人民日报》2022年3月28日。

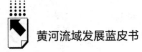

一是以开采红线防范化解能源过度开采的风险。尽管黄河流域能源资源丰富，但也并不意味着可以任意开采。根据国家总体能源消费需求，结合本地能源消费和供给情况，由黄河流域各省区或地级市（州、盟）划定能源开采红线，对包括开采边界、开采深度、开采效率、开采期限等在内的内容，作出明确、具体的规定，防止能源开采大升大降，稳住能源供给总量。

二是防范化解落后能源产能复燃风险。黄河流域煤电规模较大，许多地方的落后煤电机组还在运行之中，这对黄河流域碳达峰造成了较大的负面影响，也在一定程度上威胁着能源安全。黄河流域各省区应规划落后能源产能的淘汰计划，稳步有序淘汰本地的落后能源产能，并加强监督，防止落后能源产能复燃。

三是防范化解能源价格波动风险。从国际层面来看，主要能源大多以美元计价，多重因素导致的美元升值或贬值，引起能源价格波动，或多或少会影响黄河流域能源价格。黄河流域可充分利用期货套期保值的功能，做好能源价格对冲。

（三）加强能源安全合作

在党中央对碳达峰工作的集中统一领导下，严格执行碳达峰的有关部署，还要加强黄河流域内部、外部的能源安全合作。

黄河流域内层面，建立跨流域的协调机制。黄河流域内的各省区和各地级市（州、盟），要加强联系、紧密协作，建立黄河流域能源安全的协调机制。对于省区政府而言，可签订黄河流域能源安全的战略合作协议。由黄河流域九个省区政府牵头，共同签订黄河流域能源安全的战略合作协议，对黄河流域能源安全合作作出整体性、战略性的规划，制定合作的总体方向。对于地级市（州、盟），可跨省区建立合作机制。尽管可能隶属于不同省区，但由于地理位置相邻，不同省区的地级市（州、盟）之间，也可以在黄河流域能源安全的战略合作协议框架下，建立两个或多个跨地级市（州、盟）的合作。

黄河流域外层面，创新跨区域的合作模式。在黄河流域内设立能源安全小组，根据京津冀、长三角、珠三角等地区不同的能源需求，以及各自发展的优势，建立个性化的合作模式。对于黄河流域与京津冀地区，京津冀地区的应用场景要求比较高，比如雄安新区对于生态可持续有着更高的要求，黄河流域可将新的能源利用方式首先拓展至京津冀地区。对于黄河流域与长三角地区，长三角地区新能源技术优势较为突出，比如无锡光伏产业十分发达，黄河流域可引进长三角地区的技术，参照"飞地经济"的做法，共同建立新能源产业园。对于黄河流域与珠三角地区，珠三角地区资金优势较为明显，黄河流域可与珠三角地区的地方政府、社会资本合作，在能源领域推广 PPP（政府和社会资本合作）。比如，可以鼓励黄河流域和珠三角地区的煤炭和发电企业，通过资本融合、相互参股、换股、兼并重组、资产联营和煤电一体化项目等多种形式，发展黄河流域和珠三角地区的煤电联营。

区域报告

Regional Reports

B.4
青海：要在实现碳达峰方面先行先试

张 壮 赵红艳 才吉卓玛 刘 畅*

摘 要： 碳达峰行动是一项涵盖黄河青海流域全域空间，由国家主导、全民参与，长期持续实施的巨大系统工程，对黄河青海流域高质量发展，实现绿色低碳生活具有重要现实意义。本文在梳理黄河青海流域当前碳排放情况的基础上，明确了实现碳达峰的目标，阐释了绿色低碳发展的重点问题或领域。然后对黄河青海流域实现碳达峰面临的挑战与机遇进行了深刻分析，挑战表现为能源结构调整的压力在短时间内难以排解，完成"双控"指标给经济发展带来现实困难，绿色低碳循环经济形成集聚还需要发展时间和政策支持等；机遇表现为黄河青海流域经济发展动力将全面增

---

* 张壮，博士，中共青海省委党校（青海省行政学院）发展战略研究所副所长、教授，研究方向为产业经济学，人口、资源与环境经济学，国家公园等；赵红艳，博士，中共青海省委党校（青海省行政学院）哲学教研部副教授，研究方向为生态哲学、马克思主义哲学；才吉卓玛，博士，中共青海省委党校（青海省行政学院）生态文明教研部副教授，研究方向为生态文明理论与实践；刘畅，青海省社会科学院经济研究所助理研究员，研究方向为区域经济协调发展。

强，生态屏障地位将持续提升，在国家能源安全战略中的保障作用将更加凸显。最后提出了黄河青海流域推进碳达峰的行动路径：完善政策机制，调整优化产业结构，构建清洁低碳安全高效能源体系，推进低碳交通运输体系建设，推广低碳生产生活和建筑方式，加强绿色低碳重大科技攻关和推广应用，聚焦重点领域提升碳汇能力，夯实法规标准统计基础，切实加强组织实施。

关键词： 碳达峰　绿色低碳转型　黄河青海流域

实现碳达峰碳中和是以习近平同志为核心的党中央站在中华民族永续发展和构建人类命运共同体的高度作出的重大战略决策。青海时刻牢记和深入践行习近平总书记关于"青海要在实现碳达峰方面先行先试，为全国能源结构转型、降碳减排作出更大贡献"的重要指示和殷切期望。2021年4月，青海省委省政府站在服务国家发展大局和维护国家生态安全的高度，在《青海省国民经济和社会发展第十四个五年规划和2035年远景目标纲要》中指出，力争在全国率先实现二氧化碳排放达到峰值。[①] 黄河青海流域碳达峰先行先试，要坚持系统观念，赋能"四地"建设，拓展"一优两高"实践内涵，坚定不移走生态优先、绿色低碳的高质量发展之路，力争将黄河青海流域打造成全国乃至国际生态文明高地，率先实现碳达峰目标。

一　黄河青海流域当前碳排放的情况

长期以来，在"一优两高"战略与"五个示范省"建设引领下，黄河

[①] 《青海省国民经济和社会发展第十四个五年规划和2035五年远景目标纲要》，青海省第十三届人民代表大会第六次会议，2021年2月4日。

青海流域持续推动绿色低碳循环发展，生态建设与保护成效显著，"十三五"期间碳排放强度降幅居全国首位，绿色转型加快推进。

（一）碳排放总量的变动分析

考虑到数据的可取得性、真实性与计算口径的一致性，本报告碳排放相关数据均来自"中国碳核算数据库（CEADs）"，因该数据库数据截止到2019年，故碳排放情况分析以2008~2019年数据为主（见表1）。考虑到玉树州与海西州不在黄河青海流域范围当中，但由于玉树州产业结构涉及的碳排放量占比极小，海西州工业碳排放占比较大但数据摘除较为困难，故以青海省省级数据为参考进行分析。

表1　2008~2019年青海省碳排放构成

单位：百万吨

碳排放构成	2008年	2009年	2010年	2011年	2012年	2013年	2014年	2015年	2016年	2017年	2018年	2019年
农林牧渔	0.3	0.3	0.3	0.3	0.3	0.3	0.3	0.3	0.4	0.3	0.3	0.3
采掘业	2.8	3.4	3.2	5.0	5.5	5.4	5.2	5.3	6.1	6.0	5.8	5.8
制造业	11.5	11.7	11.0	10.4	18.2	20.2	21.3	22.5	23.5	18.6	18.9	19.8
电力、热力、燃气及水生产和供应业	10.4	11.3	9.8	12.4	12.5	13.4	12.9	14.1	16.5	17.2	15.0	13.7
建筑业	0.3	0.3	0.3	0.4	0.4	0.4	0.4	0.5	0.6	0.7	0.7	0.7
交通运输、仓储和邮政业	1.8	2.0	2.2	2.4	2.4	2.7	2.8	3.0	3.4	3.9	4.3	4.5
批发和零售业、住宿和餐饮业	0.6	0.6	0.7	0.8	0.8	0.8	0.8	0.6	0.8	1.3	1.5	1.6
城市居民生活	1.2	1.1	1.1	1.3	1.3	1.4	1.4	1.5	1.7	1.9	2.0	2.1
农村居民生活	1.3	1.3	1.5	1.8	1.5	1.5	1.6	1.5	1.7	1.5	1.6	1.5
其他	1.4	1.5	1.7	1.8	1.7	1.8	1.8	1.8	1.8	1.8	1.8	1.8
总量	31.6	33.5	31.8	36.6	44.6	47.9	48.5	51.1	56.5	53.2	51.9	51.8

资料来源：中国碳核算数据库（CEADs）。

从碳排放总量来看，青海省碳排放量总体呈上升趋势，2019 年较 2008 年增长 63.9%，2016 年碳排放 5650 万吨，为 12 年间的最高值。2017 年，中央环保督察组对青海开展了环境保护督察工作，针对督察反馈意见，青海省大力整改环保为发展让路问题。在经济社会发展中，青海省牢固树立生态优先思想，关停不利于生态保护的矿场及企业，经济发展进入阵痛期。2017~2019 年主要工业产品产量明显下降，碳排放量降幅明显。从碳排放量的增速来看，2008~2016 年青海碳排放总量年均增长 7.5%，2008~2019 年年均增长 4.6%，年均增长幅度下降 2.9 个百分点。结合近两年"五个示范省"创建实效及"十四五"规划提出的"四地"建设要求，未来一段时间青海省碳排放量将保持平稳态势，显著增高可能性较低。

从构成碳排放的主要领域来看，排放占比从高到低依次为工业、服务业、农业。工业累计排放量占 12 年排放总量的 80.2%，2019 年工业排放量占年度排放量的 77.4%；服务业累计排放量占 12 年排放总量的 8.6%，2019 年服务业碳排放量占年度排放量的 11.8%；农业累计排放量占 12 年排放总量的 0.7%，2019 年农业碳排放量占年度排放量的 0.6%。对比 12 年累计排放和年度排放的占比情况，近年来工业碳排放量逐步下降，服务业碳排放量增长趋势明显，农业碳排放占比最小且基本保持稳定，没有明显的变化（见图 1）。

工业排放是青海省碳排放的主要来源，约占排放总量的 80%，对排放总量的影响极其显著。工业碳排放总量中，制造业占比最高，约占排放总量的 38.5% 和工业排放总量的 48%，由于新能源、新材料、盐湖化工快速发展，2012 年碳排放量明显上升之后保持平稳。2019 年黄河青海流域第二产业增加值占青海省第二产业增加值的 65.4%，制造业占比约为 66.9%，[①] 且从工业企业构成来看，黄河青海流域主要工业产品涉及新材料、轻工制造业、钢铁、水泥等行业，老旧产能对碳排放仍有较大的影响。在 2021 年青海省生态环境厅《关于认真做好全省 2020 年度碳排放报告与排放监测计划核查工作的通知》公布的 68 家全省碳排放重点核查企业中，黄河青海流域

---

① 《青海统计年鉴 2020》。

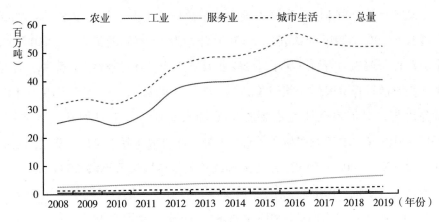

图1 2008~2019年青海省碳排放构成

资料来源：中国碳核算数据库（CEADs）。

企业共计36家，涉及电力、建材、钢铁、化工、有色等行业，碳达峰压力仍然较大。电力、热力、燃气及水生产和供应业碳排放量仅次于制造业，生产过程中原煤使用比例较高，导致该行业成为青海碳排放的第二大行业。但从占比情况来看，2019年该行业碳排放占年度总排放量的比重较2008年下降6.5个百分点，从电力、热力、燃气及水生产和供应业的增加值情况来看，2019年黄河青海流域增加值占全省比重为78.8%，随着清洁供暖、煤改电、煤改气工程的不断推进，碳排放量有望进一步下降。采掘业碳排放量约占青海碳排放总量的11.1%，占工业碳排放总量的13.8%，随着采掘业占工业增加值比重的提升，采掘业碳排放量占年度碳排放量比重也呈现不断上升的趋势，但从采掘业增加值来看，2019年黄河青海流域采掘业增加值仅占全省增加值的3.8%，采掘业碳达峰趋势较其他行业而言压力较小。

交通运输、仓储和邮政业是除工业外碳排放量最高的行业，占总排放量的比重从2008年的5.7%增长至2019年的8.7%，增长幅度高于其他行业。从交通运输业发展情况来看，2008~2019年，载客车辆数增长6.4倍，载货车辆数增长2.1倍，私人汽车数增长6.7倍。[①] 黄河青海流域是青海省新型

---

① 历年《青海统计年鉴》。

城镇化发展的主要区域，2020 年、2021 年民用汽车与私人汽车保有量保持高速增长，随着新能源汽车的推广，未来交通领域将有较大的降碳空间。

（二）碳排放强度的变动情况

从 2008~2019 年青海省碳排放强度来看，2010 年碳排放强度显著下降，经过小幅波动，2012 年有所回升，之后呈现稳步下降态势，2012~2019 年以年均 7% 的速度稳步下降，可见青海省正在逐步实现低碳经济发展模式。从工业碳排放强度来看，工业碳排放强度总体高于碳排放强度，且两者差距较大。2008~2016 年，工业碳排放强度波动较大，但总体保持在较高水平。从 2017 年开始，受到大力调整工业发展方式的影响，工业碳排放强度明显下降（见表 2）。

表 2　2008~2019 年青海省工业碳排放强度和碳排放强度情况

单位：吨 CO_2/万元

年份	工业碳排放强度	碳排放强度
2008	9.21	3.52
2009	9.75	3.56
2010	7.44	2.78
2011	6.79	2.67
2012	7.91	2.92
2013	7.85	2.80
2014	7.89	2.62
2015	8.21	2.54
2016	7.82	2.48
2017	6.22	2.15
2018	5.19	1.89
2019	4.88	1.76

资料来源：中国碳核算数据库（CEADs）、历年《青海统计年鉴》。

从主要行业的碳排放强度来看，电力、热力、燃气及水生产和供应业碳排放强度长期维持在较高水平，2018年出现明显下降，交通运输、仓储和邮政业以及批发和零售业、住宿和餐饮业碳排放强度总体不高，但呈稳步上升趋势。2016~2019年，交通运输、仓储和邮政业碳排放强度增长15.5%，批发和零售业、住宿和餐饮业碳排放强度增长73.7%（见表3）。

表3　2016~2019年青海省主要行业碳排放强度情况

单位：吨 CO_2/万元

行业	2016年	2017年	2018年	2019年
农林牧渔	0.18	0.12	0.11	0.10
采掘业	5.04	3.34	2.75	2.69
制造业	7.71	5.60	5.54	5.52
电力、热力、燃气及水生产和供应业	11.66	10.06	6.66	5.81
建筑业	0.22	0.24	0.22	0.21
交通运输、仓储和邮政业	3.16	3.30	3.57	3.65
批发和零售业、住宿和餐饮业	0.57	0.90	0.99	0.99

资料来源：中国碳核算数据库（CEADs）、历年《青海统计年鉴》。

（三）碳排放的能源构成情况

从青海省碳排放的能源构成来看，煤炭类为碳排放的第一大来源。天然气类为碳排放的第二大来源，2019年碳排放量占比较2016年增长4.3个百分点。石油类碳排放占比稳步上升，2019年较2016年提升4.1个百分点（见表4）。

表4　2016~2019年青海省碳排放的能源构成

单位：百万吨，%

年份	煤炭类		石油类		天然气类	
	排放量	占比	排放量	占比	排放量	占比
2016	35.4	62.7	6.2	10.9	9.4	16.6
2017	31.8	59.8	7.1	13.3	10.1	19.0
2018	30.1	58.0	7.3	14.0	10.6	20.5
2019	29.3	56.5	7.8	15.0	10.8	20.9

资料来源：中国碳核算数据库（CEADs）、历年《青海统计年鉴》。

从主要行业的碳排放具体来源来看，以 2019 年碳排放的数据为例，原煤、焦炭、柴油、天然气为青海碳排放占比最高的四种能源，其中原煤和焦炭属于煤炭类，柴油属于石油类。原煤是排放占比最高、涉及行业最广的能源，在总排放量占比最高的三个行业当中，原煤是其中两个行业的主要碳排放来源。电力、热力、燃气及水生产和供应业原煤碳排放量占碳排放总量的91.2%，制造业原煤碳排放量占比达39.9%。此外，原煤还是农村居民生活碳排放的主要来源，占比达到46.7%。从总排放量较高且排放处于增长趋势的交通运输、仓储和邮政业的碳排放情况来看，柴油是该行业的主要碳排放来源，占比达到75.2%。从天然气排放的占比情况来看，采掘业对天然气依赖程度较高，天然气排放占比达92.6%。由于天然气是供热的主要能源，在城市居民生活排放、批发和零售业、住宿和餐饮业碳排放中的占比均超过50%。①

（四）碳排放的特征

第一，碳排放总量低，工业排放占比高。青海碳排放总量仅占全国排放总量的0.5%，位于全国倒数第三。制造业、采掘业与电力、热力、燃气及水生产和供应业是主要排放行业，且工业碳排放强度高，说明黄河青海流域工业仍以附加值较低的初级产业为主，存在粗放发展的问题。

第二，工业碳排放强度长期保持高位。在工业碳排放强度较难下降的情况下，黄河青海流域总体碳排放强度较低，且下降趋势明显，说明黄河青海流域第三产业发展情况较好，产业结构有望进一步优化。

第三，由于机动车持有量的提升与供热需求的增加，近两年交通运输、仓储和邮政业与城乡居民生活碳排放量上升趋势明显，未来这两个领域有较大的降碳空间。

第四，能源结构低碳化成效显著。目前，青海以国家清洁能源示范省建设为抓手，强力推进能源消费总量和强度"双控"制度，清洁能源占一次

---

① 中国碳核算数据库（CEADs）、《青海统计年鉴 2019》。

能源消费比重超过 65%，单位 GDP 二氧化碳排放强度累计下降 43%，排放总量累计下降 25%。[①] 青海新能源装机占比达 87%以上，清洁能源发电量占比 88.2%。[②] 以清洁能源为主导的电力正在取代煤炭成为黄河青海流域消费量最大的能源，且黄河青海流域清洁能源总量丰富、开发利用条件优越，在清洁能源示范项目建设方面优势突出。[③]

二 黄河青海流域实现碳达峰的目标

全面落实国家碳达峰碳中和工作部署，统筹碳达峰碳中和与经济社会高质量发展，构建"1+16+23"碳达峰碳中和政策体系，以产业结构和能源结构调整为关键，统筹考虑重点产业项目、重大能源项目布局和建设，提升重要生态系统碳汇能力，推动绿色低碳技术实现重大突破，构建节约资源和保护环境的产业结构、生产方式、空间格局，力争黄河青海流域在全国率先实现二氧化碳排放达到峰值。

（一）到2025年

绿色低碳循环发展的经济体系基本形成，能源、产业和运输结构调整优化取得显著成效，黄河青海流域能源资源利用效率获得大幅提高，低碳产业发展与低碳技术创新实现重点突破，绿色低碳生活加快普及，绿色低碳循环发展的政策体系基本建立。黄河青海流域生产总值单位能耗与2020 年相比下降 12.5%，二氧化碳单位排放与 2020 年相比下降 12%，非化石能源消费比重为 52.2%左右，森林覆盖率达 8%，森林蓄积量达到5300 万立方米，草原综合植被盖度达 58.5%，为实现碳达峰目标提供坚强保障。

---

① 《青海省"十四五"生态环境保护规划》。
② 张周平：《青海率先实现碳达峰优势明显》，《前进论坛》2021 年第 4 期。
③ 索端智、孙发平：《2022 年青海经济社会形势分析与预测》，社会科学文献出版社，2022，第 237~251 页。

（二）到达峰年

经济社会绿色低碳转型成效明显，低碳技术创新体系、绿色循环产业体系和现代化治理体系基本建成，重点耗能行业能源利用效率达到国际先进水平。[①] 单位地区生产总值能耗实现大幅下降，实现二氧化碳排放量达到峰值并稳中有降；非化石能源占能源消费总量比重、森林覆盖率、森林蓄积量、草原综合植被盖度稳步提高。

（三）2060年前

"减碳"长效机制更加完善，清洁低碳安全高效能源体系持续推进，绿色低碳循环发展经济体系全面建立，整体能源利用效率达到国际先进水平，在工业、交通运输和建筑等领域全面使用零碳、负碳技术，非化石能源消费占能源消费总量比重达到80%以上，黄河青海流域经济社会发展全面脱碳，碳达峰目标如期完成，开创人与自然和谐共生新境界。[②]

三　黄河青海流域绿色低碳发展的重点问题或领域

"十四五"时期，黄河青海流域进入了以降碳为重点战略方向，实现高质量发展的关键时期。要以系统观推进绿色低碳发展，改善生态环境质量，重点抓好清洁能源提质扩能、特色产业转型升级和生态系统固碳增汇，加快建立健全现代环境治理体系。

（一）抓清洁能源提质扩能，推动能源绿色低碳转型

第一，大力发展清洁能源，打造国家清洁能源产业高地。青海省政府与国家能源局联合印发《青海打造国家清洁能源产业高地行动方案（2021～

---

① 中共中央、国务院：《关于完整准确全面贯彻新发展理念做好碳达峰碳中和工作的意见》，《人民日报》2021年10月25日。

② 《青海省碳达峰碳中和工作的实施意见（征求意见稿）》。

2030年）》，加快推动清洁能源开发、新型电力系统构建、清洁能源替代、储能多元打造、产业升级推动、发展机制建设"六大行动"。截至2021年底，青海清洁能源装机3893万千瓦，占总装机的90.8%；集中式光伏装机1655万千瓦，装机规模居全国第一位。2021年，青海清洁能源发电量845.69亿千瓦时，在总发电量中占比超过85%。

第二，加快绿电外送通道建设，持续优化新型电力系统配置。建成青豫直流工程，提升青豫一期通道配套电源运行功率，加快推进第二条特高压外送通道工程，加强交流骨干网架和各电压等级协调发展的坚强智能电网建设。开展新能源控制参数优化，完成改造445万千瓦；首批11台新能源分布式调相机全部投入使用，建成世界最大规模的新能源分布式调相机群，可提升新能源消纳能力185万千瓦。

第三，加快推动储能发展，提升多能互补储能调峰能力。编制《青海省国家储能发展先行示范区行动方案（2021~2023年）》，出台《支持储能产业发展的若干措施》，26个站点抽蓄电站纳入国家中长期发展规划，总装机规模达到4170万千瓦。创新"新能源+储能"一体化开发模式，推进40万千瓦光热、174.5万千瓦/642万千瓦时电化学储能项目建设。

（二）抓特色产业转型升级，促进经济发展绿色低碳转型

第一，推进低碳农牧业发展，打造绿色有机农畜产品输出地。充分利用得天独厚的资源禀赋，以推进高原绿色农牧业提质增效为重点，实施质量兴农、绿色兴农、品牌强农战略，大力推进农牧业绿色化、标准化、品牌化。青海省政府与农业农村部联合印发《共同打造青海绿色有机农畜产品输出地行动方案》，打造基础稳固的农牧业绿色发展支撑体系，做优做强绿色有机农牧产业。

第二，推进低碳服务业发展，打造国际生态旅游目的地。着眼于打造国际生态旅游目的地，着力构建"一环六区两廊多点"的文化旅游发展总体布局。"十三五"以来，建成A级旅游景区134家、国家级全域旅游示范区2个、"三江源溯源之旅"等生态旅游精品线路100条。青海省政府与文化

和旅游部联合印发《青海打造国际生态旅游目的地行动方案》，强化国际生态旅游目的地顶层设计，塑造黄河青海流域国际生态旅游品牌。

（三）抓生态系统固碳增汇，推进国家公园示范省建设

第一，持续加强山水林田湖草沙冰系统治理。印发了《关于加快把青藏高原打造成为全国乃至国际生态文明高地的行动方案》。先后启动实施了三江源生态保护和建设一期二期、祁连山生态环境保护综合治理、祁连山山水林田湖生态保护修复试点、青海湖生态保护和综合治理及青海湖流域周边地区生态环境综合治理等工程，覆盖青海省面积的 68%。青海全省森林覆盖率由 2016 年的 6.3% 增加到 2020 年的 7.5%，草地综合植被覆盖度由 2016 年的 53.3% 增加到 2020 年的 57.4%，湿地面积保持在 814.36 万公顷以上。

第二，推进以国家公园为主体的自然保护地体系建设。与国家林草局联合印发《青海建立以国家公园为主体的自然保护地体系示范省建设三年行动计划（2020~2022 年）》，部署 8 个方面 42 项重大行动，制定自然保护地整合优化办法和方案、自然保护地分类标准，40 个标准化管护站、大数据中心、展陈中心等设施陆续投用，保护地体系管理日趋强化。

第三，着力突破生态系统保碳增汇关键技术。以全面提升生态系统碳汇能力为目标，开展生态系统气候变化情景下的碳汇功能研究。加快研发乡土草种扩繁、生态恢复新型植物材料、新种质资源创制与生产、退化草地治理修复、多年冻土区冻融预防与治理、草地资源空间优化配置及持续利用等系列保碳增汇创新关键技术体系，加速实现自然保护地内不同退化草地土壤的持续增汇功能。[①]

四　黄河青海流域碳达峰面临的挑战和机遇

碳达峰作为党中央作出的一项重大战略决策，必将对今后经济社会发展

---

① 资料来源：青海省发展和改革委员会。

产生重大影响。黄河青海流域已将碳达峰纳入生态文明建设整体布局，全面进入以降碳为重点的新阶段，要正确认识和把握碳达峰给区域带来的机遇与挑战。

（一）主要挑战

从全国范围看，黄河青海流域占全国碳排放总量的比重虽然不大，且碳排放总量连续两年下降，但能耗和排放强度均高于全国平均水平。从省内看，区域间发展不平衡导致排放情况差异明显，西宁和海东两市排放占全省50%以上，能源和工业领域排放占总量90%以上，黄河流域重点市州和行业的降碳还面临较大压力和挑战。

第一，能源结构调整的压力短时间内难以排解。能源的碳排放强度由高到低依次是煤炭、石油、天然气。从工业主要行业碳排放与能耗情况来看，支柱能源为电力的有色金属冶炼和压延加工业，能耗占总量的28.1%，碳排放仅占总量的1.4%；而支柱能源为煤炭的电力、热力、燃气及水生产和供应业能耗占比仅为2.3%，碳排放占比却高达26.5%（见表5）。

表5　2019年青海省工业主要行业碳排放占比及能耗占比

单位：%

行业	碳排放占比	能耗占比
电力、热力、燃气及水生产和供应业	26.5	2.3
化学原料和化学制品制造业	9.3	16.5
石油和天然气开采业	10.4	4.2
有色金属冶炼和压延加工业	1.4	28.1

资料来源：中国碳核算数据库（CEADs）、2019年《青海统计年鉴》。

可见，如果长期保持以煤炭为主的能源消耗结构会对降碳形成巨大阻力。从青海省目前的能源结构来看，煤炭是仅次于电力的第二大能源，在能源消费中所占的比重远远高于石油和天然气，调整能源结构，降低煤炭的消费比重是降低碳排放的重要举措。然而，天然气开采也属于高耗能产业，并且受开采条件限制无法在短时间内提升产量。此外，青海虽作为清洁能源发电大省，但弃风弃光情况明显，新能源产能相对过剩和消费侧负荷不足的矛盾突出，且储能电站及电力辅助交易市场机制等仍处于试点探索阶段，晚高峰电力短缺与午间新能源弃电成为常态，需要频繁通过跨省份互济满足电力平衡[1]，对青海省能源结构绿色化、低碳化发展造成较大压力。

第二，完成"双控"指标给经济发展带来现实困难。从"双控"指标实施情况来看，"十三五"期间要求单位生产总值能耗下降10%，能源消费增量控制在1120万吨标准煤以内。青海省通过大力淘汰落后产能、限制高耗能企业生产时间等方式实现节能减排目标。虽经不懈努力，但青海省仍有部分年度减排降耗指标完成情况不好。"十四五"时期，单位生产总值能耗下降13%，能耗消费增量480万吨标准煤，能耗区间进一步压缩。从2019~2021年的"双控"指标来看，进入"十四五"之后能耗下降比例骤然升高，能源消费增量不足2020年的一半，减排压力进一步增加（见表6）。

表6　2019~2021年青海省"双控"指标情况

"双控"指标	2019年	2020年	2021年
能源消耗增量（万吨标准煤）	400.0	480.0	117.0
能耗下降比例（%）	0.1	0.1	3.0

资料来源：青海省人民政府网站公开数据。

近年来，青海省大力调整产业结构，淘汰落后产能，但通过降低产品单耗促进节能降耗的空间已十分有限，只能压缩高耗能企业的生产时间，这导致企业经营压力增大，通过开展技术创新提升资源利用效率的能力亟待提升，意愿亟待增强。2021年以来，盐湖化工、新能源、新材料等重大项目相继建设投产，能耗的刚性需求不断增加。上半年由于能耗不降反增，国家发改委要求暂停国家规划布局的重大项目以外的"两高"项目的节能审查，能耗下降空间进一步缩小。

---

[1]　资料来源：青海省发展和改革委员会。

第三，绿色低碳循环经济形成集聚还需要发展时间和政策支持。黄河青海流域生态系统退化趋势虽然放缓，但全面构建绿色低碳循环发展的经济与社会运行体系，仍需在发展理念、技术突破、工艺再造、产业优化和全社会认同参与等方面加大工作力度。规模化引入创新型企业、完善新能源产业链是现阶段青海实现"双碳"目标的必由之路，亟待形成吸引该类企业的投资洼地。但从目前发展的情况来看，青海省各循环经济园区面临"资源集聚程度高则用地用电成本高""用地用电成本低则资源集聚程度低"两个发展极端。西宁市作为省会城市吸引了全省大多数优质资源，园区基础设施建设完善，但远离新能源基地，企业投资建厂成本过高。位于各市州县的绿色产业园区邻近新能源基地，投资建厂成本低，但基础设施建设不完善，企业生产所需的人工、物料供应不足，增加了企业的经营成本，不利于企业的可持续发展。因此，促进低碳产业高质量发展，需要政府从产业园区建设和产业政策两方面予以倾斜。

第四，交通运输行业与居民生活碳排放降低困难。交通运输、仓储和邮政业正处在快速发展阶段，货运需求与私人汽车持有量不断增加。2015年青海省出台了《关于印发加快青海省新能源汽车推广应用实施方案的通知》，然而由于充电站等配套设施建设不足，目前新能源汽车仅在公共交通、环保等领域推行，公务车及社会车辆的新能源推广速度缓慢。在新能源货运车辆的推广方面，由于青海海拔高、运输路况复杂，企业对更换新能源车辆的积极性不高，加之各地对新能源补贴政策的落实情况不一，充电站没有执行大工业电价，进一步加大了新能源货运车辆推广的难度。

第五，煤耗折算机制对碳减排施加了外在压力。从碳排放的主要来源来看，青海省碳排放的主要来源为煤炭，由于占比较高，煤炭的碳排放量趋势与碳排放总量趋势一致。2019年煤炭碳排放量占比较2016年约减少6.25个百分点，从能源消费结构来看，2019年煤消费量占比较2016年降低14.22个百分点，能源量占比减少幅度明显大于碳排放量占比下降幅度（见表7）。

表7　2016~2019 年青海省碳排放主要来源占比及能源消费情况占比

单位：%

年份	碳排放主要来源占比			能源消费情况占比			
	煤炭	石油	天然气	煤	石油	天然气	电力
2016	62.72	10.93	16.60	43.37	10.13	15.00	31.50
2017	59.83	13.32	18.96	37.86	11.46	15.97	34.72
2018	57.96	14.01	20.45	30.09	10.29	15.93	43.69
2019	56.47	14.98	20.85	29.15	10.87	16.38	43.60

资料来源：中国碳核算数据库（CEADs）、历年《青海统计年鉴》。

同时，虽然截至 2019 年青海省清洁能源发电量占比已达 86.5%，但由于发电煤耗折算机制，煤耗指标难以体现真实能源消费水平，碳减排成效无法充分显现。[1]

（二）重大机遇

实现"双碳"目标对于我国而言意味着一场广泛而深刻的经济社会系统变革。在"双碳"目标要求下，黄河青海流域需要"倒逼"经济发展方式向低碳化转型。产业体系"去碳化"成为黄河青海流域当前最紧迫的战略任务，在投资、生态、能源、产业、创新等领域涌现出前所未有的发展机遇。

第一，碳达峰有利于拉动投资，全面增强黄河青海流域经济发展动力。碳达峰目标关乎产业结构、能源结构、经济结构的巨大变革。对于黄河青海流域而言，抓住"双碳"机遇有助于改变由于承担重要生态责任产业发展受限的被动局面，重塑经济发展的新动能。从投资的具体领域来看，首先，碳达峰对可再生能源发电的需求大幅增长，黄河青海流域光伏、水电资源集聚，有较好的发展基础，在吸引装备制造、发电等领域企业入驻方面具有明显优势。其次，碳达峰对工业企业节能减排效率提出新要求，黄河青海流域工业发展长期以来一直积极谋求摆脱"两高"发展模式，迫切需要引入前

---

[1]　索端智、孙发平：《2022 年青海经济社会形势分析与预测》，社会科学文献出版社，2022，第 237~251 页。

沿节能降耗技术，新技术与数字化企业建设在黄河青海流域前景广阔。最后，实现碳达峰必然促进循环经济发展水平，由于黄河青海流域产业发展体量较小、投资建厂成本较低等有利条件，具有开展循环经济示范园区等示范性项目的先天优势，在获取低碳发展、循环经济项目与投资方面潜力较大。综上，黄河青海流域有望在碳达峰过程中，通过降碳转型，形成绿色低碳发展模式，倒逼本地产业转型升级。

第二，碳达峰有助于提升黄河青海流域生态建设水平，加快国际生态文明高地建设步伐。黄河青海流域是北半球的气候敏感区，对于全球生态系统有重要的调节和稳定作用。其生态服务区域外溢价值巨大，气候调节和物种保有等功能性价值不可估量。黄河青海流域也是世界高海拔地区中生物多样性最集中的地区之一，拥有陆生脊椎野生动物数百种。[①] "十三五"期间，黄河青海流域生态文明建设纵深推进，生态文明制度改革取得重大突破，青海省先后颁布实施了《青海省生态文明建设促进条例》《青海省大气污染防治条例》《青海省"十三五"控制温室气体排放工作实施方案》等，地方生态环境保护法规和标准体系进一步健全，黄河青海流域生态环境保护成绩斐然，主要生态指标明显提高。森林覆盖率由 2016 年的 6.3%增加到 2020 年7.5%，草地综合植被盖度由 2016 年的 53.3%增加到 2020 年的 57.4%，森林草原碳汇能力得到巩固提升，县域生态环境质量连续 9 年通过国家考核。以海南州塔拉滩光伏基地为代表的"可再生能源+生态修复"项目，实现了能源利用、生态修复与富民增收的三赢，充分展现了碳达峰在改善生态环境质量方面的重要作用。2021 年，青海省委印发《关于加快把青藏高原打造成为全国乃至国际生态文明高地的行动方案》，为黄河青海流域在坚持生态保护优先的基础上，通过稳定生态安全，加强生态治理，形成产业生态化和生态产业化的高质量发展模式。实现"双碳"目标是打造国际生态文明高地的关键一环，有利于促进青海经济模式从过去的农牧依赖型转化为以生态

---

① 张壮、赵红艳：《以生态保护补偿打通"绿水青山"向"金山银山"的转换通道——以青海省为例》，《环境保护》2021 年第 11 期。

旅游业及新能源等产业为主的低碳产业，真正打好"山水牌"。

第三，碳达峰推动能源体系转型，黄河青海流域对国家能源安全保障作用将进一步凸显。能源行业规模体量大、关联作用强，在统筹能源供应安全性与可持续发展的前提下，提升能源自给率是当前我国能源体系转型的必然要求。在碳达峰目标的推动下，传统能源比重逐步降低，可再生能源需求大幅增长，经过多年发展，黄河青海流域已基本建成较为完整的清洁能源产业发展体系，并在可再生能源储量丰富的基础上，形成"水光互补"的清洁能源电力供应模式，为可再生能源发电稳定消纳夯实基础，最大限度保障国家能源安全。2021年6月，国家能源局发布了2020年度全国可再生能源电力发展监测评价结果，青海以21.2%的超出量，在30个省（区、市）电力消纳总量责任完成情况排名中名列前茅。① 随着清洁能源产业高地建设工作的不断推进，黄河青海流域将在可再生能源发电规模不断扩大的基础上，积极探索储能技术和电力消纳新途径，建设新型电力系统，必将不断增强对国家能源体系转型的战略保障作用。

第四，碳达峰要求产业发展转型升级，有助于黄河青海流域全面提升发展质量。碳达峰为黄河青海流域带来新一轮科技革命与产业变革的历史性机遇，调整优化产业结构是黄河青海流域在碳达峰目标下推动实现经济社会全面绿色转型的关键，通过优化发展已有一定基础的产业，前瞻性谋划布局新产业，形成特色突出、优势互补、结构合理的产业发展新格局。黄河青海流域以碳达峰为契机，加快转变"两高"型工业发展方式，推进能源消费总量和强度"双控"制度，单位GDP二氧化碳排放强度累计下降37%，总量累计下降17%，超额完成国家各项指标任务。在碳达峰过程中，通过对标国家能耗和排放要求的最低区间，建立制造业领域高耗能项目立项审批与能耗"双控"联动机制，在此基础上以清洁能源产业发展为引领，进一步发挥青海特色制造业比较优势，积极培育现代装备制造业产业新体系，从而推动黄河青海流域实现跨越式发展。

---

① 吴启华：《全国可再生能源发电量占比达29.1%》，《中国矿业报》2021年7月7日。

第五，碳达峰以创新发展为引领，将加快黄河青海流域建设特色现代化经济体系。近年来，黄河青海流域着力发展绿色产业，产业结构不断优化，可再生能源装机、消费占比由 2016 年的 84.7%、44.5% 增加至 2020 年的 90.24%、47.2%，持续保持全国领先。能源产出率由 2015 年的 0.49 万元/吨标准煤上升至 2020 年的 0.63 万元/吨标准煤，能源利用效率明显提升。绿色低碳循环产业体系初步构建，至 2020 年末，西宁（国家级）经济技术开发区、青海国家高新技术产业开发区和海东工业园区循环经济占比达 40% 以上，循环经济稳步发展。[①] 2020 年，新能源、新材料、生物医药三个行业总产值占工业总产值的 34.4%[②]，连续多年保持平稳发展，但战略性新兴产业整体体量小、引领性弱、突破发展困难是黄河青海流域经济发展长期以来面临的主要问题。碳达峰有助于黄河青海流域调动市场活力，为新兴产业提供发展土壤，在提升产业附加值方面寻求突破，在低碳技术的研发与使用方面大胆创新，并以低碳技术为引领，形成以绿色低碳为核心的现代经济体系。

第六，碳达峰增加生态产品供给，将加快推进黄河青海流域共同富裕进程。2021 年 7 月 16 日，全国碳排放权交易市场正式开市。有关专家提出，我国碳交易市场将成为全球最大市场，预期交易规模将超万亿元。[③] 黄河青海流域存在森林、草原、湿地、冰川、冻土等多种碳汇形式，且区域内退化高寒草地占比较高且处于气候暖湿化阶段，有较大增汇潜力，在碳交易市场的带动下，"碳汇"生态产品价值增加，黄河青海流域生态价值向经济价值的转化水平有望不断提升，同时增加碳汇对于改善黄河青海流域气候环境，降低山体滑坡等地质灾害发生率，保障居民人身安全。此外，造林工作可推动农村剩余劳动力转移就业，增加居民收入，巩固脱贫成果，加快黄河青海流域共同富裕进程。[④]

---

① 资料来源：青海省发展和改革委员会。
② 《青海统计年鉴 2020》。
③ 秦志伟、计红梅：《全国碳排放权交易市场开市》，《中国科学报》2021 年 7 月 19 日。
④ 孙发平、王礼宁：《论青海实现"双碳"目标先行先试的战略导向与着力点》，《青海社会科学》2021 年第 6 期。

五　黄河青海流域推进碳达峰的行动路径

碳达峰是一场广泛而深刻的经济社会系统性变革，必须深化思想认识，胸怀"国之大者"，做好黄河青海流域碳达峰的顶层设计、体制机制、政策体系等工作，切实体现"先行先试"的责任担当，率先探索实现碳达峰的行动路径。

（一）完善政策机制

第一，完善投融资政策。完善绿色金融服务体系，鼓励社会资本参与重点领域建设，构建与碳达峰相适应的投融资体系。严控钢铁、石化等高碳项目投融资，加大对生态碳汇、新能源、节能环保、绿色低碳技术等项目的攻关力度。支持社会资本设立绿色低碳产业投资基金，激发市场主体活力。鼓励开发性政策性金融机构提供长期稳定融资支持。积极开发绿色金融产品，在保证政府隐性债务不增加的前提下，快速推进绿色债券、绿色信贷、绿色保险、绿色基金等金融工具，完善地方绿色信贷统计、监测、评价体系和风险管理机制。完善地方股权交易市场建设，支持符合条件的企业上市融资和再融资，用于绿色低碳项目建设运营。

第二，优化绿色财税价格政策。落实国家支持碳达峰财税政策，充分发挥财政资金引导作用，把碳达峰目标任务作为财政预算和资金分配的重要依据，整合各类政府引导基金，撬动更多资金投向碳达峰重点领域和薄弱环节。着力推动完善政府"两型"采购标准化，加大绿色低碳产品、技术和服务的政府采购力度。加大对绿色降碳循环项目发展、技术研发应用等的财税支持力度。研究碳达峰相关企业所得税减免政策，做好示范试点及推广实施。落实环境保护、资源综合利用、节能节水和新能源车船等税收优惠和碳减排税收政策。严禁对高耗能、高排放、资源型行业实施优惠电价优惠。执行差别化电价政策，落实分时电价和居民阶梯电价等政策。加快推进供热计量改革，实施按供热量计算收费办法。

第三，健全市场化经营机制。积极参与融入全国碳交易市场建设，做好重点排放单位碳排放数据核查、复核评估、配额分配、交易和配额清缴等工作。开展对重点排放单位的监督检查，强化碳排放数据质量管理，为全国碳市场稳定运行提供保障。有序组织自愿减排交易项目开发和储备工作。促进碳汇开发并纳入全国碳排放权交易市场，体现具有黄河青海流域特色重要生态系统的碳汇价值。健全企业、金融机构等碳排放报告和信息披露制度。有序推进碳排放权、排污权、用水权和用能权交易。发展市场化节能降碳方式，推行合同能源管理，推广节能"一站式"综合服务。组织开展碳排放权交易能力建设培训，提高管理部门和相关企业参与碳市场能力。

第四，畅通开放交流渠道。发挥青海连接"一带一路"和西部陆海新通道的纽带作用，加强与有关国家和地区在推动碳达峰产业发展、技术应用等方面的交流，深化相关领域的政策沟通、项目合作、人才培训等，加大清洁能源、高原农牧业、生态旅游等领域的交流和对外宣传。减少高耗能高排放产品出口，引进急需的绿色低碳发展关键技术、装备并消化吸收再创新。加强与联合国相关机构以及生态环保领域国际组织、研究机构等的沟通联系，建立碳达峰高端智库。积极争取参与国际应对气候变化谈判。

（二）调整优化产业结构

第一，坚决遏制高耗能、高排放、低水平项目盲目发展。全面落实主体责任，强化源头把控，提升管理效能。保障清洁能源消纳，严格落实高耗能行业能耗限额标准，公正公开执行有序用电，从严从实遏制"两高"项目。科学核算黄河青海流域能耗扣减量，严格落实高耗能高排放项目产能等量或减量置换。未被纳入国家有关领域产业规划的炼油和新建煤制烯烃和乙烯等石化项目，一律不得新建改扩建。加强提高高耗能高排放项目能耗准入标准管理。加强产能过剩分析预警和有效控制。加快推进黄河干支流沿线存在重大环境安全隐患的生产企业就地改造、异地迁建、依法关闭退出。引导企业自主建立全生命周期绿色供应链体系，切实带动上下游整体绿色转型。

第二，大力发展绿色低碳产业。改造提升有色金属、能源化工和建材等传统产业。推动互联网、大数据、云计算、人工智能和5G等新兴技术与各产业深度融合。推行产品绿色设计，加快推进工业领域低碳工艺改革和数字化转型，提高产品技术、工艺装备、能效环保及信息化水平。发展信息智能、生物医药健康、新型电力装备、储能材料、锂电、节能环保等战略新兴产业。加快商贸流通、文化旅游等服务业向专业化和价值链高端延伸，提升服务业低碳发展水平。

（三）构建清洁低碳安全高效能源体系

第一，完善能源消费强度和总量"双控"机制。全面落实国家节能降碳约束性指标，坚持节能优先的能源发展战略，严格控制能耗和二氧化碳排放强度，合理控制能源消费总量，创造条件尽早实现能耗"双控"向碳排放总量和强度"双控"转变。① 将能耗"双控"贯穿结构调整、产业布局、节能审查、减污降碳等各个环节，将节能降碳目标分解落实到各重点地区，严格考核程序，健全减污降碳的激励约束机制，对节能降碳"双控"目标完成形势严峻的地方实行项目缓批限批、能耗等量或减量替代。强化节能监察和执法，加强"双控"目标分析预警，严格责任落实和评价考核机制。加强甲烷等非二氧化碳温室气体管控。

第二，提升能源资源利用效率。把节能降碳贯穿经济社会发展各领域和全过程，持续深化工业、建筑、交通、商贸、农业农村、公共机构等重点领域节能。开展能效"领跑者"行动，提升重点用能单位能效利用和低碳发展水平。实施节能降碳重点工程，推动电力、钢铁、有色、石化、建材等行业节能降碳改造升级。大力发展循环经济，构建废旧物资循环利用体系和资源循环型产业体系，全面提高资源利用效率。提升新型基础设施能效水平。

第三，加大能源结构调整力度。严格执行落实国家煤炭、石油、天然气和煤炭消费管控要求，统筹煤电发展和保供调峰，合理建设煤电机组，加快现役煤电机组节能改造。持续推进终端用能领域清洁电力替代工程，合理控

---

① 《中共中央国务院关于完整准确全面贯彻新发展理念做好碳达峰碳中和工作的意见》，《人民日报》2021年10月25日。

制化石燃料使用量。逐步减少直至禁止煤炭散烧。有序推进干热岩等非常规能源资源开发利用。实施可再生能源替代行动，大力发展水电、风电、光伏光热、生物质能、地热等，不断提高非化石能源消费比重。创新"光伏+"模式，探索氢能"制储输用"工程。推动清洁能源开发和电网建设协同发展，加速加快形成以储能调峰和省内省外消纳市场为基础支撑的新增电力装机发展机制，构建以新能源为主体的新型电力系统，提高电网对高比例可再生能源的消纳和调控能力。加快抽水蓄能、储能工厂建设，采用统一建设共享储能模式推动电化学储能规模化应用。构建更清洁、更经济、更安全的能源生产消费结构，形成多元主体便捷接入的智慧能源系统。持续推进三江源以电能替代为主的清洁供暖，因地制宜开展太阳能、天然气、地热等绿色能源取暖试点，打造共和"地热城"。

（四）推进低碳交通运输体系建设

加快构建承东启西、沟通南北的公路、铁路、航空综合交通网络，形成东部成网、西部便达、省际联通的交通运输格局。加快绿色低碳交通基础设施建设，加大航空、铁路、公路等低碳化改造。构建便利高效、适度超前的充电网络体系，支持发展电动汽车、清洁能源燃料运输设备运用，健全交通运输设备能效标识制度，加快淘汰高耗能高排放老旧车船。大力发展多式联运，加快发展绿色货运，优化客运组织，加快发展绿色货运，持续降低运输能耗和二氧化碳排放强度。倡导绿色低碳出行方式，推进城市公交都市创建，提高公共交通出行比例。完善公交专用道、快速公交系统等公共交通基础设施。持续加快推进自行车专用道、行人步道等城市慢行系统建设。加快推进交通运输信息化建设，大力发展智能交通。

（五）推广低碳生产生活和建筑方式

第一，推进城乡建设和管理模式低碳转型。在城乡规划建设管理各环节全面落实绿色低碳要求。提高市政公用基础设施一体化利用效率，建设城市生态和通风廊道，提升城市绿化水平。严格管控高能耗公共建筑建设，合理确定开发建设密度和强度。健全建筑拆除管理制度，实施工程建设全过程绿色建造，推动建筑垃圾分类回收和综合利用。实施美丽城镇、美丽乡村建设行动，推动城乡融合发展，推进城镇和农牧区绿色低碳发展。

第二，大力发展节能低碳建筑。严格落实绿色建筑发展政策和标准规定，新建建筑全面执行绿色建筑标准。提高超低能耗、近零能耗、低碳建筑在新建建筑中的比重。根据青海各地具体情况，持续推进制定既有建筑和市政基础设施绿色节能改造方案，科学进行改造。全面推行建筑能效测评标识，优化建筑用能结构，强化建筑节能、可再生能源、零碳建筑等技术开发应用。开展建筑屋顶光伏行动，大幅提高建筑采暖、生活热水、炊事等电气化普及率，构建清洁低碳供暖体系。搭建建筑能耗监测平台，严格建筑能耗限额管理，开展建筑领域低碳发展绩效评估。全面推广绿色低碳建材，推动建筑材料循环利用。探索建立零碳排放建筑地方标准体系。

（六）加强绿色低碳重大科技攻关和推广应用

加大碳达峰领域重大科技攻关，重点开展碳交易本底数据监测、生态系统碳循环机理及固碳途径、智能电网、储能关键技术、可再生能源与氢能集成利用技术等的研究与成果转化。大力推动重点实验室、企业技术中心、工程（技术）研究中心、技术创新联盟、产业研究院等各类低碳研发推广平台建设，培育高新技术企业和科技型企业，支持企业研发低碳技术、低碳设备和工艺，推动科技带动经济社会全面绿色低碳转型。建立完善绿色低碳技术评估、交易体系和科技创新服务平台。

（七）聚焦重点领域提升碳汇能力

第一，加快推进"四地"建设。建设世界级盐湖产业基地，积极推进钾盐稳保障促提升、锂产品扩规提质、镁系新材料创新突破、钠资源提取强链等工程，促进盐湖化工向锂电、特种合金、储热等领域拓展，全面提高盐湖资源综合利用效率。打造国家清洁能源产业高地，积极推进光伏发电和风电基地化规模化开发，提升青豫直流运行功率，开展第二条特高压直流通道建设，力争开工建设一批"荷储网源"和多能互补一体化项目。打造国际生态旅游目的地，构建"一环引领、两廊联动、六区示范"多点带动的生态旅游发展框架，延伸生态旅游产业链，促进国内国际旅游双循环，推进生态旅游集约化、低碳化、绿色化发展。打造绿色有机农畜产品输出地，推动青藏高原牦牛产业示范园建设，实施高品质牛羊肉、枸杞等扩能增产项目，推进化肥农药减量增效，加强农畜产品标准化、绿色化生产，支持"菜篮子"建设，培育"青字号"品牌。

第二，深入推动黄河流域生态保护和高质量发展。加快实施《"十四五"黄河青海流域生态保护和高质量发展实施方案》以及黄河青海流域国土空间、生态保护修复、水生态环境保护、水安全保障、文化保护传承弘扬、黄河国家文化公园建设、交通运输、林草生态保护建设、能源发展等规划，制定生态保护修复、水资源节约集约利用、环境污染综合治理、产业绿色高质量发展、黄河文化保护弘扬、高品质生活创造等重大项目（工程）清单，完善生态补偿、要素保障、金融支持、用能管理等政策保障体系。建立健全专项工作议事机制，协调推进黄河青海流域生态环境保护、水资源水安全管理、黄河文化保护传承弘扬、高质量发展等具体领域工作，着力构建"两屏护水、三区联治、一群驱动、一廊融通"的黄河青海流域生态保护和高质量发展格局。

（八）夯实法规标准统计基础

第一，加强生态系统碳汇基础支撑。依托和拓展健全自然资源调查监测体系，利用好国家林草生态综合监测评价成果，建立生态系统碳汇监测核算体系。开展森林、草原、湿地、冻土、盐碱土等碳汇本底调查、碳储量评估、潜力分析，实施生态保护修复碳汇成效监测评估。完善温室气体监测站网、技术研发与应用服务，强化温室气体及碳达峰监测评估。强化加强陆地生态系统碳汇基础理论、基础方法和前沿技术的研究。建立健全体现碳汇价值的生态保护补偿机制，研究制定碳汇项目参与全国碳排放权交易相关规则。①

---

① 《2030 年前碳达峰行动方案》，《人民日报》2021 年 10 月 27 日。

第二，加快标准计量和统计监测体系建设。建立健全完善碳达峰标准计量体系。严格执行能耗限额、产品设备能效强制性国家标准和工程建设标准，完善能源核算、检测认证、评估、审计等相关配套标准。严格执行地区、行业、企业、产品等碳排放核查核算报告标准。积极推行低碳产品标准标识制度。健全电力、钢铁、建筑等行业领域能耗统计监测和计量体系。加强黄河青海流域重点用能单位能耗在线监测系统项目建设，[①] 健全完善能耗统计监测体系，提升信息化实测水平。落实国家碳排放统计核算体系要求，研究建立省级碳排放统计核算体系，探索制定市州、县级碳排放核算办法。依托中国大气本底基准观象台的区位优势，加快温室气体监测站网建设。

第三，提升法规标准约束水平。稳步推进黄河青海流域应对气候变化办法修订工作。严格执行国家《产业结构调整指导目录（2019年本）》，强化对不符合规定的"两高"项目、高碳项目限制的淘汰力度。推动建立健全碳达峰标准体系。支持企业开展绿色产品认证。鼓励黄河青海流域相关机构积极参与国家及国际能效、低碳标准体系制定。

（九）切实加强组织实施

第一，加强组织领导。充分发挥青海省碳达峰碳中和工作领导小组职能，全面贯彻落实国家碳达峰重大战略、方针和政策，研究解决黄河青海流域碳达峰领域重点问题，安排部署重要事项、重点任务、关键举措。各级党委政府要切实加强组织领导，进一步强化思想认识，建立协调机制，明确工作重点，细化目标、实化任务、硬化措施、强化责任，形成一级抓一级、层层抓落实的工作格局。责任单位要切实发挥行业主管职能，主动认领任务，加强沟通协调，全力抓好落实。

第二，强化能力建设。建立健全碳达峰人才体系，鼓励高等学校增设碳达峰相关学科专业。充分发挥国家和地方智库作用，组建黄河青海流域碳达

---

① 《中共中央国务院关于完整准确全面贯彻新发展理念做好碳达峰碳中和工作的意见》，《人民日报》2021年10月25日。

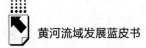

峰碳中和专家咨询委员会，强化对黄河青海流域碳达峰工作的业务指导。将碳达峰纳入干部教育培训体系和教学内容，加大培训力度，增强各级领导干部和管理人员推动绿色低碳发展的管理能力及业务水平。

第三，注重教育宣传。开展全民节能低碳教育，举办形式多样的宣传活动，积极推动碳达峰知识进校园、进机关、进社区、进商场、进企业，形成常态化宣传格局。充分利用各类媒体及网络，开展碳达峰法律法规、政策措施、先进典型、先进经验等的宣传报道。发挥舆论与社会监督作用，加大对社会浪费现象的曝光力度，引导广大人民群众树立绿色低碳生产生活意识，营造良好的低碳发展氛围。

第四，严格考核指导。将碳达峰相关指标纳入经济社会发展综合评价体系，增加考核权重，加强指标约束。科学考核碳达峰目标任务落实情况，并作为各地各单位领导班子和领导干部年度任务落实情况和目标责任考核的重要参考。将碳达峰工作列入生态环保督察的重要内容，加强跟踪评估和督促检查，对工作突出的地区、单位和个人按规定给予表彰奖励，对未完成目标任务的地区、部门依规依法进行通报批评和约谈问责。① 适时开展全省碳达峰工作绩效评估，总结经验，交流推广。每年向省委省政府报告黄河青海流域各有关部门贯彻落实情况。②

---

① 《中共中央国务院关于完整准确全面贯彻新发展理念做好碳达峰碳中和工作的意见》，《人民日报》2021 年 10 月 25 日。
② 《青海省碳达峰碳中和工作的实施意见（征求意见稿）》。

B.5
四川：以生态保护修复和生态碳汇能力提升为抓手

许 彦 孙继琼 王 伟 王晓青 胡振耘 高 蒙*

摘 要： 四川是黄河上游重要水源涵养地、补给地和国家重要湿地生态功能区，在"双碳"目标引领下，高质量发展重在正确处理生态保护治理和高质量发展的关系，重在培育新发展要素、增强发展动力、提升发展的持续力和生命力，这既是维护我国生态安全、打造黄河生态屏障、确保黄河清水东流的关键之举，也是统筹协调推进四川黄河流域生态保护治理和高质量发展的决胜之要。四川黄河流域始终坚持以生态保护修复和生态碳汇能力提升为抓手，加快生态修复与治理，大力推进生态产业化和产业生态化，着力提升生态、文化资源的转化利用效率，不断丰富生态保护和高质量发展内涵，促进绿色低碳发展。经初步测算及预测，目前四川黄河流域碳排放量整体处于较低水平，碳排放量在 2018 年达到峰值 469.2 万吨后呈下降趋势，碳吸收量则持续增加，而随着对四川黄河流域生态保护和修复力度的加大，在现有约束条件和假设不变的情况下，未来该区域碳排放量将稳步下降，因其对碳吸收量的持续增加，还将创造更多碳汇。但当前因四川黄河流域发展水平相对较低，现代化进程滞后，仍然面临改善民生、基础设施、

* 许彦，博士，中共四川省委党校（四川行政学院）经济学教研部主任、教授，研究方向主要为政治经济学、宏观经济学、产业经济学和区域经济学等；孙继琼，博士，中共四川省委党校（四川行政学院）经济学教研部副教授，研究方向主要为生态经济、可持续发展等；王伟，博士，中共四川省委党校（四川行政学院）经济学教研部教授，研究方向主要为政治经济学、空间规划、生态价值等；王晓青，阿坝州委党校高级讲师，研究方向为公共管理、生态治理等；胡振耘，中共四川省委党校（四川行政学院）硕士研究生；高蒙，中共四川省委党校（四川行政学院）硕士研究生。

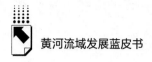

公共服务、改革创新、扩大开放等领域短板弱项，能源消耗和碳排放量依然存在较快上升可能，碳中和压力较大。因而，四川黄河流域要从加大节能减碳力度、加强生态系统保护、促进生态修复治理、推动传统产业转型升级、培育绿色低碳优势产业等维度出发，助力"双碳"目标实现，实现四川黄河流域绿色低碳发展。

关键词： 生态保护　生态碳汇　高质量发展　四川黄河流域

实现碳达峰碳中和是一场广泛而深刻的绿色革命和经济社会系统性变革，这对我国发展理念重塑、发展方式转变、发展路径创新、社会治理提升等方面提出了新的要求。四川是黄河上游重要水源涵养地、补给地和国家重要湿地生态功能区，作为"中华水塔"的重要组成部分，四川担负着筑牢黄河上游生态屏障的历史重任，需要补齐生态短板，才能实现区域协同和高质量发展。在双碳目标引领下，高质量发展重在正确处理生态保护治理和高质量发展的关系，重在培育新发展要素、增强发展动力、提升发展的持续力和生命力，这既是维护我国生态安全、打造黄河生态屏障、确保黄河清水东流的关键之举，也是统筹协调推进四川黄河流域生态保护治理与高质量发展的决胜之要。

一　开启绿色低碳发展新征程

黄河干流在四川境内流经阿坝藏族羌族自治州的松潘县、若尔盖县、红原县、阿坝县，以及甘孜藏族自治州的石渠县。区域生态地位重要，但区域经济社会发展相对滞后。有序推进碳达峰碳中和，既是四川黄河流域生态环境保护和治理的必然要求，也是四川黄河流域将生态优势转化为发展优势的新历史机遇，这开启了四川黄河流域绿色低碳发展的新征程。

（一）发展前提：生态保护和生态治理

四川黄河流域涵盖了川滇森林及生物多样性功能区、若尔盖草原湿地生态功能区 2 个国家重点生态功能区。以若尔盖草原湿地为代表的四川黄河流域湿地作为黄河主要水源涵养地，黄河干流枯水期 40% 的水量、丰水期 26% 的水量来源于此，多年平均产流量约为 46.2 亿立方米，占黄河全流域多年平均径流量的 8.8%。四川黄河干流流经地草地、森林、湿地覆盖面广，自然资源丰富，生态价值高。如阿坝藏族羌族自治州，地处高原湿地与高寒草原带，有天然草地 4206 万亩、森林 693 万亩、各类湿地 875 万亩，有野生动物 342 种、各类植物资源 2600 余种，有 70 亿立方米的高原泥炭，对于保持水土、调节气候、减少温室效应等方面作用显著。同时，该区域作为阻止西北地区荒漠化向东南方向发展的天然屏障，是青藏高原乃至喜马拉雅山脉生物多样性的重要组成部分，在全国和全球具有极其重要的生态价值。保护好修复好生态环境，既是四川黄河流域作为黄河上游生态安全屏障的区域定位，也是实现绿色低碳发展的基石。

近年来，四川黄河流域所在的甘孜藏族自治州、阿坝藏族羌族自治州都大力实施了生态保护和治理。甘孜藏族自治州明确了《甘孜州国家生态文明建设示范州规划（2018~2030 年）》《甘孜州生态文明建设示范区创建工作计划》等；阿坝藏族羌族自治州确立了"一屏四带、全域生态"的发展思路，编制出台《川西北阿坝生态示范区规划》，配套制定《阿坝州土壤污染治理与修复规划》《阿坝州重金属污染防治综合防治》等专项规划，四川黄河流域的生态保护和治理得到了全面强化，生态环境持续改善。但不容忽视的是，当前四川黄河流域的"两化三害"问题依然突出，区域草原退化、沙化、鼠虫害、黑土滩和毒杂草仍较为严重。比如，阿坝黄河首曲水源涵养地草原退化面积达 2650 万亩，鼠虫害危害面积达 1635 万亩，占可利用草地面积的 27%；水土流失尚未得到有效遏制，若尔盖县近 5 年地表蒸发量高于降雨量 420.12 毫米，高达 62.62%，草原缺水面达 40%。① 因此，加快大熊猫国家公园和若尔盖国家湿地公园建设，深入实施黄河上游生态保护修复、干旱河谷治理等重点工程，大力实施野生动植物保护、自然资源保护地建

---

① 数据来源于若尔盖县人民政府，2020 年 6 月 17 日。

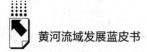
设、生态保护修复支撑体系建设等，对四川黄河流域推进绿色低碳发展具有决定性意义。

（二）发展路径：生态产品价值转化

四川 2021 年 GDP 总量超过 5 万亿元，而四川黄河干流流经的甘孜藏族自治州、阿坝藏族羌族自治州的 GDP 总量均不到四川的 1%（四川的人均 GDP 为全国的 79.4%），人均 GDP 分别仅为四川的 62.7%和 84.9%。[①] 四川黄河流域在生态保护和治理的基础上，以推动生态产品价值转化促进绿色低碳发展，是生态优势所在、民心所望。

四川黄河干流流经地生态产品丰富，在有序推进碳达峰碳中和下，为生态产品价值转化打开了巨大蓝海。在碳汇方面，甘孜藏族自治州、阿坝藏族羌族自治州是四川生态碳汇的重要来源地，森林、草原、湿地等自然生态系统每年可新增碳汇 900 万吨，其具备固碳能力的森林有 1 亿多亩、草原 3 亿亩左右，分别占四川全省总量的 50%和 90%，且仍有大量的区域可以发展为森林和草原，生态资源转化为生态资本的潜力巨大。在生态农牧业方面，四川黄河流域探索出"放牧+补饲+圈养"等新型养殖集成技术，草畜平衡逐步实现；中药材、油菜、饲草、青稞、有机蔬菜等青藏高原高端有机农业持续发展，低碳农业经济初具规模。在生态旅游方面，四川黄河流域有 13 个自然保护区、19 个 A 级旅游景区，红色旅游、草原观光和安多游牧文化旅游交相辉映，黄河文化遗产众多，有国家级非遗项目 2 个、省级非遗项目 14 个，国家重点文物保护单位 8 个、省级重点文物保护单位 11 个。低碳旅游发展前景十分广阔。在清洁能源方面，水电开发与光伏发展相辅相成，多能互补一体化发展空间大。

立足于国家和四川省低碳发展的战略大局，强化制度设计，推进基础设施建设，加大投资支持力度，完善配套改革和支持，打造出生态产品价值转化的新路径，是四川黄河流域实现绿色低碳发展的关键之举。

---

① 《四川统计年鉴 2021》。

（三）发展支撑：构建协同发展新体系

四川黄河流域绿色低碳发展是一项长期系统工程，要处理好低碳要求与民生发展的关系，协调好四川黄河流域与其他区域的发展关系，以融合共生发展为目标，构建协同发展新体系，不断完善和提升发展支撑。

从低碳要求和民生发展关系看。四川黄河流域人口多分布在高半山区和边远牧区，受区位、自然、历史等因素制约，民生发展难度大。在巩固生态系统碳汇能力、提升生态系统碳汇增量时，要强化民族地区的基层治理体系建设，切实解决好流域群众生产就业、教育卫生等问题，使开发、发展、治理与保护得到最广泛共识，维护社会稳定，促进民族团结。

从四川黄河流域与其他区域的发展关系看。四川黄河流域定位于川西北生态示范区、国家全域旅游示范区、民族团结进步示范区，但区域财政能力弱、社会资本投入少、产业项目发展难度大。黄河流域是一个不可分割的生态共同体，需要通过区域协同，打破行政区划界限，完善区域互动合作机制，持续优化重大生产力、重大基础设施和公共资源布局，构建有利于碳达峰碳中和的国土空间开发保护新格局。

二 四川黄河流域低碳发展的现状

四川黄河流域始终坚持以建设国家重要水源补给地涵养地、国家生态旅游示范区、全国重要能源基地等为重点任务，以生态保护修复和生态碳汇能力提升为抓手，加快生态修复与治理，大力推进生态产业化和产业生态化，着力提升生态、文化资源的转化利用效率，不断丰富生态保护和高质量发展内涵，促进绿色低碳发展。

（一）生态治理与修复力度加大，生态产品价值显著提升

加大生态保护修复力度，提升水源涵养能力。强化生态修复顶层设计，科学编制《山水林田湖草沙一体化保护和修复实施方案》，规划实施若尔盖

草原生态修复工程，加大鼠害防治力度，有效防治土地沙化，督促黄河流域沿线各生产建设单位依法履行水土流失防治的主体责任，夯实流域生态基础。坚持生态系统保护与治理，深入实施"七大保护"行动①、"七大治理"工程②，全力推进若尔盖国家公园、长征国家文化公园、大熊猫国家公园等建设，启动黄河干流生态防护带建设工程，分阶段完成黄河干流 174 公里近 2.7 万亩种草植树任务。③ 提升水源涵养能力，近 5 年的时间里，阿坝州为提高黄河水源涵养能力，投资 1.5 亿元以促进川西北黄河重要水源补给生态功能区经济社会可持续发展，累计完成还湿补偿 35.8 万亩、草畜平衡 4.4 万亩、湿地管护 400 万亩。④ 加快修复草原生态，实施了退牧还草、退耕还草、草原鼠害防治和沙化草原治理工程。2020 年，完成退化草原改良 34.67 万公顷、人工种草 1600 公顷、黑土滩治理 1866.67 公顷、草原围栏建设 8000 公顷、毒害草治理 2666.67 公顷。完成退化草原治理 1.2 万公顷、天然草原改良 2.37 万公顷、乡土草种基地建设 400 公顷、鼠害防治 10 万公顷、虫害防治 3.3 万公顷，草原监测站（点）建设 15 个。加强水土流失生态综合治理，加强水土保持生态工程建设，加大风蚀地区水源涵养地水土保持生态修复，水利部制定《黄河流域水土流失治理专项规划》，将若尔盖县和红原县均纳入规划范围，同时，加强对两县建设项目的监督管理，强化若尔盖和红原县域内水土流失动态监测，通过水保种草、水保造林、封禁治理、坡改梯等措施，对黄河源区坡耕地水土流失实行生态综合治理，加强建设水土流失综合防治和水源地水土保持工程，阿坝州四县共治理水土流失面积 49249.5 亩。2020 年完成 51 个废弃矿山共 110.55 公顷修复面积的生态修

---

① 七大保护行动：草原森林、湿地海子、雪山冰川、野生动物、珍稀植物、蓝天净土、绿水青山保护行动。

② 七大治理工程：草原"两化三害"治理，长江、黄河上游干支流流域治理，地质灾害治理，污染治理，增草增林增绿治理，森林草原防灭火治理，全域环境综合治理。

③ 《阿坝：加快推进四川省黄河干流首个生态护岸工程建设》，四川新闻网，http://scnews.newssc.org/system/20220428/001260928.html。

④ 徐坚：《摸清现状 强化空间管控 积极促进黄河源区生态保护工作》，《阿坝研究》2020 年第 2 期。

复工程建设任务，累计投资 2482.7 万元。与此同时，加大了与林草、交通、水务等部门的沟通协调，强化修复区周边生态系统恢复，有效提高生态修复质量和绩效。① 2021 年国家针对若尔盖县黄河流域湿地保护与修复、若尔盖湿地水源涵养能力提升（红原县部分）、若尔盖县建制镇污水处理一体化设施建设项目累计总投资 1.79 亿元，助力黄河上游地区水源涵养能力提升。②

全面做好水源保护治理，持续完善河长（湖长）制。落实最严格水资源管理，开展水资源管理监督检查，严格黄河流域水资源论证和取水许可，强化河湖水域岸线空间管控，全面做好水资源保护。加强与国家部委沟通，启动黄河干流四川段防洪治理工程，常态化、规范化开展黄河流域河湖"清四乱"③，加快河湖岸线利用项目专项整治扫尾工作④。全面实施深度节水控水行动，坚持节水优先，实现用水方式由粗放低效向集约高效的根本转变。依照《四川省全面落实河长制工作方案》《关于全面落实湖长制的实施意见》等工作安排，全面落实河长制湖长制。深入实施"一河（湖）一策"，切实加强水资源保护、水域岸线管理保护，认真开展水污染防治和水环境治理，扎实推进水生态修复和水行政执法监管工作。严格河湖水域空间管制，强化河湖水域岸线保护，已完成若尔盖县和红原县的河湖管理范围划定工作，编制完成黄河干流岸线保护和开发利用规划。

加大城乡点源污染防治，健全生态环保督察整改机制。加大乡镇污染防治基础设施建设力度，"十三五"时期累计完成投资 25.6 亿元，阿坝州四县共建成投运 5 座县城污水处理厂，建成投运 4 座城镇垃圾填埋场。其中，石渠县投资 1500 万元，在县城附近的蒙宜镇建成垃圾无害化处理场 1 个，

---

① 徐坚：《摸清现状 强化空间管控 积极促进黄河源区生态保护工作》，《阿坝研究》2020 年第 2 期。

② 顾强：《四川 3 个项目进入黄河流域生态保护首批中央预算》，《四川日报》2021 年 10 月 14 日。

③ 清四乱是指清理整治河道治理范围内乱占、乱采、乱堆、乱建四大突出问题。

④ 《落实"三大举措" 强化"四项保障" 我省深入推进黄河流域河湖管理保护》，四川省人民政府网，https://www.sc.gov.cn/10462/c108695/2021/8/30/4b39ec1cc0094ddb91604bf181e36bfa.shtml。

投资 3046 万元，建设污水处理厂 1 个，建成乡镇排污管网 33.77 公里和小型垃圾处理场 5 个。① 松潘县依托川主寺污水处理厂、黄龙风景名胜区管理局污水处理厂等 5 个监测点，进一步加大对重点污染源排放的监测力度，排放达标率为 100%。截至 2021 年 5 月，阿坝州针对黄河流域流经地的 4 个县 12 个无污水处理设施的部分乡（镇），选择先进适用的工艺流程和处理模式建设污水、垃圾处理项目，确保项目"建得成、用得起"。流域内 4 县基本建立了大气、水、土壤、噪声、辐射、生态、污染源检测体系，全面提升了生态环境保护和治理能力。空气质量持续保持优良，优良天数比率保持在 100%，水环境质量持续稳定，流域内五县集中式饮用水水源地水质达标率 100%，土壤环境保持稳定。因地制宜创新处理农村污水，推进厕污共治，采取建立生态公厕、连接生态湿地的办法集中处理。推进生态环境保护执法，将突出问题整治作为生态环境保护工作的突破口，实行重难点问题"挂联督办"，以"罚点球"的形式落实整改责任，推进整改落地。同时，对工业废水、砂石料场、非煤矿山、建筑施工等重点领域环保突出问题，建立健全问题整改长效机制，精准精细落实整改。

统筹整合投入机制，探索建立生态补偿机制。积极推动将国家重点生态功能区转移支付范围扩展到沿黄各县，加强川西藏区生态保护与建设，推进建设若尔盖草原湿地生态功能区、川西高原生态脆弱区、川滇森林生物多样性生态功能区等一大批重点生态保护工程，红原县、若尔盖县被纳入全国生态综合补偿试点范围。探索建立补偿标准体系，根据甘孜州石渠县和阿坝州沿黄四县的经济发展水平不同，持续加强不同地理空间的补偿等级划分和幅度选择，科学确定了生态补偿指标体系、实施原则与计算方法，并尝试开展政策优惠、生态补偿等形式的生态保护补偿策略。主动加强省际合作，与沿黄 8 省（区）在生态环保、基础设施、开放合作等方面达成共识，根据沿黄各省（区）的生态保护和环境治理任务，推动建立受益地区与保护地区、流域上下游横向生态补偿制度，完善生态补偿政策，建立生态补偿基金，开

---

① 数据来源于石渠县人民政府，2021 年。

展生态综合保护补偿试点。同时积极落实《四川省流域横向生态保护补偿奖励政策实施方案》《黄河流域（四川—甘肃段）横向生态保护补偿协议》，建立黄河流域跨省横向生态补偿机制。[①]

（二）产业结构持续优化，发展新动能不断增强

经济稳步增长，产业加快转型。四川黄河流域坚持生态优先、绿色发展路径，经济发展水平保持稳定增长，三次产业结构呈现明显的"两头大中间小"的特征。2020年，地区生产总值达112.77亿元。第一产业稳中有进，产业呈现集中发展态势，农林牧渔业增加值为39.82亿元。以阿坝州四县为例，建成生态农产品基地18.38万亩，适度规模标准化养殖小区（场）43个，建成国家级现代农业示范区1个、国家级原种场1个、省级重点培育园区3个。第二产业成绩斐然，阿坝州立足川西北生态示范区定位，坚定发展生态工业，实现生态资源循环利用，建设"飞地"园区2个，投资"飞地"项目1个，建成县级中小微企业园4个，培育清洁能源、绿色加工规模以上工业企业23家，2020年，五县第二产业增加值为7.49亿元。以旅游业为代表的第三产业发展迅猛，加速推进生态产品价值的转化，以阿坝州为例，共形成A级景区14个[②]，"十三五"以来，流域5县共接待游客3615.39万人次，实现旅游收入328.65亿元，2020年第三产业增加值65.46亿元。2020年四川黄河流域5县经济发展现状如表1所示。

表1　2020年四川黄河流域5县经济发展现状

	阿坝县	若尔盖县	松潘县	红原县	石渠县
地区生产总值（亿元）	18.9	30.08	25.95	18.28	19.56
增长率（%）	3.5	2	2.3	2.7	2.6

① 《甘肃四川签订黄河流域横向生态补偿协议》，《甘肃日报》2021年9月28日。
② 杨克宁：《黄河流域阿坝段现代生态产业体系建设的路径研究》，《阿坝研究》2020年第2期。

续表

	阿坝县	若尔盖县	松潘县	红原县	石渠县
第一产业增加值（亿元）	6.29	13.96	5.38	7.86	6.33
第二产业增加值（亿元）	1.12	1.27	2.64	0.91	1.55
第三产业增加值（亿元）	11.49	14.85	17.92	9.51	11.69
三次产业构成（%）	33.3∶6.0∶60.7	46.4∶4.2∶49.4	20.7∶10.2∶69.1	43∶5∶52	32.4∶8∶59.6

资料来源：《阿坝统计年鉴2021》《甘孜统计年鉴2021》。

特色现代农牧业加快发展，农牧民收入持续提升。四川黄河流域依托川西北草原特色产业示范带建设，推动传统农牧业向现代农牧业转型。聚焦"生态、特色、差异化"发展，大力培育新型经营主体，创建国家现代农业产业园，完善农牧产业基础设施。持续发展基地型、加工型、品牌型农牧业，农牧业综合生产能力显著提升，其中，若尔盖牦牛、藏绵羊、藏香猪获批为国家地理标志产品，农牧业产值达到21.1亿元，生态农牧质量效益和核心竞争力稳步提高；松潘县发展藏香猪、肉牛、蛋鸡等规模场户8个，畜禽出栏总量达60万头（羽、只），"三品一标""净土阿坝"认证产品23个，高原现代农业产业园初具规模，藏红花椒现代农业园区被命名为阿坝州三星级现代农业园区，粮食年产量稳定在1.3万吨以上。① 现代农牧业的发展带动农民收入提升，农村居民人均可支配收入增加到17176元，是上年的1.6倍。

绿色生态工业加速转型，实现生态与经济效益双赢。黄河流域五县贯彻落实国家节能减排政策，提高清洁能源利用水平，大力培育以节能环保、清洁能源为代表的绿色生态工业，科学有序推进清洁能源基地建设，完善清洁能源输配体系。创新清洁能源开发利用模式，逐步构建风、光、水多能互补

---

① 数据来源：松潘县人民政府，2021年。

的多元化储能体系，建成红原花海、若先，若尔盖卓坤，阿坝麦尔玛等光伏电站10座，装机32万千瓦。[1] 探索"飞地"经济模式，发展以县域中小微企业园为载体的绿色载能、数字经济、材料加工等N个特色产业。严格执行生态保护区产业准入制度，引导相关产业向"飞地"园区集聚，扎实推进"成阿"工业园区扩区强园、"德阿"锂产业、"绵阿"生态经济园区建设，若尔盖—南湖、红原—温州—三台、松潘—黄岩区等"飞地"园区加快建设，推动"飞地"经济成为黄河流域地区工业经济发展的突破口，实现经济效益和生态效益双赢。2020年阿坝州4县规上工业企业数及工业增加值分月累计增速如表2所示。

表2　2020年阿坝州4县规上工业企业数及工业增加值分月累计增速

	规上工业企业个数（个）	2020年1~6月工业增加值累计增速（%）	2020年1~12月工业增加值累计增速（%）
松潘县	6	-2.1	2.1
阿坝县	2	31.3	-2.6
若尔盖县	5	-12.0	-31.8
红原县	11	-15.9	-0.1
阿坝州（含园区）	123	-2.2	5.1

资料来源：《阿坝统计年鉴2021》。

　　加强顶层设计，推动全域旅游产业发展。统筹协调生态保护与全域旅游功能，不断优化进而使得环境承载力和旅游接待能力得到不断提升，对草原、湿地等特色旅游资源进行科学合理的开发，挖掘和利用黄河河源文化蕴含的时代价值。通过各类生态保护项目强化景区景点建设，完善旅游基础设施，提升旅游道路交通通达性，加快乡村旅游发展，加快推动"旅游+"融合发展，积极培养并不断优化旅游新业态，进一步推动旅游市场向积极方向发展。对标国家级全域旅游示范区创建标准，不断完善旅游六大要素，积极

---

[1] 《阿坝州清洁能源开发有序推进》，中国新闻网四川频道，http://www.sc.chinanews.com.cn/abdt/2019-03-26/101988.html。

打造国家级旅游度假区、旅游休闲区，优化升级住宿、交通等基础设施和配套设施，域内大力推进若尔盖国家湿地公园建设、国家熊猫公园建设，并以大草原、大湿地为重点，打造红军长征、藏羌文化和松州古城精品旅游，打造线性旅游目的地，推广特色鲜明的绿色、红色和彩色旅游精品线路。在推进全域旅游进程中，严格贯彻落实《阿坝藏族羌族自治州实施〈四川省〈中华人民共和国草原法〉实施办法〉的变通规定》《阿坝州湿地保护条例》《阿坝州生态环境保护条例》《阿坝州资源管理办法》等法律法规，对生态保护、利用、管理等方面做出明确规定，并纳入法制化轨道。不断深化完善旅游市场综合治理体制机制，坚定贯彻落实《阿坝州旅游市场综合监管实施意见》，同时，使旅游市场综合监管责任逐渐明晰明确，探索建立"1+3+N"旅游市场综合监管机构，形成了打破区域界限、客源地联动监管、区域内跨县联动监管的"三个层级"区域联动机制，从而使得综合执法实现全覆盖、无缝隙，进而推动旅游实现由行业监管向综合治理的转变，提升综合监管效率和治理效果。2020 年阿坝州接待海内外游客 3496 万人次，实现旅游收入 297.4 亿元，较 2019 年分别增长 10.74% 和 29.36%，[①] 四川黄河流域 5 县旅游业接待人次为 1311.8 万，实现旅游收入 110.44 亿元（见表3）。

表 3　2020 年四川黄河流域 5 县旅游业情况一览

	旅游接待人次（万）	累计±%	旅游总收入（万元）	累计±%
松潘县	498.05	25.1	405172	15.8
阿坝县	76.31	19	56275	15.8
若尔盖县	275.84	32.8	196453	23.9
红原县	172.6	−10.4	136180	−12.7
石渠县	289	—	310300	—

资料来源：《阿坝统计年鉴2021》《甘孜统计年鉴2021》。

---

① 阿坝藏族羌族自治州统计局：《阿坝统计年鉴2021》，方志出版社，2021。

（三）文化资源保护和开发，推动社会进步发展

挖掘文化资源特色，推动文化品牌影响力提升。四川坚持对具有独特风格、广泛影响力、丰富内涵的民族文化、历史文化、民俗文化、红色文化、宗教文化等文化资源特色深入挖掘，并进一步推动四川黄河流域地区产业不断以市场化、高品位、多层面的路线发展，拉动消费结构上档升级，带动现代服务业及其他产业的创新发展，提高其在第三产业中的比重。认真落实《四川省黄河文化保护传承弘扬规划》，通过挖掘高原生态文化、藏羌民族文化、长征文化，有序开发草原、湿地等资源，已形成以若尔盖为代表的高原湿地河源生态文化典型区，以安多藏族文化、格萨尔文化、古羌文化为代表的民族文化特色区，以松潘红军长征纪念总碑园、雪山草地、牦牛革命为代表的红色文化旅游区。若尔盖湿地、红原大草原、大熊猫家园等旅游文化品牌深入人心，从而实现对四川黄河流域文化发展的有力支撑。

加强黄河河源文化保护与传承。强力推进四川黄河流域地区文化遗产的系统性、整体性、科学性、可持续性保护，建立以文化区、文化走廊为形态的文化遗产保护结构，发起编制国家藏羌彝文化走廊规划，按照四川省发布的《藏羌彝文化产业走廊四川行动计划（2018~2020年）》，"四川羌族文化生态保护区"成功入选首批国家级保护区。依据已经完成的全国第一次可移动文物普查工作及阿坝州第三次文物普查，有目的、有重点地落实对国家级重点以及省级文物单位的有效保护，同时对国保、省保传统村落集中成片安置、整体保护利用，并严格遵照制定的《阿坝州传统村落保护与发展设施意见》，打造出了松潘县川主寺镇林坡村等一批传统村落。为加强抢救保护历史文化名城、名镇、名村和名街区中的文物保护单位，设立了专项资金用于抢救保护历史文化名城、名镇、名村和名街区中的文物、遗迹等，完成对松潘古城墙、羌族碉群等文物保护单位的维修和保护工程。进一步完善国家级、省级、市级、县级四级"非遗"项目名录体系以及"非遗"代表性传承人体系，积极推进"非遗"资源保护利用和"非遗"人才培养。施行"一村一档、动态普查、分类保护"的模式，建立起"非遗"保护数字

化数据库、有关传统村落文化建筑的数字博物馆，对于濒危的非物质文化遗产，通过收集实体文物、专业鉴别认定、整理归纳分类、建立数字档案、展示文化载体、创新开发利用等方式，实现抢救性、扶持性、生产性和综合性保护。

实施历史文物和非物质文化遗产保护。大力推动"非遗"传承基地建设，推进"非遗"资源的合理开发和综合创新发展，建立了松潘县象藏唐卡艺术体验基地、阿坝县藏族金属制品加工工艺的生产性保护示范基地等"非遗"传习、体验基地，开发了唐卡、藏茶等具有民族特色的工艺品，推动形成了一批民族文化鲜明、表现形式丰富、充满自主创新、有核心竞争力的系列文创产品。对传统乡村古迹修复性建设和扶持力度持续加大，已建成一批特色民俗生态博物馆、乡村古迹博物馆，同时评选出具有代表性的特色古村落、传统街区、传统民居、传统名村以及民俗文化工艺的传承人，并对其进行重点保护和宣传，提升其影响力和知名度。重视历史文化多彩展示，在传统民俗节日的基础上，开展具有民族特色的庆祝活动、民俗活动，如牦牛文化节（雅克音乐季）、松潘花灯节、阿坝扎崇节等特色文化活动。同时，丰富历史文化展示的窗口，借助现代信息技术传播手段，在网络上构筑历史文化展览平台，以加大历史文化的网络宣传传播力度。鼓励优秀文艺作品创作，加强以黄河历史文化、红色文化、民族文化为题材的文艺作品创作。在保护和传承传统文化的基础上进行全方位创新利用，不断推进文旅融合发展，通过"文化+旅游"的"文旅"开发理念，让文化保护成果实现创造性、有效性转化，开发打造松潘古城文化旅游、茶马古道文化旅游、红军长征纪念总碑园等一大批"文化+旅游"景点，进而实现了文旅融合发展助力区域社会经济发展。

三 四川黄河流域碳排放的评估与测算

围绕碳达峰与碳中和目标，综合考虑四川黄河流域沿线五县经济社会发展情况、产业结构特征等与四川其他地区有着显著区别。因此，结合五县近年来经济社会活动情况，从控制排放部门需求、优化能源结构等方面对农业、工业、旅游业等部门的碳排放量进行测算，对各部门能源消耗量、能耗强度与能源结构等碳排放影响因素进行分析，对四川黄河流域碳达峰碳中和量进行估算和预测。经测算，四川黄河流域 2018 年时碳排放量已达峰值 469.2 万吨，在现有约束条件和假设不变的情况，预测得知，未来该区域不仅碳排放量会持续下降，还因其具有较强的碳吸收能力，将创造更多碳汇，为四川黄河流域的绿色低碳发展提供新路径和新支撑。

（一）数据来源

本研究涉及的历史数据年份为 2017～2021 年，数据来源为阿坝州各年统计年鉴、四川省统计年鉴，以及阿坝州林草局、统计局等相关部门。由于四川黄河流域五县产业结构较为单一，以农牧业、旅游业等为主，工业比重较小，本节碳排放测算过程中着重测算农业、工业、旅游业的碳排放量，对于其他行业，如建筑业等则忽略不计，对于碳吸收量的测算则主要以农业为主。此外，由于部分数据无法取得直接数据，本节利用最小二乘法对缺失数据进行科学预测和补全。

（二）研究方法

碳排放因子法是国际上一种通用的碳排放估算方法，具有适用范围广、应用最为普遍的特点，由联合国政府间气候变化专门委员会（IPCC）制定。该方法是基于国家、省份、城市等宏观层面数据的测算，能够较好地体现特定区域整体的碳排放情况。但在实际测算碳排放过程中，由于各类能源品质参差不齐、机组燃烧效率不同等因素，能源消耗的统计过程及碳排放因子测度容易出现偏离实际值较大的情况，成为碳排放核算结果误差的主要来源。四川黄河流域 2017～2021 年碳排放计算表达式为：

$$CE = \sum_{i=1}^{n} a_i \times E_i$$

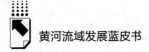

式中 *CE*（Carbon Emission）为碳排放总量，a_i 是与活动水平数据对应的系数，被称作影响因子，包含单位热值含碳量或元素碳含量、氧化率等能源既定的成分，通过模型假设将其作为单位生产或消费活动量的温室气体排放系数。a_i 不仅可以直接采用 IPCC、美国环境保护署、欧洲环境机构等提供的已知数据（即缺省值），也可以选取具有代表性的测量数据进行推算，我国已经基于实际情况设置了国家参数。E_i 为相应源头，是造成温室气体排放的源头数量，如各种化石燃料、石灰石原料的消耗量、净购入的电量和蒸汽量等。

该公式提供了碳排放的整体测算思路，对于不同的行业，测算的标准不同，公式会有所变化，由于四川黄河流域五县主要碳排放集中于农业、工业、旅游业三个行业，对三个行业分别提出具体公式，测算碳排放量和碳吸收量。

（三）碳量测算过程

1. 农业碳排放

碳排放量无法得到精确的结果，只能结合生态理论、数学模型与既有数据分析推算得到。为增加测算结果的准确性、科学性，本研究首先定义农业碳排放测算范围：广义的农业碳排放大致包含三个过程产生的碳排放量，即土地利用、植物生长、动物养殖。由于动物养殖过程碳排放统计数据不准确、指标系数难以让人信服，最终核算的结果不够科学有效，此处农业碳排放量以种植业为主，将农业生产过程中温室气体排放作为测算重点，主要包括作物种植运用的化肥、农药、农膜以及灌溉、机械操作等方面。为确保后续研究的客观性与科学性，后续指标的选取和测算以种植业或者狭义农业碳排放量为准。各类农业碳排放源及相关碳排放系数如表4所示。

通过研究大量参考文献资料，借鉴修正农业碳排放相关数据给出相关的测算方式，通过表4系数表数据，可计算出本文所定义的狭义农业碳排放总量（$C_总$），计算公式如下：

$$C_总 = C_1R_1 + C_2R_2 + C_3R_3 + C_4R_4 + C_5R_5$$

式中，C_1、C_2、C_3、C_4、C_5分别为化肥折纯量、农药施用量、农膜使用量、农业有效灌溉面积、农业机械总动力；R_1、R_2、R_3、R_4、R_5分别为C_1、C_2、C_3、C_4、C_5相对应的碳排放系数。2017~2021年四川黄河流域农业碳排放基础数据如表5所示。

表4 各类农业碳排放源及相关碳排放系数

农业碳排放源	碳排放系数	来源
化肥	895.6kg/t	美国橡树岭国家实验室
农药	4934kg/t	美国橡树岭国家实验室
农膜	5180kg/t	南京农业大学农业资源与生态环境研究所
有效灌溉面积	266.48kg/km²	段华平等①
机械总动力	0.18kg/kW	段华平等②

2. 农业碳吸收

农作物碳吸收相关定义是指以1年为周期核算各类作物的碳吸收量，其计算公式为：

$$C_{吸收} = \sum_{j=1}^{n} (A_j \times a_j \times \beta_j \times \gamma_j) / K$$

式中：$C_{吸收}$为地区各类农作物碳吸收总量，包括秸秆和籽粒等部分进行植物光合作用所吸收的碳量；A_j为j种类农作物的经济产量；a_j、β_j和γ_j分别为j种类农作物的经济系数、干重比和碳吸收率；n为主要农作物的种类个数；K为调整系数，定义为主要作物播种面积占农作物播种总面积的比值，用以调整非主要作物对农业碳汇的影响。各类农作物的相关核算系数如表6所示。

---

① 段华平、张悦、赵建波等：《中国农田生态系统的碳足迹分析》，《水土保持学报》2011年第1期。

② 段华平、张悦、赵建波等：《中国农田生态系统的碳足迹分析》，《水土保持学报》2011年第1期。

表5　2017~2021年四川黄河流域农业碳排放基础数据

项目	2017年						2018年						2019年						2020年						2021年					
	阿坝州	松潘县	阿坝县	若尔盖县	红原县	石渠县	阿坝州	松潘县	阿坝县	若尔盖县	红原县	石渠县	阿坝州	松潘县	阿坝县	若尔盖县	红原县	石渠县	阿坝州	松潘县	阿坝县	若尔盖县	红原县	石渠县	阿坝州	松潘县	阿坝县	若尔盖县	红原县	石渠县
化肥折纯量(吨) C_1	11978	995	95	81	106	55	11053	989	60	35	105	54	10496	984	50	33	99	54	10100	982	48	30	99	53	9628	978	47	28	97	53
农药施用量(吨) C_2	418	31	/	1	/	5	398	30	1	1	/	5	378	30	1	1	/	4	356	30	1	1	/	4	329	29	1	1	/	4
农膜使用量(吨) C_3	1735	182	43	15	45	/	1711	175	54	32	44	9	1658	177	50	15	44	9	1612	174	52	20	44	10	1576	178	49	16	43	12
农业有效灌溉面积(千公顷) C_4	24.11	0.69	2.53	1.21	0.13	0.91	25.15	0.69	2.53	1.21	0.13	2.41	27.15	0.69	4.53	1.21	0.13	2.71	30.25	0.69	4.53	1.21	0.128	2.82	34.42	0.69	4.53	1.21	0.12	2.83
农业机械总动力(万千瓦) C_5	77.45	20.42	8.3	1.84	0.98	2.11	73.9	24.21	8.7	2.42	1.21	1.85	74.92	23.98	12.3	2.14	0.93	1.90	76.32	22.67	13.1	2.41	1.16	1.95	77.09	22.35	12.8	2.26	1.20	1.98

资料来源：2017~2021年《阿坝统计年鉴》、2017~2021年《四川统计年鉴》。

表 6　各类农作物相关核算系数

作物	α_j	β_j	γ_j
水稻	0.49	0.86	0.41
小麦	0.43	0.87	0.49
玉米	0.44	0.86	0.47
豆类	0.39	0.82	0.45
薯类	0.67	0.55	0.42
其他粮食作物	0.39	0.83	0.45
油菜	0.27	0.82	0.45
花生	0.43	0.90	0.45
棉花	0.10	0.92	0.45
麻类	0.83	0.83	0.45
烟草	0.83	0.83	0.45
蔬菜	0.83	0.15	0.45
瓜果	0.70	0.90	0.45

其中，根据规定，主要农作物包含水稻、小麦、玉米、大豆、马铃薯、油菜、棉花。2017~2021 年农业碳吸收基础数据如表 7 所示。

3. 工业碳排放

由于四川黄河流域仅拥有少量工业，主要以加工制造业为主，本文以阿坝州整体的能源消耗量为基础数据，采用表面能源消费量估算法①来对工业碳排放量进行估算。采用以下公式：

$$C = \sum_{i=1}^{3} E_i \times S_i \times K_i$$

式中，C 为工业碳排放总量；i 为能源种类，在这里有三类：煤炭、原油、天然气；E_i 为第 i 种能源的消耗量；S_i 为第 i 种能源的折标准煤参考系数；K_i 为第 i 种能源的对应碳排放系数。

为避免重复计算造成误差，本文所指的碳排放量是指燃烧一次能源中的

---

① 李国志、李宗植：《二氧化碳排放与经济增长关系的 EKC 检验——对我国东、中、西部地区的一项比较》，《产经评论》2011 年第 6 期。

表7 2017~2021年农业碳吸收基础数据

项目	2017年						2018年						2019年						2020年						2021年					
	阿坝州	松潘县	阿坝县	若尔盖县	红原县	石渠县	阿坝州	松潘县	阿坝县	若尔盖县	红原县	石渠县	阿坝州	松潘县	阿坝县	若尔盖县	红原县	石渠县	阿坝州	松潘县	阿坝县	若尔盖县	红原县	石渠县	阿坝州	松潘县	阿坝县	若尔盖县	红原县	石渠县
小麦播种面积（公顷）	3564	418	—	137	—	621	3613	413	—	33	—	621	3739	273	—	61	—	540	3847	286	—	73	—	533	3894	292	—	62	—	521
玉米播种面积（公顷）	15967	865	—	—	—	—	16254	867	—	—	—	—	16205	816	—	—	—	—	16234	802	—	—	—	—	16277	784	—	—	—	—
大豆播种面积（公顷）	673	10	—	133	—	—	1153	—	—	133	—	—	488	—	—	—	—	—	509	—	—	—	—	—	535	—	—	—	—	—
马铃薯播种面积（公顷）	14899	1446	71	766	—	647	15073	1267	67	987	—	680	15189	1292	547	1021	—	367	15275	1117	376	1032	—	333	15519	1045	280	1102	—	341
油菜播种面积（公顷）	5259	168	1099	1450	—	104	3116	82	793	698	—	115	3644	84	1087	700	—	256	3718	89	1102	540	—	256	3987	92	1243	568	—	123
主要作物播种面积（公顷）	40362	2907	1170	2353	—	1372	39209	2629	860	1851	—	1402	39265	2465	1634	1782	—	1163	39583	2294	1478	1645	—	1122	40212	2213	1523	1732	—	985
农作物种总面积（公顷）	81194	8220	6765	4374	183	2832	74086	7018	7180	3473	139	2832	75406	6893	6750	3444	159	2791	76960	6629	6842	3672	162	2959	77844	6521	6923	3849	161	2946

续表

指标	2017年						2018年						2019年						2020年						2021年					
	阿坝州	松潘县	阿坝县	若尔盖县	红原县	石渠县	阿坝州	松潘县	阿坝县	若尔盖县	红原县	石渠县	阿坝州	松潘县	阿坝县	若尔盖县	红原县	石渠县	阿坝州	松潘县	阿坝县	若尔盖县	红原县	石渠县	阿坝州	松潘县	阿坝县	若尔盖县	红原县	石渠县
K值	0.497	0.354	0.173	0.538	0	0.48	0.529	0.375	0.120	0.533	0	0.50	0.521	0.358	0.242	0.517	0	0.39	0.514	0.346	0.216	0.448	0	0.38	0.517	0.339	0.220	0.450	0	0.33
小麦产量（吨）	9879	1386	—	284	—	1923	8547	1011	—	68	—	1947	8609	668	—	125	—	1762	8802	782	—	142	—	2000	8975	920	—	116	—	2029
玉米产量（吨）	67297	4175	—	—	—	—	71128	4160	—	—	—	—	69355	3920	—	—	—	—	70281	3876	—	—	—	—	71264	3726	—	—	—	—
豆类产量（吨）	16743	3278	26	345	—	1723	9903	1586	638	600	—	1805	10029	1668	—	372	—	1150	10000	1789	629	421	—	1000	10872	1693	590	419	—	1024
薯类产量（吨）	51977	6102	143	3114	—	1824	51489	4750	201	3552	—	1824	54285	4875	2117	4166	—	2352	53000	5098	2281	4282	—	3570	52894	5152	2325	4317	—	4209
其他粮食作物产量（吨）	18248	4111	6218	1677	—	—	14355	1584	6354	1558	—	—	15645	2023	6385	1552	—	—	16273	2578	6492	1511	—	—	16293	2410	6519	1495	—	—
油菜产量（吨）	8387	263	1780	2170	—	210	5212	128	1344	789	—	214	5255	131	1304	819	—	595	5334	142	1492	893	—	596	5552	156	1521	920	—	601
蔬菜产量（吨）	777139	92070	11475	11003	15956	1948	713462	89150	12444	9380	13763	2016	731244	89320	10503	9221	15131	3306	726210	89360	9900	8158	13139	3517	733671	90231	10284	8872	14298	3492
瓜果产量（吨）	27	—	—	—	—	—	55	—	—	—	—	—	37	27	—	—	—	—	42	21	—	—	—	—	46	25	—	—	—	—

资料来源：2017～2021年《阿坝统计年鉴》、2017～2021年《四川统计年鉴》。

化石能源（原煤、原油、天然气）所排放的二氧化碳量。折标准煤参考系数采用《中国能源统计年鉴2014》，碳排放系数采用IPCC（2006）规定的数值。各类能源相关折标准煤参考系数和碳排放系数如表8所示。2017~2021年阿坝州各类能源消费量如表9所示。

表8　各类能源相关折标准煤参考系数和碳排放系数

能源种类	折标准煤参考系数	碳排放系数
煤炭	0.7143	0.7559
原油	1.4286	0.5857
天然气	1.3300	0.4483

表9　2017~2021年阿坝州各类能源消费量

能源种类	2017年	2018年	2019年	2020年	2021年
原煤(亿吨)	35.2	36.8	38.5	39.4	40.2
原油(万吨)	19150.6	18910.6	19101.4	19021.5	19142.7
天然气(亿立方米)	1480.3	1602.7	1761.7	1782.9	1829.3

资料来源：2017~2021年《阿坝统计年鉴》。

4. 旅游业碳排放

四川黄河流域的旅游业碳排放主要以交通运输业为主，通过对阿坝州各类交通方式旅客周转量的碳排放来估算旅游业碳排放量，主要运用以下公式：

$$C = \sum_{i=1}^{n} S_i \times K_i$$

式中，C为旅游业碳排放总量，S_i为第i种交通方式的旅客周转量，K_i为第i种交通方式对应的碳排放系数。各类交通方式的碳排放指数如表10所示。2017~2021年阿坝州各类交通方式旅客周转量如表11所示。

表 10　各类交通方式的碳排放指数（$kgCO_2/pkm$）

	公路	铁路	航空
碳排放指数	0.133	0.027	0.140

注：pkm 为旅客周转量的计量单位，即人千米。

表 11　2017～2021 年阿坝州各类交通方式旅客周转量

单位：亿人千米

	2017 年	2018 年	2019 年	2020 年	2021 年
公路	521.3	466.1	437.7	428.3	430.2
铁路	318.5	379.5	402.8	420.3	442.6
飞机	856.3	954.7	1106.8	1208.4	1421.9

资料来源：2017～2021 年《阿坝统计年鉴》。

（四）计算结果及分析

四川黄河流域五县与阿坝州在发展基础、发展阶段、发展特征等方面具有相似性，因此，将四川黄河流域五县农业、工业、旅游业碳排放量数据与阿坝州碳排放量进行对照。根据以上数据和公式，可得出以下的计算结果。

首先，四川黄河流域碳排放量处于较低水平。2021 年，四川黄河流域五县碳排放量为 450.9 万吨，仅占阿坝州总排放量的 13.9%。从产业结构上来看，2021 年，四川黄河流域五县碳排放量中以农业的碳排放量为最高，占总排放量的 64.1%；工业次之，占总排放量的 19.2%；旅游业排放量最少，仅占总排放量的 16.7%。从碳中和角度来看，阿坝州整体各年农业碳吸收量小于碳排放量，四川黄河流域五县中，松潘县在 2017 年、2019 年、2020 年、2021 年农业碳吸收量大于碳排放量，阿坝县、若尔盖县、石渠县各年农业碳吸收量均大于碳排放量。2017～2021 年四川黄河流域碳排放量如表 12 所示。

表 12　2017～2021 年四川黄河流域碳排放量

单位：万吨

	2017 年	2018 年	2019 年	2020 年	2021 年
阿坝州	3299.1	3275.5	3302.9	3260.4	3246.2
四川黄河流域五县	429.5	469.2	405.3	444.8	430

其次，从时间维度来看，四川黄河流域五县碳排放量呈现先增后减的态势，其中，农业碳排放量呈现稳中有降趋势，工业碳排放量波动较大，旅游业碳排放量则呈现稳步增长态势。四川黄河流域涉及的五县中，在农业碳排放方面，阿坝县、若尔盖县和红原县碳排放均有所下降，松潘县、石渠县碳排放量略有上升；在工业碳排放方面，若尔盖县、红原县和松潘县碳排放均呈现下降趋势，阿坝县则呈现上升趋势；在旅游业碳排放方面，除红原县碳排放量略有下降之外，其他四县均有略微上升。2017～2021 年四川黄河流域农业、工业、旅游业碳排放量分别如表 13、表 14、表 15 所示。

表 13　2017～2021 年四川黄河流域农业碳排放量

单位：万吨

	2017 年	2018 年	2019 年	2020 年	2021 年
阿坝州	2198.1	2092.6	2006.1	1937.0	1864.0
四川黄河流域五县	290.2	301	290.2	292.1	289.1

表 14　2017～2021 年四川黄河流域工业碳排放量

单位：万吨

	2017 年	2018 年	2019 年	2020 年	2021 年
阿坝州	903.2	977.0	1072.8	1085.9	1114.0
四川黄河流域五县	90.3	116.9	63.6	98	84.8

最后，从碳吸收方面看，由于本文仅从农业生产活动对碳吸收量进行估算，四川黄河流域五县整体农业碳吸收量呈现上升趋势。从农业碳吸收情况

表15　2017~2021年四川黄河流域旅游业碳排放量

单位：万吨

	2017年	2018年	2019年	2020年	2021年
阿坝州	197.8	205.9	224.0	237.5	268.2
四川黄河流域五县	49	51.3	51.5	54.7	56.1

看，阿坝县、松潘县、若尔盖县农业碳吸收量均呈现先下降后上升趋势，石渠县整体农业碳吸收量持续上升。2017~2021年四川黄河流域农业碳吸收量如表16所示。

表16　2017~2021年四川黄河流域农业碳吸收量

单位：万吨

	2017年	2018年	2019年	2020年	2021年
阿坝州	1434.1	1251.6	1296.3	1310.4	1317.5
四川黄河流域五县	384.8	396.7	343.3	376.9	388.9

（五）四川黄河流域碳排放趋势分析及存在的问题

实现碳达峰碳中和是大势所趋，目前四川黄河流域刚刚处于巩固脱贫攻坚成果和乡村振兴相衔接的关键阶段，是发展不平衡不充分典型区，肩负深度融入新发展格局、加快推动高质量发展、与全国全省同步基本实现现代化的历史重任，发展的内部条件和外部环境正在发生深刻而复杂的变化，短期内，实现碳达峰目标相对较为容易，但从中长期来看，碳中和面临较大挑战。结合四川黄河流域生态保护和高质量发展过程中面临的挑战，本文利用线性回归的TREND函数对碳排放结果进行预测。根据预测，未来四川黄河流域碳排放量整体呈现下降趋势，但下降幅度不大，预计2030年该区域碳排放量为407.4万吨，到2060年时为329.5万吨。而与此同时，2030年和2060年该区域的碳吸收量分别为400.5万吨和477.6万吨，这也意味着，在现有约束条件和假设不变的情况，四川黄河流域2018年时碳排放量就已达峰值469.2万吨,未来该区域不仅碳排放量会持续下降,还具有较强的碳吸收能力,将创造更多碳汇。四川黄河流域碳排放量预测趋势如图1所示。

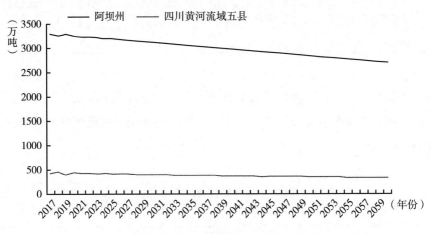

图1　四川黄河流域碳排放量预测趋势示意

虽然四川黄河流域生态环境资源丰富,森林、湿地、草地等具备一定的碳吸收和固碳能力,但是由于四川黄河流域发展水平相对较低,新型工业化、城镇化、信息化和农业农村现代化进程滞后,经济总量不足、发展速度缓慢、发展质量不优、内生动力不足等问题较为严峻,仍然面临改善民生、基础设施、公共服务、改革创新、扩大开放等领域短板弱项,能源消耗和碳排放量依然存在较快上升可能。而与此同时,四川黄河流域的生态保护治理任务艰巨,自然灾害易发多发频发等都将进一步对四川黄河流域碳中和造成影响。

第一,流域生态环保形势严峻。受气候变化和人类活动等多种因素影响,四川黄河流域所处地区的生态环境正在面临更加严峻的挑战。一是流域草原退化和沙化的速度加剧。四川黄河流域草原的退化沙化面积占到该区域可利用草原面积超过四成,并仍然以5.32%的年均速度持续蔓延。二是草原"三害"威胁依然严重。以石渠县为例,2020年全县草地鼠虫害化面积达2159万亩,占草地面积的67%。三是外来生物物种对现有草原生态平衡威胁增大。有关调查数据显示,仅阿坝州内,草原毒害植株规模就从1985

年调查时的 3%~5% 逐渐增加到近年来的 12%~25%，天然草原的有毒有害植株数量就多达 100 余种，对草原生态影响较大。四是退耕还林成果巩固难度较大。受到主体功能和生态承载能力限制，一方面，四川黄河流域退耕还林的后续产业基础培育、产业体系建构等尚需资金、土地支撑，形成经济效益还需要时间；另一方面，退耕还林是一项长期工作，退耕还林的成果巩固仍面临较大挑战。

第二，生态保护与发展矛盾突出。一是区域属国家级重点生态功能区，生态红线面积大，生态系统脆弱，生态修复能力薄弱，地质灾害隐患多，可用于开发利用的土地资源极为有限，在生产力布局、产业空间优化、城镇化发展、文化和旅游产业开发等方面受到土地要素的刚性约束较大。二是四川黄河流域内的农牧民收入主要来源于畜牧业，但受到地理区位、市场容量、交通条件、环境载荷和技术应用等因素影响，畜牧业依然处于较为传统的粗放式发展阶段，致使该区域内草畜矛盾较为突出，过载的牲畜也成为天然草原和湿地退化的重要因素。三是农牧民对生态保护的积极性、参与度和认识度等不高，一方面，因为本地农牧民不是生态保护项目的实施、参与和直接受益主体，参与主动性和积极性不高；另一方面，由于生态保护项目建设和维护管护脱节，项目建设资金投入较大，但项目建成后的维护和管护等资金相对缺乏，部分农牧民转为生态管护员后，其收入和其他相关待遇偏低，相对于之前的收入而言出现较大落差，在围栏禁牧区内时常会发生偷牧甚至偷盗、破坏生态禁牧区围栏的事件。

第三，流域发展基础薄弱，自身发展缺乏动力。一是流域内的农牧业生产基础条件相对薄弱，生产方式较为落后，农作物的产出率和畜牧业的出栏率相较于四川全省而言偏低，且农牧业存在规模化程度低、产业化水平低、劳动者素质低等特点，产业整体处于传统的自给自足阶段。二是流域内文化资源和旅游资源丰富，但受到整体经济发展水平的限制，在对文化、旅游等资源的开发等方面还存在短板，文化资源的商业化转化率低，旅游资源受到开发成本过高、基础设施配套水平低、自然地质灾害多发、旅游管理和服务人才缺乏等的影响，旅游资源仍处低层次开发或原始待开发状态，旅游产业化程度相对较低，尚未发挥文化旅游产业对区域经济的引领带头作用。三是区域经济增长中投资对经济增长的持续贡献力放缓，前期受到灾后重建、重大生态修复和保护项目等高投入的影响，经济增长持续加快，但随着投资尤其是固定资产投资强度和密度的衰减，经济持续增长的拉动力不足的问题凸显。四是经济社会发展支撑要素不足问题较为突出，四川黄河流域地处甘孜、阿坝等生活条件和环境相对偏远且较为艰苦的地区，财政、土地、资金、人才和技术等与经济社会发展密切相关的要素长期处于不足状态，流域发展持续的支撑不足。

第四，区域经济社会发展的基础设施短板问题亟待解决。四川黄河流域大多处于边远和高海拔半山等地区，大量村道亟须新建和改建，部分农牧民危旧房屋亟须改新建，区域内大部分城乡水、电、气网亟须改造升级，部分牧区村落由于地处偏远、人口稀少，基础设施投入运营难和维护等成本极高，还存在电力、通信"盲区"。

四 四川黄河流域低碳发展的对策建议

立足四川黄河流域实际，从加大节能减碳力度、加强生态系统保护、促进生态修复治理、推动传统产业转型升级、培育绿色低碳优势产业等维度出发，助力"双碳"目标实现，实现四川黄河流域绿色低碳发展。

（一）加大节能减碳力度

1.实施二氧化碳排放达峰行动

按照四川黄河流域一盘棋要求，优化碳排放预算配置，积极探索符合战略定位、发展阶段、产业特征、能源结构和资源禀赋的绿色低碳转型路径。鼓励碳排放或综合能源消费较大的企业制定碳达峰碳中和行动方案，强化降碳行动，降低碳排放强度。促进具备条件的领域及行业、企业率先达峰。推动建设国家清洁能源基地，因地制宜大力发展风能、太阳能等清洁能源，稳步提高非化石能源占比。提升清洁能源消纳和储存能力，加大清洁能源的本地消纳。

2. 有效控制温室气体排放

制定并实施以道路为重点的绿色低碳交通行动计划，严格控制二氧化碳排放。积极推广绿色建筑，加大老旧建筑节能改造。控制畜禽养殖过程中的甲烷排放，加强对于污水处理和垃圾填埋过程中甲烷排放的控制和回收利用。充分发挥黄河流域草原、湿地、土壤、冻土的固碳作用。促进减畜计划和退化草原修复，系统科学推进荒漠化、石漠化以及水土流失综合治理，有效保护修复自然生态系统。积极推进林草碳汇发展潜力评价，建立森林、草地、湿地等碳库动态数据库，推动林草碳汇项目化开发。

3. 实施能耗总量和强度"双控"行动

完善四川黄河流域固定资产投资项目和技术改造项目节能审查机制，深化用能权有偿使用和交易。不断推进工业、交通、建筑、农业农村等重点领域节能降耗，加强对重点用能单位的节能监督和管理，全面推进能耗在线监测系统建设，实施节能重点工程，开展重点用能单位清洁生产、节能监察、节能诊断和评价考核，持续提高能源利用效率和效益。

（二）加强生态系统保护

1. 强化水源涵养功能保护

加强山水林田湖草沙冰系统保护，扎实推进四川黄河流域重大生态修复工程，筑牢黄河上游生态屏障。推进若尔盖国家公园建设，提升湿地水源涵养功能。全面推行草原森林恢复工作，加强森林草原保护，严格落实禁牧休牧、划区轮牧制度，全面推行林长制，增强四川黄河流域水源涵养能力。

2. 促进自然保护地保护

科学编制自然保护地规划，在整合优化自然保护地的基础上，加快推进若尔盖国家公园建设。突出抓好自然保护区管理，优化自然保护地监管制度，实行差别化管控，加大自然保护地生态环境违法违规行为排查整治力度。开展自然保护地强化监督工作，加强自然保护区保护成效评估。

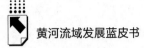

3.加强生物多样性保护

立足四川黄河流域实际,强化濒危动植物管理和执法,强化疫源疫病监测预警和防控,系统性保护生物多样性以及重要的自然生态系统,打造全球高海拔地带重要的湿地生态系统和生物栖息地。依法加强林木种质资源保护,实施野生动植物保护、极小植物种群与极度濒危动物物种拯救。统筹推进重点流域水生态调查,在黄河流域黑河、白河等主要河流开展水生生物完整性评价。严厉打击破坏生态违法违规行为,依法保障生态系统原始性和生态链安全。建立外来物种入侵风险指数评估体系,设立外来入侵物种监测站点,开展外来物种风险调查和评估。

(三)促进生态修复治理

1.加强草原"两化三害"治理

推进四川黄河流域生态保护与建设等生态建设工程,加强草原"两化三害"治理,开展退化草原修复和治理,实施围栏建设、退化草原改良、人工种草、毒害草治理、乡土草种基地、草原监测站(点)建设。着眼四川黄河流域特殊环境,推广防沙治沙先进经验和技术,加强封禁保护,巩固防沙治沙成果,试点探索光伏治沙模式,有效遏制草原沙化退化。建立草原保护制度,加强草原执法监督管理,严厉打击毁草开垦、非法征占用草原,及时纠正和制止违反草原禁牧以及草畜平衡相关规定的行为,保护草原资源。

2.加强流域综合治理

开展四川黄河流域河流沿岸水生态保护修复,全面落实河(湖)长制和"一河(湖)一策",维护河流生态系统健康。实施四川黄河流域重要干支流堤防、护岸建设工程,保障城镇防洪安全。推进中小河流域综合治理,加大山洪沟治理力度,健全山洪地质灾害监测预警预报系统,提升山洪、泥石流防治能力。积极推进坡面工程防护体系和沟道防护体系建设,加强坡面复绿和坡地土壤保护,有效减少水土流失。

3. 加强生态脆弱区治理

开展实施湿地封育、引水补湿、退牧还湿、植被恢复、栖息地修复等工程，加强地质灾害治理，系统排查整治公路和河道沿线、集镇和居住点、景区和产业园区周边地灾隐患。对水土环境污染等环境问题制定权责明确、行之有效的环境修复制度。加强道路建设造成的地表破坏区域生态修复，明确施工单位对造成生态景观破坏的修复责任。

4. 强化入河排污口排查整治

加强排污口排查，提高智能化设备的运用，以四川黄河流域入河排污口为重点范围，开展入河排污口溯源、监测及分类整治工作，形成重点水体入河排污口清单及工作台账，制定实施排污口分类整治方案，明确整治目标和时限要求，大力推进入河（湖）排污口整治，规范入河（湖）排污口设置，依法取缔非法设置的入河（湖）排污口。

（四）推动传统产业转型升级

1. 做优生态农牧业

着眼四川黄河流域农牧业发展实际，念好"优、绿、特、强、新、实"六字经，做好"专、精、特、新+旅游"文章，示范推广牦牛标准化养殖等新技术、养—沼—种资源循环利用等新模式，稳步壮大牛羊、优质牧草、高原蔬菜、特色粮油、道地药材特色产业基地。按照"要素聚集、链条完整、机制创新"的要求，建设一批产业"特而强"、功能"聚而合"、机制"活而新"、形态"精而美"的现代农业园区，促进特色产业集约化、全链式、高质量发展。强化"品牌"建设，依托红原奶粉等知名品牌，进一步加快建设品牌形象识别、质量标准、产品论证、产地加工等体系。

2. 优化生态农牧发展格局

以优结构、保品质、建平台、创品牌为重点，深入推进四川黄河流域农业供给侧结构性改革，畅通绿水青山与金山银山之间的双向转换通道。持续优化"果菜、畜牧"格局，规划构建生态休闲观光农业产业带、生态农业示范区、高原生态特色畜牧业发展区现代生态农业空间格局，分层分类布

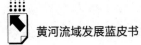

局，持续扩大生态蔬菜、优质畜禽、人繁菌类"主要农产品"规模，加快形成一批优势产区和特色园区。

3.做实生态绿色工业

充分结合四川黄河流域区域资源、产业基础、园区建设实际，重点发展以光伏、风能为主的清洁能源产业，聚焦若尔盖阿西、麦溪和红原安曲等连片的规划基地，积极争取平价光伏开发指标。加快启动实质性测风、风电场查勘等工作，推进风能开发利用。积极发展牦牛肉制品、特色奶制品、青稞面等食品产业和药材加工产业，推动特色农畜产品、道地药材成片成带发展。加快红原220千伏等骨干电网建设，实现电力开发与电网建设同频共振。积极推进阿坝县南岸新区、若尔盖县东西部扶贫协作产业基地、红原县绿色产业园区、松潘县四川青藏高原农畜产品加工集中区等中小微企业园建设，加大招商引资力度，积极引进一批战略性新兴产业和创新科技项目。

（五）培育绿色低碳优势产业

1.做好生态文旅业

大力培育"旅游+"新业态、新产品，提高旅游品质，大力发展参与式、体验式旅游产品，走集"种植、养殖、观赏、体验"于一体的农牧旅融合之路。突出重点线路、重点区域，培育一批设施完备、功能多样的采摘体验园区、休闲观光园区、农牧人家等。逐线、逐点完善旅游要素，夯实旅游转型升级、加速发展的物质基础，以"大草原、大长征、大雪山"等"红色历史"为核心，大力培育"研学+旅游""红色文化+自驾旅游""红色文化+运动休闲"等业态和产品。

2.做强现代服务业

坚持规划引领，推动四川黄河流域服务业现代化体系建设和产业融合集聚发展。以旅游产业为核心，通过金融服务、商业贸易、电子商务产业提档升级，全面促进民族文化、休闲旅游、特色餐饮产业较快发展。以新能源、文化创意和生态旅游为重点，提升公共服务水平，进一步加大对教育、文化、卫生、科技等公共服务领域的建设投入，切实改善公共服务基础条件，拓展基本公共服务空间，增加优质公共产品和服务供给，推进基本公共服务均等化。

（六）推进城乡发展绿色转型

1. 推进绿色城镇发展

根据资源环境承载能力合理确定四川黄河流域各县发展规模，推动城镇群建设向资源集约与高效利用方向转变。加强对四川黄河流域现有山体、水系等自然生态要素的保护，构建大尺度生态廊道和网络化绿道脉络，合理引导黄河流域空间布局和产业经济的空间分布，深入实施四川黄河流域公园、绿道等绿色基础设施建设工程，逐步提高绿化率。

2. 推进美丽乡村建设

立足四川黄河流域实际，全面推进乡村振兴，促进美丽乡村建设。一方面，要科学制定美丽乡村建设规划，明确指导思想、基本要求、主要目标和重点任务，形成美丽乡村建设的路线图；另一方面，立足当地农牧民最重要、最迫切和最现实的需求，加大基础设施、公共服务、生态保护等领域公共产品供给，更好地满足农牧民生产生活需要。此外，要优化乡村生产生态生活空间，形成具有四川高原特色的田园乡村格局，因地制宜发展旅游、生态农业、文化等产业，提升农牧民收入水平。

（七）促进生活方式低碳转型

1. 加大宣传力度，提高社会公众的环境意识

一是加强社会宣传教育。综合利用世界环境日、世界地球日、国际生物多样性日等节日，加大宣传力度，营造人人关心环境、践行绿色低碳生活的良好氛围。二是加强学校宣传教育。将保护环境、绿色生活理念融入国民教育，利用思政、形势政策等课程，加大对学生的教育力度，形成保护环境的责任感和紧迫感。三是优化宣传手段。注重宣传手段的多样化和互补性，既要充分利用广播、电视、报纸等传统媒体的宣传优势，也要积极利用微博、微信等新型平台优势，加大宣传力度，提高宣传的有效性。

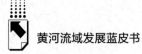
2. 构建全民绿色行动体系

深入开展绿色家庭、绿色学校、绿色社区、绿色商场等创建工作，积极开展"光盘行动""垃圾分类"等倡议活动，坚决制止餐饮浪费行为。推广节能和新能源车辆，四川黄河流域各景区鼓励低碳出行，推广绿色宾馆、绿色饭店、绿色旅游，减少一次性用品的免费提供。

B.6
甘肃：把节能降碳摆在突出位置

张建君　张瑞宇　郭军洋　程小旭　蒋尚卿*

摘　要： 甘肃作为黄河流域重要省份，承担着黄河水源涵养、水土保持、污染防治、节水治水、水患治理、经济社会高质量发展等一系列艰巨使命，在推进黄河流域生态保护和高质量发展方面具有重要的地位和作用。"十四五"作为碳达峰的关键期、窗口期，甘肃黄河流域面临着生态保护与低碳发展的双重挑战与后发压力。报告分析了甘肃黄河流域碳排放的基本态势和绿色低碳发展的难点问题，研究了甘肃黄河流域的减碳战略及碳达峰目标，提出甘肃黄河流域碳减排的一个基本结论：作为产业结构偏重、能源结构偏煤的地区和资源型地区要把节能降碳摆在突出位置，大力优化调整产业结构和能源结构，逐步实现碳排放增长与经济增长脱钩，力争全省与全国同步实现碳达峰，应重点抓好发电和供热、钢铁、有色金属、化工、石油化工、建材等行业碳达峰行动，实施甘肃黄河流域与甘肃全省"碳达峰十大行动"，走绿色可持续发展的低碳之路。

关键词： 碳达峰　生态保护　节能降碳　甘肃黄河流域

---

* 张建君，经济学博士，中共甘肃省委党校（甘肃行政学院）甘肃发展研究院院长、教授，研究方向为社会主义经济理论、区域经济发展战略；张瑞宇，中共甘肃省委党校（甘肃行政学院）甘肃发展研究院社会调查研究中心主任、讲师，研究方向为甘肃省情及区域经济发展战略；郭军洋，甘肃省碳排放权交易中心主任、董事长；程小旭，《中国经济时报》驻甘记者站站长、高级记者；蒋尚卿，中共甘肃省委党校（甘肃行政学院）甘肃发展研究院发展经济学研究室助教。课题研究参考了甘肃省碳排放权交易中心的相关成果，特别致谢。

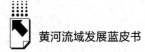

甘肃是黄河流经的全国9省区之一。黄河流经甘肃913公里，占总长度的近1/6，流域总面积79.5万平方公里，甘肃段总面积14.59万平方公里，占全流域（含内流区）面积的18.4%，占全省面积的32%。黄河60%以上的水来自兰州以上的河段，甘肃甘南州共补给了黄河总径流的11%、黄河源区总径流的58.7%。但甘肃却是一个严重缺水的省份，人均耗水量只有全流域平均水平的55%，甘肃沿黄流域水土流失面积达10.71万平方公里，全省水土流失面积达38.62万平方公里，全省水土流失面积占到甘肃土地总面积42.58万平方公里的91%，年平均流入黄河的泥沙达4.92亿吨，占黄河流域年均输沙量的30.8%。甘肃作为黄河流域重要省份，承担着黄河水源涵养、水土保持、污染防治、节水治水、水患治理、经济社会高质量发展等一系列艰巨使命，在推进黄河流域生态保护和高质量发展方面具有重要的地位和作用。"十四五"作为碳达峰的关键期、窗口期，甘肃黄河流域面临着生态保护与低碳发展的双重挑战与发展压力。

一　甘肃黄河流域碳排放的基本态势

甘肃黄河流域总面积14.59万平方公里，地跨9个市州（甘南、临夏、兰州、白银、武威、定西、平凉、天水、庆阳）、58个县区（玛曲、碌曲等），占全流域（含内流区）面积的18.4%。从省域、市（州）域以及县（区）域三个层面对甘肃黄河流域碳排放的基本态势进行分析，不仅可以全面研判甘肃黄河流域碳排放的基本态势，也更加符合我国区域纵向治理格局。

（一）甘肃黄河流域碳排放省域层面的分析

根据数据可得性和有效性，甘肃黄河流域碳排放省域层面的分析选取2011~2019年甘肃省碳排放以及经济增长数据。

根据中国碳核算数据库发布的数据，甘肃省2011年碳排放总量约为140.32百万吨，碳排放强度为2.91吨/万元；2019年碳排放总量增长到164.45百万吨，但碳排放强度下降到了1.89吨/万元（见图1）。

图1　2011～2019年甘肃省碳排放强度及总量

资料来源：根据中国碳核算数据库和《甘肃统计年鉴》数据计算整理。

可以看出，甘肃省碳排放强度2011～2019年持续下降，这主要依赖于甘肃省能源利用效率的提升、绿色低碳经济的发展。但甘肃省在人口没有出现明显增长的情况下（甘肃省常住人口总数自1998年至今都在2500万～2650万区间徘徊），碳排放总量呈现出了总体增长态势，这主要归因于甘肃省以化石能源为基础的经济增长结构。2019年，甘肃省碳排放主要来源于电力、蒸汽和热水的生产和供应，占比达到了55%（见图2），以煤为主仍然是甘肃省能源消费结构的显著特征，全省第二产业碳排放量占比约为70%，短期内以第二产业为主的高碳经济结构难以发生质的改变。

上述分析并不能准确反映碳排放和经济增长之间的关系。2005年Tapio在研究欧洲经济增长与碳排放脱钩关系时提出了Tapio脱钩模型[1]，构建了8种脱钩状态（见表1）。Tapio脱钩模型因其完备的脱钩指标体系且在测算时不受统计量纲的影响，在学术界认同度比较高。根据中国碳核算数据库和《甘肃统计年鉴》数据计算，2011～2019年甘肃省碳排放增长（ΔC）24.17

---

[1]　Petri Tapio, " Towards a Theory of Decoupling: Degrees of Decoupling in the EU And the Case of Road Traffic in Finland between 1970 And 2001," *Transport Policy*, 2005 (2).

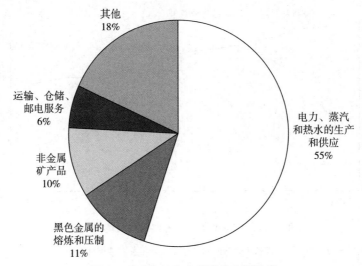

图 2　2019 年甘肃省碳排放来源构成

资料来源：根据中国碳核算数据库数据计算整理。

百万吨，GDP 增长（ΔGDP）3901.36 亿元，脱钩弹性值 e 为 0.21。因此，甘肃省经济增长与碳排放脱钩关系处于扩张负脱钩状态。

表 1　Tapio 脱钩模型的 8 种脱钩状态

脱钩状态		脱钩弹性值 e	ΔC	ΔGDP
负脱钩	扩张负脱钩	e>1.2	>0	>0
	弱负脱钩	0<e<0.8	<0	<0
	强负脱钩	e<0	>0	<0
脱钩	衰退脱钩	e>1.2	<0	<0
	弱脱钩	0<e<0.8	>0	>0
	强脱钩	e<0	<0	>0
连接	增长连接	0.8<e<1.2	>0	>0
	衰退连接	0.8<e<1.2	<0	<0

（二）甘肃黄河流域碳排放市（州）域层面的分析。

根据数据可得性和有效性，甘肃黄河流域碳排放市（州）域层面的分析选取 2009~2017 年沿黄九市（州）碳排放以及经济增长数据。

从碳排放总量情况来看，2017 年兰州市碳排放达 39.52 百万吨，是甘肃黄河流域九市（州）中的最高值；甘南藏族自治州碳排放总量为 3.18 万吨，是甘肃黄河流域九市（州）中的最低值（见图 3）。而 2017 年此九市（州）GDP 总量的排名从高到低依次为兰州、庆阳、天水、白银、武威、平凉、定西、临夏、甘南，对比两项排名可以直观地看出，定西单位 GDP 碳排放较高而武威单位 GDP 碳排放较低。

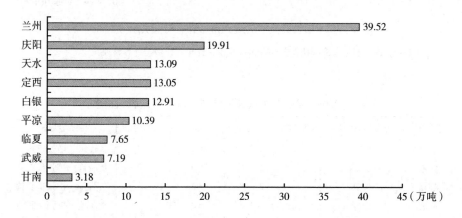

图 3　2017 年甘肃黄河流域九市（州）碳排放总量情况

资料来源：根据中国碳核算数据库数据计算整理。

准确反映单位 GDP 碳排放总量的是碳排放强度。从碳排放强度情况来看，2017 年定西碳排放强度最高，达到了 3.99 吨/万元；兰州市的碳排放强度最低，仅为 1.58 吨/万元（见图 4），依然高于全国 1.14 吨/万元的碳排放强度。

按照前述 Tapio 脱钩模型的 8 种脱钩状态，计算脱钩弹性值、ΔC 以及ΔGDP，得到表 2。从表 2 可以看出，只有兰州处于"连接—增长"连接状态，其余八市（州）都处于"负脱钩—扩张"负脱钩状态，甘肃黄河流域九市（州）实现经济增长与碳排放的脱钩还任重道远。

151

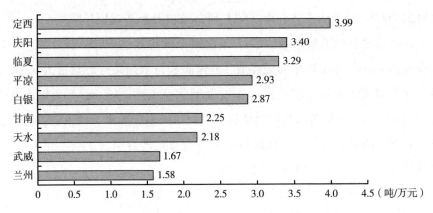

图4　2017年甘肃黄河流域九市（州）碳排放强度情况

资料来源：根据中国碳核算数据库和《甘肃统计年鉴》数据计算整理。

表2　2009~2017年甘肃黄河流域九市（州）脱钩状态

市（州）	脱钩弹性值 e	脱钩弹性值区间	ΔC	ΔGDP	脱钩状态
兰州	0.10	0.8<e<1.2	>0	>0	连接—增长连接
白银	0.25	e>1.2	>0	>0	负脱钩—扩张负脱钩
临夏	0.26	e>1.2	>0	>0	负脱钩—扩张负脱钩
武威	0.28	e>1.2	>0	>0	负脱钩—扩张负脱钩
天水	0.28	e>1.2	>0	>0	负脱钩—扩张负脱钩
平凉	0.39	e>1.2	>0	>0	负脱钩—扩张负脱钩
甘南	0.40	e>1.2	>0	>0	负脱钩—扩张负脱钩
定西	0.49	e>1.2	>0	>0	负脱钩—扩张负脱钩
庆阳	0.95	e>1.2	>0	>0	负脱钩—扩张负脱钩

资料来源：根据中国碳核算数据库和《甘肃统计年鉴》数据计算整理。

（三）甘肃黄河流域碳排放县（区）域层面的分析

根据数据可得性和有效性，甘肃黄河流域碳排放县（区）域层面的分析选取2009~2017年沿黄58个县（区）碳排放以及经济增长数据。按照《甘肃省黄河流域生态保护和高质量发展规划》，甘肃黄河流域涉及区县有兰州、定西、白银、平凉、天水、庆阳、临夏全境，以及武威的古浪、天祝，甘南州的合作、夏河、临潭、卓尼、玛曲、碌曲，共 58 个县（区）。

从碳排放强度情况来看，2017 年碳排放强度低于全国碳排放强度（1.14 吨/万元）的区县仅有 4 个，分别是兰州市的城关区（0.88 吨/万元）、七里河区（0.91 吨/万元）、西固区（0.65 吨/万元）和天水市的秦州区（1.07 吨/万元）；碳排放强度最高的是兰州市的榆中县（8.63 吨/万元）。

根据 Tapio 脱钩模型，整理代入沿黄 58 个县（区）2009~2017 年碳排放以及经济增长数据，兰州市皋兰县处于强脱钩状态，在经济增长的同时碳排放反而减少了；但庆阳市庆城县处于强负脱钩状态，在碳排放增加的同时经济发生了负增长；天水市的武山县，平凉市的华亭县，庆阳市的环县、华池县、合水县，以及定西市的渭源县处于扩张负脱钩状态，在经济实现正增长的同时碳排放增长幅度过快；平凉市的崇信县和定西市的漳县处于增长连接状态，经济增长与碳排放增长速率基本持平；其他县处于弱脱钩状态，经济增长的速率超过了碳排放增长的速率（见表 3）。

表 3　2009~2017 年甘肃黄河流域 58 个县（区）脱钩状态

区县	碳强度	$\Delta C/C$	$\Delta GDP/GDP$	e	脱钩状态
城关区	0.88	0.50	1.88	0.27	弱脱钩
七里河区	0.91	0.07	1.48	0.04	弱脱钩
西固区	0.65	0.06	1.27	0.05	弱脱钩
安宁区	1.26	0.11	1.84	0.06	弱脱钩
红古区	4.60	0.21	1.22	0.17	弱脱钩
永登县	4.56	0.26	0.66	0.39	弱脱钩
皋兰县	6.56	−0.06	1.44	−0.04	强脱钩
榆中县	8.63	0.09	1.91	0.04	弱脱钩
白银区	2.25	0.27	0.56	0.48	弱脱钩
平川区	4.60	0.05	0.44	0.12	弱脱钩
靖远县	3.97	0.09	0.97	0.09	弱脱钩
会宁县	1.63	0.49	1.25	0.39	弱脱钩
景泰县	2.86	0.18	0.71	0.26	弱脱钩
秦州区	1.07	0.27	1.36	0.20	弱脱钩
麦积区	2.24	0.13	1.48	0.09	弱脱钩
清水县	2.00	0.55	1.47	0.37	弱脱钩

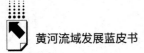

续表

区县	碳强度	ΔC/C	ΔGDP/GDP	e	脱钩状态
秦安县	2.64	0.31	1.09	0.29	弱脱钩
甘谷县	3.61	0.67	1.20	0.56	弱脱钩
武山县	6.72	1.08	0.15	7.42	扩张负脱钩
张家川	3.04	0.29	1.13	0.26	弱脱钩
古浪县	2.56	0.42	1.20	0.35	弱脱钩
天祝	1.26	0.40	1.54	0.26	弱脱钩
崆峒区	2.77	0.15	0.94	0.16	弱脱钩
泾川县	2.78	0.27	0.51	0.53	弱脱钩
灵台县	2.07	0.49	0.74	0.66	弱脱钩
崇信县	3.29	0.75	0.86	0.87	增长连接
华亭县	4.19	0.50	0.05	9.89	扩张负脱钩
庄浪县	2.80	0.47	1.50	0.32	弱脱钩
静宁县	2.57	0.26	1.87	0.14	弱脱钩
西峰区	1.53	0.24	1.74	0.14	弱脱钩
庆城县	6.28	0.19	−0.26	−0.70	强负脱钩
环县	5.88	3.52	2.74	1.29	扩张负脱钩
华池县	4.99	1.04	0.29	3.62	扩张负脱钩
合水县	5.65	4.61	2.01	2.30	扩张负脱钩
正宁县	2.28	0.46	0.80	0.58	弱脱钩
宁县	2.43	0.46	1.12	0.41	弱脱钩
镇原县	1.92	0.71	1.20	0.59	弱脱钩
安定区	3.47	0.63	1.83	0.35	弱脱钩
通渭县	2.32	0.52	1.70	0.31	弱脱钩
陇西县	4.18	0.45	1.14	0.40	弱脱钩
渭源县	5.47	2.20	1.70	1.29	扩张负脱钩
临洮县	3.99	0.38	1.51	0.25	弱脱钩
漳县	3.76	1.80	1.89	0.95	增长连接
岷县	5.45	1.05	1.52	0.69	弱脱钩
临夏市	1.27	0.24	1.91	0.12	弱脱钩
临夏县	2.84	0.35	1.77	0.20	弱脱钩
康乐县	3.41	0.64	1.67	0.39	弱脱钩
永靖县	5.47	0.19	0.66	0.28	弱脱钩
广河县	4.12	0.28	1.85	0.15	弱脱钩
和政县	4.14	0.91	1.40	0.65	弱脱钩

区县	碳强度	ΔC/C	ΔGDP/GDP	e	脱钩状态
东乡县	5.44	0.87	1.64	0.53	弱脱钩
积石山	3.65	0.28	1.40	0.20	弱脱钩
合作市	2.64	0.45	1.96	0.23	弱脱钩
临潭县	2.30	0.80	1.28	0.62	弱脱钩
卓尼县	2.14	0.84	1.34	0.62	弱脱钩
玛曲县	1.54	0.13	0.99	0.13	弱脱钩
碌曲县	1.68	0.37	1.39	0.26	弱脱钩
夏河县	2.30	0.57	1.29	0.44	弱脱钩

资料来源：根据中国碳核算数据库和《甘肃统计年鉴》数据计算整理。

二 甘肃黄河流域绿色低碳发展的难点问题

从甘肃黄河流域沿黄58个县（区）的碳排放情况来看，在经济增长与碳排放间呈现出强弱不对称的复杂局面，既有处于强负脱钩状态、经济负增长但碳排放增加的情况，也有处于扩张负脱钩状态、在经济增长中碳排放增长更快的情况，还有处于弱脱钩状态、经济增速高于碳排放增速。总体来看，呈现出绿色发展与碳排放政策很难"一刀切"的现象，这都说明甘肃黄河流域绿色低碳发展还需要立足全省考虑，特别是要注重解决以下难点问题。

（一）目标达成难、分解难、落实更难

碳排放权就是区域、行业的经济发展权，关系能源安全和经济民生。无论是采用"自上而下""自下而上"或两者相结合的方式，目标的制定、分解和考核，需要各部门、区域、行业和企业通力配合协作才能完成；甘肃省碳达峰不是单纯的流域性问题，而是行业性全省性共同行动的问题。

（二）甘肃省碳排放的行业性特征非常鲜明

从重点行业排放情况看，发电和供热行业是全省最大排放源，占总排放

的 52.63%，排放量为 0.790 亿吨；钢铁行业排放为 0.137 亿吨，占总排放的 9.11%；建材行业排放为 0.116 亿吨，占总排放的 7.74%；有色金属行业排放为 0.062 亿吨，占总排放的 4.11%；化工行业排放为 0.032 亿吨，占总排放的 2.11%。发电和供热、钢铁、建材、有色金属、化工、石化等六个高耗能行业排放占总排放的 75.69%，为甘肃省主要二氧化碳排放源。

（三）产业结构调整和能源消费结构调整的深度有限

甘肃省为典型的"两高一资"（高耗能、高污染、资源型）省份，第三产业占 GDP 比重达到 55%，工业占比下降至 33%，再深度调整的空间很小；煤炭消费占比大幅下降至 52%，非化石能源占比已升至 27%，在甘肃省电力消纳增长缓慢及远距离电力输送线路受限的情况下，非化石能源占比很难有大的突破。发展核能是重构能源消费结构的有效手段，但受安全因素及水源地的约束很大。

（四）面临新上能耗项目大幅增加的压力

从"十四五"拟新上项目情况看，甘肃省新增能源消费达 2800 万吨标准煤，相比 2019 年甘肃省能源消费总量将增加 35.81%，未来碳排放增加趋势明显。新上项目中，六大高耗能项目 61 个，新增用能量达 1681 万吨标准煤，占比近 60%。"十四五""十五五""十六五"期间，甘肃省应严格审批和限制高耗能、高排放和产能过剩新上项目建设。

（五）实现碳达峰的资金压力巨大

长期以来，甘肃省经济发展严重滞后，财政家底薄、企业整体规模小、盈利能力弱。经过多年的持续节能减排，甘肃省淘汰落后产能、上大压小等举措大多已经实施，后续低碳技术改造难度将越来越大，成本压力加大、资金缺乏将是甘肃省碳达峰面临的严峻挑战。

（六）面临经济高质量发展与能源消费需求持续增长的双重压力

按照到 2035 年甘肃省基本实现社会主义现代化和实现新型工业化、城镇化的远景目标，"十四五"甘肃省 GDP 将保持 6.5% 的增长，"十五五"和"十六五"时期要达到 10% 以上的增速，势必造成能源消费和二氧化碳排放的较大幅度增加。

从相关问题的分析来看，甘肃省应重点抓好发电和供热、钢铁、有色金属、化工、石油化工、建材等行业碳达峰行动。一是将碳排放目标分解到重点行业、企业、产品端，倒逼推动传统产业技术进步，加快淘汰落后产能。二是组织攻克和适用低碳技术。组织相关部门、机构重点攻克能源节约、智能电网、新能源（核能、地热能）等"卡脖子"低碳技术难题，加快风光电储能、碳捕集与封存等技术攻关和转化应用，推进实施一批低碳技术重点研发与应用项目。三是严格审批高耗能行业新上项目。四是建立低成本市场化机制。碳达峰碳中和实际上就是整个的产业重构和能源转型。充分发挥市场的主体作用，运用低成本的碳排放权、用能权等市场机制约束碳排放，无疑是实现碳达峰碳中和的最有效路径。

三 甘肃黄河流域的减碳战略及碳达峰目标

（一）甘肃黄河流域减碳战略

推进实施碳排放达峰行动。推动落实甘肃省碳达峰碳中和"1+N"政策体系，制定实施碳排放达峰行动方案及实施意见，推动煤炭、电力、钢铁、石化、化工、有色金属、建材等重点行业及大型企业制定实施二氧化碳达峰行动方案，合理确定全省及各主要领域、重点行业的达峰目标、实现路径。加快形成部门碳达峰工作合力，分阶段、分领域、分地区有序推进全省二氧化碳排放达峰。支持有条件的地方和重点行业、重点企业率先达峰。此外，根据国家碳排放权交易配额总量设定与重点行业分配实施方案，做好配额分配与管理，积极参与全国碳排放市场交易。

大力控制温室气体排放。首先，控制工业领域二氧化碳排放。加强工业领域节能减排技术创新，控制工业过程温室气体排放，争取部分高耗能产品碳排放强度达到国内平均水平。电力行业持续实施燃煤电厂绿色升级改造。石化行业加快庆阳石化、兰州石化等炼厂升级改造。钢铁行业积极推进氢能炼钢试点。有色行业加快提升再生有色金属产业水平，承接需求结构转化。建材行业以水泥、平板玻璃为重点，加快发展绿色建材产品。化工行业加快培育发展高端化工产品、精细化工新材料、化工中间体等产业集群。煤化工行业加快推进煤炭清洁高效低碳集约化利用。其次，控制交通领域二氧化碳排放。加快低碳交通运输体系建设，促进铁路、公路、航空和城乡交通综合运输方式的高效衔接。推进公铁、公航等多式联运型物流园区、铁路专用线建设，鼓励发展智慧仓储、智慧运输。推动公路建设、养护过程绿色化，推广使用节能灯具、隔声屏障等节能环保产品，加大工程建设中废弃资源综合利用力度。大力推广节能和新能源车辆，强化新能源车辆在城市公交、城际（乡村）客运、出租、公务、环卫、物流配送、旅游景区等公共服务领域应用，鼓励党政机关和企事业单位购买使用新能源汽车。加快新能源汽车充电桩服务网点建设。到 2025 年，营运车辆单位运输周转量二氧化碳排放比 2020 年下降 4%。

增强适应气候变化能力。落实国家适应气候变化战略，加强森林、草原、湿地等生态系统的保护与修复，强化水资源保障体系建设，提升生态脆弱地区和生态敏感区适应能力。开展气候变化影响监测和风险评估，识别气候变化对敏感区水资源保障、粮食生产、城乡环境、人体健康、重大工程的影响。提升农业生产适应气候变化能力，加快发展保护性耕作等技术，创新畜牧业发展模式。提升城乡建设适应气候变化能力，加强防灾减灾体系建设，推动城市基础设施适应气候变化。健全公共卫生应急和救援机制，最大限度降低气候风险对人群健康的不利影响。

（二）甘肃黄河流域碳达峰目标

根据联合国政府间气候变化专门委员会（IPCC）报告，若全球气温升温不超过 1.5℃，那么 2050 年左右全球就要达到碳中和；若不超过 2℃，则 2070 年全球要达到碳中和。面对这种形势，2020 年 12 月 12 日，习近平主席在气候雄心峰会上提出，到 2030 年，中国单位国内生产总值二氧化碳排放将比 2005 年下降 65%以上，非化石能源占一次能源消费比重将达到 25%左右，森林蓄积量将比 2005 年增加 60 亿立方米，风电、太阳能发电总装机容量将达到 12 亿千瓦以上。

可以看出，目前我国还未明确达峰时的二氧化碳排放总量水平，而是提出了单位国内生产总值二氧化碳排放（碳强度）的约束目标。国家层面的约束目标也是甘肃省碳达峰行动的约束目标，在此约束目标下预测甘肃省碳排放峰值，并按此作出甘肃省碳达峰行动方案具有重要意义。根据中国碳核算数据库数据，2005 年甘肃省碳排放强度为 4.52 吨/万元（按现价 GDP 计算），按照 2030 年碳排放强度下降 65%，则 2030 年甘肃省碳排放强度至少下降为 1.58 吨/万元。实际上，2019 年甘肃省碳排放强度已经下降为 1.89 吨/万元（按现价 GDP 计算），按此下降速度来看，甘肃省 2030 年碳排放强度下降到预期水平难度并不大。

此外，碳排放与经济增长息息相关，碳排放峰值设定还需考虑经济社会发展情况。面对社会主义现代化建设新征程的新形势新任务，甘肃省必须确保一个适合的经济增长规模，结合国家 2035 年远景目标规划，甘肃省须在接下来的两个五年规划（"十四五""十五五"）十年时间推动甘肃省人均 GDP 在 2030 年跨越 1 万美元，按此计算，甘肃省 2030 年经济总量要达到约 1.8 万亿元人民币，年均增速要能够保持 7%。面对国内外复杂的经济形势，甘肃省要保持 7%的年均增长速度压力很大。

按照 1.8 万亿元人民币的经济增量和 1.58 吨/万元的碳排放强度计算，甘肃省碳排放的峰值为 284.65 百万吨。考虑到甘肃省人均碳排放总量以及历史碳排放总量都低于全国平均水平，甘肃省碳排放达峰时间可以后推 1~2 年，即 2031~2032 年达峰。但在碳排放权交易市场化进程逐步推进的情况下，碳排放高的产业会很快向碳排放低的产业转移，碳排放强度全国将趋于平衡，因此甘肃省碳排放强度肯定会在 2030 前比 2005 年下降 65%以上。

碳达峰的实质是经济增长与碳排放脱钩，当甘肃省经济增长与碳排放处于强脱钩状态时碳达峰的峰值将会出现。以 2005 年的不变价格计算，

2006~2019 年甘肃省出现了 4 次强脱钩、7 次弱脱钩状态，2 次增长连接状态，1 次扩张负脱钩状态（见表 4）。虽然从数据上看甘肃省脱钩状态趋向于强脱钩，但从统计学上看只有连续 5 次以上出现强脱钩状态才算强脱钩，再考虑到甘肃省的产业结构、能源消费结构以及人均 GDP 等情况，甘肃省实现经济增长与碳排放脱钩难度异常之大。从全球碳达峰情况看，全球实现碳排放达峰的国家基本上是发达国家或后工业化国家；2007 年，美国碳达峰时，占世界碳排放的比重为 22.8%，人均 GDP（PPP）为 55917 国际元；GDP 增速已经基本处于中低速，欧盟国家属于低速型（2009~2019 年为 1.6%）；第二产业占比下降明显，2007 年，美国碳达峰时服务业增加值占 GDP 比重为 73.9%。[①]

表 4　2006~2019 年甘肃省脱钩状态

年份	ΔC/C	ΔGDP/GDP	e	脱钩状态
2019	0.01	0.06	0.15	弱脱钩
2018	0.07	0.06	1.19	增长连接
2017	-0.01	0.05	-0.37	强脱钩
2016	-0.04	0.08	-0.51	强脱钩
2015	-0.03	0.08	-0.34	强脱钩
2014	0.02	0.09	0.26	弱脱钩
2013	0.04	0.11	0.38	弱脱钩
2012	0.10	0.12	0.84	增长连接
2011	0.10	0.13	0.76	弱脱钩
2010	0.27	0.12	2.25	扩张负脱钩
2009	-0.02	0.10	-0.24	强脱钩
2008	0.06	0.10	0.56	弱脱钩
2007	0.09	0.12	0.76	弱脱钩
2006	0.06	0.12	0.51	弱脱钩

资料来源：根据中国碳核算数据库和《甘肃统计年鉴》数据计算整理。

[①]　胡鞍钢：《中国实现 2030 年前碳达峰目标及主要途径》，《北京工业大学学报》（社会科学版）2021 年第 3 期。

一种可能的情况是，2030 年，甘肃省碳排放峰值远不能达到 284.65 百万吨而处于持续增长状态，碳排放强度低于 1.58 吨/万元，接近全国平均水平。

（三）国家气候中心预测模型碳达峰预测结果[①]

为确保预测结果真实可靠，本报告同时选取国家气候中心的预测模型（见表 5）和国际通用的 STIRPAT 拓展预测模型（见表 6）对甘肃省未来二氧化碳排放达峰情况进行模拟预测。其中，国家气候中心预测模型主要基于 GDP 增速、能源消耗下降率以及能源消费结构比等进行组合，得出碳排放预测结果，模型操作简单，数据变量获取较为容易；国际通用 STIRPAT 拓展模型是随机性评估环境影响因素，主要基于 GDP 增长率、城市化水平增长率、单位 GDP 能耗变化率、能源消费变化率和第二产业占比变化率等数据建模，涉及参数较多，分析较为全面。

表 5　国家气候中心预测模型参数

增速情景	阶段	GDP 增速（%）	一次能源需求总量（万吨）	能源消费结构比（煤炭∶石油∶天然气∶风光等一次电力）	单位 GDP 能耗五年下降幅度(%)
高	十四五	7.8	8125~9725	45∶17∶6∶30	13
	十五五	10.3	10384~13496	41∶17∶7∶33	14
	十六五	13.2	15697~20155	36∶18∶8∶37	15
中	十四五	6.5	8027~9153	45∶17∶6∶30	13
	十五五	9.6	9711~12304	41∶17∶7∶33	14
	十六五	12.9	13651~18751	36∶18∶8∶37	15
低	十四五	5.3	7937~8649	45∶17∶6∶30	13
	十五五	8.2	9059~10409	41∶17∶7∶33	14
	十六五	10.7	10902~11205	36∶18∶8∶37	15

---

① 甘肃省碳排放权交易中心：《甘肃省碳排放达峰期预测及建议报告》，2022 年 3 月（内部报告）。

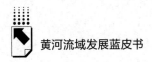

表 6　国际通用 STIRPAT 拓展模型核心参数

单位：%

变量	情景	设定指标		
		十四五	十五五	十六五
GDP 增长率（G）	高	9.0	8.0	7.0
	中	8.0	7.0	6.0
	低	7.0	6.0	5.0
城市化水平增长率（U）	高	1.0	1.4	1.6
	中	0.8	1.2	1.4
	低	0.6	1.0	1.2
单位 GDP 能耗 变化率（T）	高	−4.0	−5.0	−6.0
	中	−3.5	−4.5	−5.5
	低	−3.0	−4.0	−5.0
能源消费变化率（E）	高	4.5	3.0	−1.8
	中	3.5	2.0	−1.6
	低	2.7	1.0	−1.2
第二产业占比变化率（Is）	高	2.5	2.2	−1.4
	中	2.0	1.5	−1.0
	低	1.2	1.0	−1.8

在国家气候中心的预测模型下，高经济增长情景下于 2032 年达峰，碳排放量为 2.12 亿吨；中经济增长和低经济增长情景下全省碳排放达峰较为提前。其中，中经济增长情景下碳排放在 2030 年左右达峰，峰值为 1.94 亿吨。低经济增长情景下工业碳排放在 2029 年达峰，峰值为 1.72 亿吨。低经济增长情景比中经济增长情景达峰时间早一年，且峰值低 12.86%（见表 7）。

表 7　甘肃省二氧化碳排放预测结果（国家模型）

单位：亿吨

年份	高经济增速情景	中经济增速情景	低经济增速情景
2021	1.43	1.41	1.39
2022	1.47	1.44	1.41
2023	1.52	1.47	1.42

年份	高经济增速情景	中经济增速情景	低经济增速情景
2024	1.58	1.50	1.43
2025	1.63	1.53	1.45
2026	1.72	1.61	1.50
2027	1.81	1.68	1.55
2028	1.91	1.76	1.60
2029	2.01	1.85	1.72
2030	2.06	1.94	1.69
2031	2.10	1.91	1.67
2032	2.12	1.88	1.65
2033	2.10	1.86	1.63
2034	2.07	1.84	1.61
2035	2.04	1.82	1.61

国际通用的 STIRPAT 拓展预测模型下，高经济增速情景下甘肃省排放在 2031 年达峰，二氧化碳排放峰值达 1.80 亿吨；中经济增速情景下，甘肃省排放达峰时间约为 2030 年，二氧化碳排放峰值达 1.68 亿吨；低经济增速情景下，甘肃省排放在 2027 年达峰，二氧化碳排放峰值达 1.54 亿吨（见表 8、图 5）。这说明在高、中、低经济增速条件下，甘肃省有望可以实现 2030 年前后达峰，接近全国达峰目标。

表 8 甘肃省二氧化碳排放预测结果（国际模型）

单位：亿吨

年份	高经济增速情景	中经济增速情景	低经济增速情景
2020	1.39	1.38	1.38
2021	1.49	1.47	1.45
2022	1.52	1.50	1.46
2023	1.56	1.52	1.48
2024	1.60	1.55	1.50
2025	1.64	1.58	1.52
2026	1.66	1.60	1.53
2027	1.69	1.61	1.54

续表

年份	高经济增速情景	中经济增速情景	低经济增速情景
2028	1.72	1.63	1.53
2029	1.75	1.65	1.52
2030	1.78	1.68	1.52
2031	1.80	1.66	1.50
2032	1.78	1.64	1.49
2033	1.75	1.63	1.48
2034	1.73	1.61	1.47
2035	1.63	1.60	1.48
2036	1.69	1.59	1.45
2037	1.67	1.57	1.44
2038	1.65	1.56	1.42
2039	1.64	1.54	1.41
2040	1.62	1.53	1.40

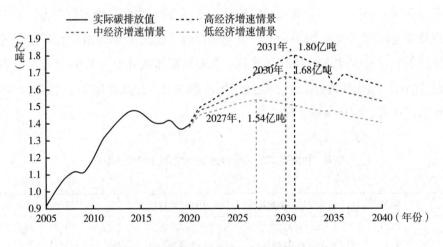

图5　不同情景下甘肃省二氧化碳排放趋势

通过比对国家气候中心预测模型和国际通用 STIRPAT 预测模型的预测结果，两种模型在高、中、低经济增速情景下预测的达峰时间基本一致，但是达峰量和达峰后全省二氧化碳排放量变化趋势略有不同。其中，STIRPAT

模型结果相比国家气候中心模型的预测结果较小，高、中、低经济增速情景下峰值碳排放量为 1.80 亿吨、1.68 亿吨、1.54 亿吨，国家气候中心模型预测达峰排放量为 2.12 亿吨、1.94 亿吨、1.72 亿吨。总体趋势方面，STIRPAT 模型达峰后有明显的下降趋势，而国家气候中心的预测模型达峰后下降程度较低。

综合甘肃省实际情况来看，全省碳排放达峰后，受技术水平、能源消耗结构及产业结构等因素的影响，碳排放强度出现明显下降的可能性较小，应该与国家气候中心模型预测的平缓趋势接近，其预测结果更为可信。

四　甘肃黄河流域绿色发展与碳达峰的对策建议

甘肃黄河流域碳减排的一个基本结论就是，作为产业结构偏重、能源结构偏煤的地区和资源型地区，要把节能降碳摆在突出位置，大力优化调整产业结构和能源结构，逐步实现碳排放增长与经济增长脱钩，力争全省与全国同步实现碳达峰。《2030 年前碳达峰行动方案》明确提出："长江经济带、黄河流域和国家生态文明试验区要严格落实生态优先、绿色发展战略导向，在绿色低碳发展方面走在全国前列。"

当前，甘肃黄河流域既面临着"生态优先、绿色发展"的历史机遇，同样面临着碳达峰碳减排的现实压力与挑战。甘肃黄河流域作为产业结构偏重、能源结构偏煤的地区和资源型地区，要把节能降碳摆在突出位置，大力优化调整产业结构和能源结构，逐步实现碳排放增长与经济增长脱钩，力争与全国同步实现碳达峰，严格落实"生态优先、绿色发展"战略导向，在绿色低碳发展方面走在全国前列，积极培育绿色发展动能。要结合国家《2030 年前碳达峰行动方案》目标，分类细化碳减排目标与行动路径，既不搞"碳冲峰"，也不搞"碳滞后"，要走出后发地区绿色发展新路子。要创造性地实施能源绿色低碳转型行动、节能降碳增效行动、工业领域碳达峰行动、城乡建设碳达峰行动、交通运输绿色低碳行动、循环经济助力降碳行动、绿色低碳科技创新行动、碳汇能力巩固提升行动、绿色低碳全民行动、

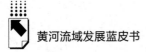

有序碳达峰行动，探索甘肃黄河流域绿色低碳发展新模式，积极推进全省碳减排集体行动。

（一）科学合理确定甘肃省碳达峰目标和碳达峰行动方案

甘肃省既是全国经济社会发展相对滞后省份，又是重化工业特色鲜明的省份，属于我国梯次有序碳达峰中产业结构偏重、能源结构偏煤的地区，面临着节能降碳的严峻挑战，需要通过大力优化调整产业结构和能源结构，逐步实现碳排放增长与经济增长的脱钩，以便与全国同步实现碳达峰。从全省资源环境禀赋、产业布局、发展阶段等出发，形成符合实际、切实可行的碳达峰目标和行动方案，避免"一刀切"限电限产或运动式"减碳"等不合理举措。结合甘肃省经济社会发展的战略规划，要科学确定甘肃省碳达峰目标以及科学减碳的时间表、路线图和施工方案；可以结合国家对地方推进碳达峰的支持政策，先选择兰州市、酒泉市、白银市、甘南州等进行碳达峰试点，探索发展相对落后地区碳达峰的经验和做法，形成具有实践依据的甘肃黄河流域碳减排"甘肃方案"，为我国"3060"双碳目标提供个案研究的理论支撑与样板参考。

（二）大力推进能源绿色低碳转型行动，建设符合甘肃实际的清洁低碳安全高效能源体系

甘肃省既是一个资源能源型的工业化省份，发电和供热行业是全省最大碳排放源，占总排放的52.63%，建设一个符合甘肃实际的清洁低碳安全高效的能源体系是一个龙头性的战略举措。一是控制化石能源总量，构建清洁低碳安全高效的能源体系。要贯彻国家"十四五"时期严格合理控制煤炭消费增长，"十五五"时期逐步减少的政策指向，新建通道可再生能源电量比例原则上不低于50%，全面推动煤炭清洁利用。二是深化电力体制改革，构建以新能源为主体的新型电力系统。首先要大力推进风电、太阳能等清洁能源开发，加快河西走廊大型清洁能源基地建设速度，真正将河西走廊建设成光热发电与光伏发电、风电互补调节的风光热综合可再生能源发电基地，

确保到 2030 年全省风电、太阳能发电总装机容量在全国 12 亿千瓦以上的预期目标中占有一个可行份额。其次要全面推进黄河上游水电基地建设和全省小水电绿色发展，确保在"十四五""十五五"期间从全国新增水电装机容量 4000 万千瓦左右中获得一个可行份额。最后要积极发展"新能源+储能"、源网荷储一体化和多能互补的新型电力系统，确保到 2030 年甘肃省省级电网基本具备 5% 以上的尖峰负荷响应能力。三是合理调控油气消费，大力推动天然气与多种能源融合发展。

（三）结合甘肃省"强工业"行动推进工业领域碳达峰行动，加快全省经济的绿色低碳转型和高质量发展

一是全面推进"工业领域碳达峰行动"。在全省优化工业产业结构，加快退出落后产能，大力发展战略性新兴产业，加快传统产业绿色低碳改造。大力推动化石能源清洁高效利用，全面推动电力、钢铁、有色金属、建材、石化化工等行业开展节能降碳改造。二是全面推进甘肃省钢铁行业碳达峰行动，实现钢铁行业的碳达峰行动技术和实践突破。三是全面推进甘肃省有色金属行业碳达峰行动，稳步化解全省电解铝过剩产能成果，加快推广应用先进适用绿色低碳技术，实现有色金属行业碳达峰行动的率先突破。四是全面推进甘肃省建材行业碳达峰行动，加强新型胶凝材料、低碳混凝土、木竹建材等低碳建材产品研发应用。五是全面推进甘肃省石化化工行业碳达峰行动，促进石化化工与煤炭开采、冶金、建材、化纤等产业协同发展。

（四）结合甘肃省"强县域"行动全面推进城乡建设碳达峰行动，加快推进城乡建设绿色低碳发展

一是加大县城绿色低碳建设力度，杜绝大拆大建。按照城镇新建建筑绿色建筑标准，加快推进居住建筑和公共建筑节能改造，推广光伏发电与建筑一体化应用，到 2025 年，确保全省城镇建筑可再生能源替代率达到 8%，新建公共机构建筑、新建厂房屋顶光伏覆盖率力争达到 50%。二是将农村建设和用能低碳转型作为乡村振兴战略的重要抓手，推进绿色农房建设、节能改造、清洁取暖，加快生物质能、太阳能等可再生能源在农业生产和农村生活中的应用，提升农村用能电气化水平。

（五）大力推进交通运输绿色低碳行动，确保交通运输领域碳排放增长保持在合理区间

一是全面有序推进充电桩、配套电网、加注（气）站、加氢站等基础设施建设，提升甘肃省城市公共交通基础设施水平。确保到 2030 年，全省民用运输机场场内车辆装备等全面实现电动化。二是大力推广全省新能源汽车，形成绿色低碳交通方式。到 2030 年，确保达到国家要求的当年新增新能源、清洁能源动力的交通工具比例达到 40%左右，营运交通工具单位换算周转量碳排放强度比 2020 年下降 9.5%左右，国家铁路单位换算周转量综合能耗比 2020 年下降 10%，城区常住人口 100 万以上的城市绿色出行比例不低于 70%等一系列具体要求全面落实，实现全省陆路交通运输石油消费在 2030 年前达到峰值。

（六）发挥甘肃省循环经济示范区建设的先行优势，打造一批达到国际先进水平的节能低碳园区和城市

一是结合"强工业"行动，加强产业园区循环化改造，加强基础设施和公共服务共享平台，以高耗能高排放项目（以下简称"两高"项目）集聚度高的园区为重点，打造一批达到国际先进水平的节能低碳园区。确保到 2030 年，甘肃省省级以上重点产业园区全部实施循环化改造。二是切实发挥甘肃省循环经济示范区建设的优势，加快建立覆盖全社会的生活垃圾收运处置体系并强化"互联网+"回收模式。到 2030 年，将全省城市生活资源化利用比例提升至 65%左右。

（七）结合甘肃省"强科技"行动推进绿色低碳科技创新行动，掀起一场绿色低碳技术革命的新浪潮

一是形成绿色低碳的科技创新导向，引导省属企业、高等学校、科研

单位共建一批国家绿色低碳产业创新中心，建设一批绿色低碳领域未来技术学院、现代产业学院和示范性能源学院。二是鼓励省属科研院所和科研机构聚焦化石能源绿色智能开发和清洁低碳利用、可再生能源大规模利用、新型电力系统、节能、氢能、储能、动力电池、二氧化碳捕集利用与封存、先进核电技术等重点领域，在甘肃黄河流域掀起一场绿色低碳技术革命的新浪潮。

（八）提升全省生态系统碳汇增量，探索推进碳汇能力巩固提升行动

一是突出以祁连山国家公园、大熊猫国家公园、若尔盖国家公园等为主体的甘肃自然保护地体系，稳定现有森林、草原、湿地、土壤、冻土、岩溶等固碳作用。二是提升甘肃省生态系统碳汇能力。全面实施甘肃黄河流域生态保护修复重大工程，深入推进大规模国土绿化行动，巩固退耕还林还草成果，加大白龙江林业资源保护和甘南草原生态保护修复力度，按照2030年全国森林覆盖率达到25%左右的要求，将甘肃省森林覆盖率提高到接近20%的水平。三是全面建立生态系统碳汇监测核算体系，开展森林、草原、湿地等碳汇本底调查、碳储量评估、潜力分析，实施生态保护修复碳汇成效监测评估，积极参与建立健全能够体现碳汇价值的生态保护补偿机制，研究甘肃省相关项目参与全国碳排放权交易的具体举措，建立完善绿色低碳技术评估、交易体系和科技创新服务平台，加快推进碳排放权交易，积极发展绿色金融。四是在甘肃黄河流域大力发展绿色低碳循环农业，通过农光互补、"光伏+设施农业"发展丝路寒旱现代特色农业，全面提升甘肃高原夏菜、奇特质优农产品的绿色生态产品竞争力。

（九）全面推进节能降碳增效行动和绿色低碳全民行动，形成简约适度、绿色低碳、文明健康的绿色生活方式

在全面加强全省新型基础设施节能降碳要求和实施全省节能降碳重点工程的基础上，努力建设能源节约型社会，加强生态文明宣传教育、强化领导

干部培训，开展绿色低碳社会行动示范创建，深入推进简约适度、绿色低碳、文明健康的绿色生活方式创建行动，评选宣传一批优秀示范典型，持续开展世界地球日、世界环境日、全国节能宣传周、全国低碳日等主题宣传活动，倡导绿色低碳生活，走绿色低碳发展之路。

宁夏：以"六大碳行动"
推进绿色低碳发展

杨丽艳 王雪虹 王迪*

摘　要： 推动绿色低碳发展是实现碳达峰碳中和目标的战略选择。党的十八大以来，宁夏坚决贯彻落实党中央、国务院的决策部署，深入践行习近平生态文明思想，牢固树立"绿水青山就是金山银山"的发展理念，扎实推进能耗双控工作，为实现"双碳"目标奠定了坚实的基础。但与发达地区相比，宁夏正处于工业化的中前期、城镇化的提升期、信息化的初创期阶段，实现"双碳"目标，既面临产业结构倚重倚能、能源结构的高碳性、消费端减碳困难多、生态碳汇能力有限等严峻挑战，但同时也为宁夏新能源产业发展、优化国土空间布局和创造改革推动力带来了机遇。为此，本报告在分析影响宁夏碳排放因素预期指标的前提下，提出了宁夏2030年实现碳达峰阶段的绿色低碳发展目标，并从调整产业结构全面"减碳"、优化能源结构持续"降碳"、重点领域加快"消碳"、绿色技术助推"低碳"、生态系统有效"固碳"、完善政策体系"控碳"提出了具体的对策建议。

关键词： "双碳" 绿色低碳发展 宁夏

---

* 杨丽艳，中共宁夏区委党校（宁夏行政学院）经济学教研部教授，研究方向为区域经济学、生态经济学；王雪虹，中共宁夏区委党校（宁夏行政学院）经济学教研部副教授，研究方向为产业经济学、乡村振兴；王迪，中共宁夏区委党校（宁夏行政学院）经济学教研部讲师，研究方向为环境科学。

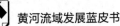

推动绿色低碳发展是实现碳达峰碳中和目标的战略选择。与发达地区相比，宁夏仍然是欠发达地区，正处于工业化的中前期、城镇化的提升期、信息化的初创期阶段。同时，宁夏是唯一一个全境属于黄河流域的省区，承担着建设黄河流域生态保护和高质量发展先行区的时代重任。在过去较长一段时间，高碳产业在助力宁夏经济发展的同时，也带来了大量的能源消耗和碳排放等污染问题，宁夏是全国碳减排的重点和难点区域，挑战与机遇并存。因此，实现"双碳"目标难度大、困难多，需要统筹好实现"双碳"目标与绿色低碳发展的关系，走高质量发展之路是当前和今后较长时期宁夏面临的重大时代课题。

一 "双碳"目标下宁夏绿色低碳发展的基础

党的十八大以来，宁夏坚决贯彻落实党中央、国务院的决策部署，深入践行习近平生态文明思想，牢固树立"绿水青山就是金山银山"的发展理念，将加快推动绿色低碳发展放在经济社会全局的突出位置，扎实推进能耗双控工作，为实现"双碳"目标奠定了坚实的基础。

（一）绿色低碳发展的政策支撑更加有力

党的十八大以来，宁夏先后出台《宁夏回族自治区节能降耗与循环经济"十三五"发展规划》《宁夏回族自治区"十三五"节能减排综合工作方案》《宁夏回族自治区打赢蓝天保卫战三年行动计划》《宁夏回族自治区2018~2020年煤炭消费总量控制工作方案》《宁夏回族自治区关于进一步加强能耗"双控"工作推动高质量发展实施方案》等一系列政策文件。修订《宁夏回族自治区实施〈中华人民共和国节约能源法〉办法》，制定发布《宁夏用能单位能耗限额指标》等地方节能标准，节能法律法规体系渐趋完善。颁布《宁夏回族自治区工业绿色发展行动方案（2019~2022年）》《宁夏回族自治区绿色制造体系建设实施方案（2017年~2020年）》等绿色体系相关政策。将单位GDP能耗纳入地方高质量发展考核指标体系，将年度能耗双控目标纳入国民经济社会发展年度计划。建立起区、市、县（区）三级节能目标管理体系，将节能目标完成情况纳入政府绩效考核体系。与此同时，积极组织开展重点用能单位"百千万"行动，对重点用能单位实行能耗双控目标责任管理，督促企业加强节能管理，提高能源利用效率。建成了重点用能单位能耗在线监测系统，全区重点用能单位基本实现了全覆盖。大力推进电力需求侧管理工作，全区 1048 户企业安装终端监测设备 21628 套，推动企业绿色改造升级，降低了用电成本。启动了能耗"双控"三年行动，仅 2021 年就压减"两高"项目 39 个，减少能耗 1725 万吨标准煤，基本扭转了"十三五"以来宁夏能耗不降反升的局面。

（二）经济结构调整成效明显

党的十八大以来，宁夏坚持走新型工业化道路，全区经济发展活力持续增强，转型升级积极推进，质量效益明显改善。一是产业结构持续优化。宁夏三次产业结构由 2012 年的 8.9∶46.5∶44.6 调整为 2021 年的 8.1∶44.7∶47.2。第一产业占比保持稳中有降，第二产业占比先升后降再上升，第三产业占比先降后升再下降（见图 1）。通过大力发展先进装备制造、新材料、电子信息、特色消费品等低能耗产业，围绕重点产业补链、延链、强链，推进产业向绿色、低碳、高端、集群方向发展，到 2020 年，宁夏战略性新兴产业增加值占规模以上工业比重达到 14.8%。

二是能源供给结构进一步调整。近年来，宁夏以创建国家新能源综合示范区为契机，主动走上清洁能源发展之路，开发建设了一批大型现代化项目，风电和太阳能发电等新能源产业快速发展，2012 年宁夏风电和太阳能发电装机占全区电力装机容量的 15.88%，到 2021 年风电和太阳能发电装机占电力装机容量的比重提高到 45.68%，比 2012 年提高 29.8 个百分点（见图 2）；2021 年，宁夏新能源发电量达 464.5 亿千瓦时，占总发电量的比重为 23.3%，新能源利用率达 97.5%，位居西北第一。在产非水可再生电力消纳连续多年超过 20%，位居全国第三。2019 年，宁夏成为国内首个风、光发电负荷超过用电的省区。2020 年，清洁能源产业被确定为自治区的重

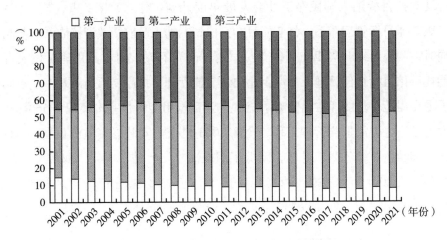

图1 2001~2021年宁夏三次产业构成情况

资料来源:《宁夏统计年鉴2021》。

点产业之一。2021年12月,国家发展改革委、国家能源局出台了《关于支持宁夏能源转型发展的实施方案》,这也是国家发展改革委、国家能源局第一次专门为一个省区出台能源转型发展的支持政策。

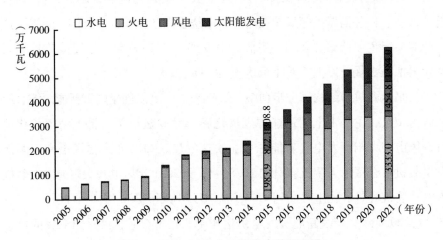

图2 2005~2021年宁夏发电装机容量

资料来源:《宁夏统计年鉴2021》。

（三）重点领域节能持续推进

工业领域。工业是宁夏能源消耗的主要领域，也是落实绿色低碳发展政策措施的重点行业。近年来，宁夏以"控"为主，严格控制传统落后产能增量，调整、优化存量，强化技改和能源替代，一定程度上抑制了高耗能行业扩张，提高了能源综合利用效率。一是完善法规，从源头抬高行业准入门槛，对新上投资项目进行"能评""环评"，否决了一批高耗能、高排放工业项目。"十三五"以来，宁夏累计实施自治区级以上重点节能技改工程127 项，实现节能量 160 万吨标准煤。制定淘汰落后和化解过剩产能方案及退出清单，累计化解过剩产能 773 万吨，淘汰落后产能 807 万吨，整治"散乱污"工业企业 1495 户，处置"僵尸企业"234 户，127 户企业退出市场。二是对新增产能进行产能置换，提高能源利用效率。实施"工业对标提升十大行动"，累计完成 1046 家工业企业对标任务，认定对标标杆企业 64 家。三是注重节能减排技术改造。将所有发电设备进行脱硫、除尘改造，对污水进行处理回收，减少污染物排放。加快实施重大节能技改项目，建成国家和自治区级绿色园区 10 家、绿色工厂 60 家、绿色产品 18 个，国家绿色制造系统集成项目 4 个，全区电解铝、火力发电等重点耗能产品单位能耗持续下降，绿色制造体系初具规模。①

建筑领域。"十三五"以来，宁夏先后出台了《宁夏建筑产业化"十三五"规划》《宁夏绿色建筑发展条例》《宁夏回族自治区绿色建筑示范项目资金管理暂行办法》《宁夏绿色建筑设计标准》等政策文件。扎实推进全区绿色建筑行动，新建建筑节能标准执行率达到 100%，累计完成既有建筑节能改造约 2350 万平方米②，新增绿色建筑 2556 万平方米，新型墙体材料应用比例达到 90% 以上，累计建设装配式建筑面积近 400 万平方米，建成 24家自治区级建筑产业化生产基地，实施 22 项可再生能源建筑应用试点示范

---

① 《宁夏"十三五"节能降耗成效显著》，《宁夏日报》2020 年 7 月 1 日。
② 《宁夏"十三五"节能降耗成效显著》，《宁夏日报》2020 年 7 月 1 日。

项目，发布 17 个绿色建材产品目录公告。

交通领域。"十三五"以来，宁夏先后制定出台《贯彻落实〈推进运输结构调整三年行动计划（2018~2020 年）〉实施方案》，加快推进集约高效综合交通运输体系建设，推广甩挂运输等先进组织模式，提高多式联运比重。铁路货运周转量占比提高到 19.6%。推动开展绿色交通建设，开展"车、船、路、港"千家企业低碳交通运输专项行动，鼓励发展新能源等节能环保的新型运力。推进新能源交通体系建设，全区道路运输行业天然气、双燃料及新能源汽车达到 2.59 万辆①，新能源公交车在公交车中占比达到 38%。银川市被交通运输部命名为"国家公交都市建设示范城市"，中卫市沙坡头区、固原市西吉县被交通运输部列入第一批城乡交通运输一体化示范县行列。

公共机构领域。宁夏制定了《宁夏公共机构节约能源资源"十三五"规划》，深入开展节约型公共机构示范单位创建和能效领跑者遴选工作，"十三五"累计创建节约型示范单位 115 家②，6 家公共机构获得能效领跑者称号，培训公共机构能源资源消费统计人员累计 1600 余人。

（四）节能政策和节能审查、监察落实力度持续加大

"十三五"以来，宁夏制定出台了《自治区差别电价征收和使用管理暂行办法》，对 26 家企业的淘汰类、限制类装置实施差别电价。对电解铝、电石、铁合金等 8 个行业实行差别电价政策，对钢铁、水泥、电解铝等行业落实阶梯电价政策。全面实施居民生活阶梯电价和阶梯气价政策，积极推进落实供热计量收费政策。加大财税支持力度。自治区财政安排节能专项资金 11.16 亿元，支持节能重点工程和能力建设。认真落实支持节能的优惠税收政策，共减免税收 20.14 亿元。与此同时，为了加大节能审查和监督力度，宁夏先后出台了《自治区固定资产投资项目节能审查管理办法》，强化能耗

---

① 《宁夏"十三五"节能降耗成效显著》，《宁夏日报》2020 年 7 月 1 日。
② 《宁夏"十三五"节能降耗成效显著》，《宁夏日报》2020 年 7 月 1 日。

前置控制；将固定资产投资项目节能审查纳入在线审批监管平台管理。逐步健全工作机制，实现"事前有审查""事中事后有监管"，对没有通过节能审查验收的项目，一律不允许投产，实现项目能耗的闭环管理。进一步强化地方各级人民政府的节能管理责任，地级市、重点工业县（区）节能监察机构实现全覆盖，建立了区、市、县（区）三级节能监察执法体系。扎实开展节能执法监察，每年组织对重点行业、重点工业企业开展重大工业节能专项监察，有力推动企业节能降耗。严格执行节能价格政策。

二 "双碳"目标下宁夏绿色低碳发展面临的挑战和机遇

宁夏作为西部欠发达地区，既有区位、能源、特色产业等优势，又面临生态极度脆弱等挑战；既有宁东能源化工基地、引黄灌区等发展基础较好地区，又面临繁重的巩固脱贫攻坚成果任务；既有产业转型升级的广阔空间，又存在碳排放强度居高不下、生态修复难度大等突出短板，[①] 使得宁夏在推动绿色转型发展中既面临重大挑战，同时也有机遇可抓。

（一）"双碳"目标下宁夏绿色低碳发展面临的挑战

当前，宁夏正处于工业化的中前期、城镇化的提升期、信息化的初创期阶段，能源结构偏煤、产业结构偏重、资源利用效率偏低的特征十分突出，二氧化碳排放量在一定时间里还会有所增加，短期内碳减排会给经济社会发展带来诸多挑战和压力。

1.经济发展基础薄弱，实现"双碳"目标难度大

近20年来，宁夏地区生产总值在波动中呈现增长的态势，2001~2010年，GDP增长率在波动中提高，2010年后GDP增长率有所下降，在"十二五"和"十三五"期间增速持续放缓。到2021年，宁夏实现地区生产总值

---

① 杨晓秋：《黄河奔腾，幸福写入胸怀间》，《宁夏日报》2022年4月29日。

4522. 31 亿元, 按不变价格计算, 比上年增长 6. 7% (见图 3), GDP 总量位居全国第 29; 人均 GDP 为 6. 28 万元, 位居全国第 20, 低于全国平均水平, 经济发展基础仍较为薄弱, 是典型的欠发达地区。"双碳"目标的实现, 将不可避免地对相关产业造成巨大冲击, 进而导致经济效益下降和产能过剩, 这会给宁夏的财政收入带来巨大影响。①

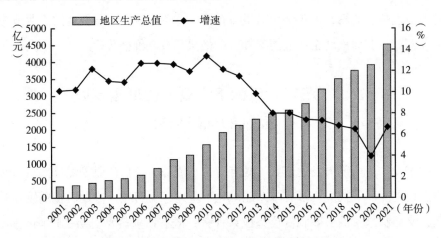

图 3　2001~2021 年宁夏地区生产总值及增长率

资料来源:《宁夏统计年鉴 2021》。

2. 能源生产消费持续增长, 高碳能源结构转型压力大

宁夏能源生产和消费主要以传统化石能源煤炭为主, 绿色能源和绿色电力的生产和消费比重不高, 直接导致能耗高, 碳排放强度也较大, 实现"双碳"目标面临较多难题。

首先, 从能源生产总量情况来看, 2020 年, 宁夏一次能源生产总量为 6352 万吨标准煤, 较 2015 年增长了 13%, 较 2001 年增长了 3. 76 倍, 处于波动性增长的阶段 (见图 4)。从能源生产结构来看, 突出表现为以煤为主的特征, 2021 年, 宁夏规模以上原煤产量达到 8632. 9 万吨, 较 2015 年增长了 8. 2%, 较 2001 年增长了 4. 3 倍 (见图 5)。

---

①　白永秀等:《双碳目标提出的背景、挑战、机遇及实现路径》,《中国经济评论》2021 年第 5 期。

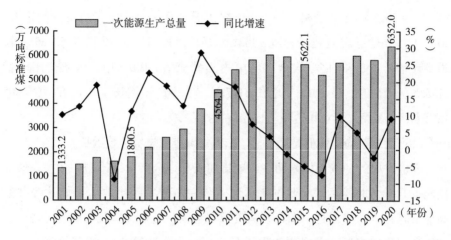

图4　2001～2020年宁夏一次能源生产总量及增长情况

资料来源：《宁夏统计年鉴2021》。

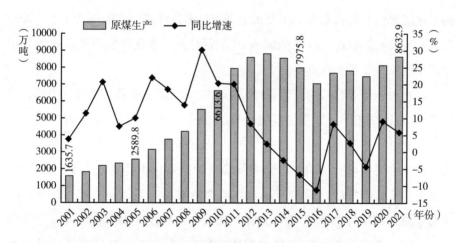

图5　2001～2021年宁夏原煤生产量及增长情况

资料来源：《宁夏统计年鉴2021》。

　　其次，从能源消费来看，2020年，宁夏能源消费总量为7933万吨标准煤，较2015年增长了46%，较2001年增长了4.15倍。其中，煤炭消费占全区能源消费总量的81.7%，非化石能源消费占比10.4%；六大高耗能行业能耗占全区总能耗的83%；2020年全区单位GDP能耗为2.26吨标准煤/万元

（GDP 为 2015 年不变价格），比 2015 年上升 7.05%。从煤炭消费方面来看，2020 年，宁夏煤炭消费量达到 14628.8 万吨，较 2015 年增长了 63.8%，较 2005 年增长了 3.46 倍。从全社会电力消费来看，2021 年，全社会用电量 1158.5 亿千瓦时，较 2015 年增长 31.7%，较 2005 年增长了 2.8 倍。自 2005 年以来，宁夏第二产业用电量占比始终保持在 90% 左右。

3. 产业结构倚重倚能特征明显，二氧化碳排放总量持续增长

经济发展的一般规律表明，碳减排曲线与地区产业结构密切相关，通常情况下，一个地区第三产业占比达到 70% 左右时，碳排放才开始达峰并逐渐呈下降趋势。宁夏是一个典型的资源型地区，受资源禀赋约束，经济增长对能源消费依赖强，实现"双碳"目标压力大。2021 年，宁夏的第三产业占比仅为 47.2%，比重低于全国平均水平 6.1 个百分点，第二产业比重高于全国 5.3 个百分点，尚处于工业化的中前期，依然是依赖高碳的一种产业结构。从能源消费结构来看，宁夏煤炭消费比重持续高于全国平均水平，2020 年，宁夏煤炭消费比重高于全国 24.9 个百分点，非化石能源消费比重低于全国平均水平 5.5 个百分点。

正是由于产业结构的倚重倚能，宁夏二氧化碳排放总量持续处于增长的阶段。最近 10 年间，宁夏二氧化碳排放总量从 2010 年的 9882 万吨增长至 2020 年的 19985 万吨，年均增长 7.3%。从供给侧来看，能源活动是二氧化碳排放的主要领域，2020 年，宁夏能源活动二氧化碳排放量为 17150 万吨，占全区二氧化碳排放总量的 86%。从消费侧来看，工业是二氧化碳排放的主要领域，2020 年，宁夏工业消费二氧化碳排放量为 18246 万吨（含工业生产过程、其他能源加工转换过程碳排放），占全区二氧化碳排放总量的 91%。从二氧化碳排放的主要来源来看，电力行业、化工行业、建材行业、冶金行业位居行业前四。2020 年，全区单位 GDP 碳排放量为 5.69 吨/万元（GDP 为 2015 年不变价格），宁夏碳排放强度是全国平均水平的 4.95 倍，居全国第一位。

4. 各地区碳减排难度差异较大，碳减排工作主动性不足

宁夏各地区资源禀赋、经济基础、发展阶段差异较大，部分地区的经济

发展与节能降碳存在较大矛盾，尤其是石嘴山、吴忠和中卫的经济发展和民生福祉都在很大程度上依托能源资源，要在2030年前实现碳达峰难度较大。其中，石嘴山市位于宁夏北部，既是老工业城市，又是资源枯竭型城市，是宁夏乃至全国重要的煤炭、化工、医药基地，也是全区乃至全国的重要资源基地，为国家经济社会发展作出了突出贡献。目前，由于面临资源枯竭，正处在转型的关键时期，产业结构依重依能的特征十分严重，2021年，石嘴山市的三次产业构成为6.1∶52.1∶41.8，其中第二产业占比高于全区平均水平7.4个百分点，轻重工业的比重为1.9∶98.1，重工业比重高于全区平均水平17.1个百分点。吴忠和中卫的农业资源优势突出，是全区农业发展的高地，这也使得这两个地区工业化和城镇化进程相对滞后于全区平均水平（见表1）。与此同时，由于一些地区和单位对实现碳达峰碳中和目标的紧迫性认识还存在一些偏差甚至是误区，有的认为离实现"双碳"目标为时还早，有的认为实现碳达峰碳中和目标会影响本地区经济发展，只看到困难，在推进工作过程中存在着决策不主动、创新不积极，对低碳高效绿色发展形势研判不充分、降碳减排缺乏抓手等一系列问题。

表1　2021年宁夏及各地市主要指标情况

单位：元，%

地区	人均GDP	三次产业结构	常住人口城镇化率
全区	62549	8.1∶44.7∶47.2	66.04
银川	78794	3.7∶45.4∶50.9	81.40
石嘴山	81943	6.1∶52.1∶41.8	79.55
吴忠	54933	13.6∶49.2∶37.2	56.68
中卫	47083	14.9∶42.8∶42.3	50.57
固原	32733	17.1∶21.5∶61.4	44.43

资料来源：宁夏回族自治区及银川、石嘴山、吴忠、中卫、固原《2021年国民经济和社会发展统计公报》。

5. 碳排放统计核算体系不完善，缺乏对实现"双碳"目标的有效支撑

碳排放核算数据不准确直接影响科学决策的出台，同时数据造假行为严

重影响碳市场的公平性，不利于"双碳"目标的达成。虽然目前我国已初步建立了碳排放统计核算方法体系，但从宁夏的实际执行情况来看，难度比较大，尤其是对碳排放量的实测尚未应用。其主要原因，一是碳核算方法的精确度不足，无法正常开展，不能准确、全面、快速反映企业生产装备工艺更新改造、技术更新换代、产能规模变化等情况对实际碳排放总量的影响。二是碳核算标准边界模糊。由于核算边界不一致，数据来源不统一等问题突出，为企业运用各种核算规则实现对数据的操纵提供可乘之机，难以真正实现公平公正和公开透明。三是企业和第三方碳核算、核查机构存在数据造假的动机。

6. 绿色低碳的消费方式尚未形成，消费端减碳困难多

近年来，宁夏出台了不少鼓励绿色消费的政策措施，绿色消费正在走入百姓生活中。但是，应该看到，一些制约低碳消费的短板有待破除。一是公众绿色低碳消费的意识比较淡薄，公众高度认可绿色消费的重要性，但在实践中经常做到绿色消费的公众不足一半，践行度相对较低，绿色消费意识和行动存在较大差距。二是消费者识别绿色产品的能力有限。根据调查来看，大量的消费者认为阻碍自己购买绿色产品的主要原因是"不知道哪些是绿色产品，缺乏推荐信息、市场管理不到位和绿色产品质量没保证"。三是绿色低碳消费政策激励不够，突出表现在消费者对中等能耗家电、大排量汽车的消费仍然占有较大的比例，政府绿色采购占比还不高。

7. 生态极度脆弱，生态碳汇能力有限

生态碳汇是通过植树造林、植被恢复等措施吸收大气中二氧化碳的过程，同时还增加了草原、湿地、海洋等生态系统对碳吸收的贡献，以及土壤、冻土对碳储存碳固定的维持，强调各类生态系统及其相互关联的整体对全球碳循环的平衡和维持作用。[①] 然而，由于宁夏生态环境脆弱，生态碳汇能力十分有限，2021 年，宁夏森林覆盖率比全国平均水平低 7 个百分点以

---

① 王国胜等：《陆地生态系统碳汇在实现"双碳"目标中的作用和建议》，《中国地质调查》2021 年第 4 期。

上；荒漠化土地占全区面积的53%，是全国平均水平的近2倍；天然草原中仍有90%以上存在不同程度的退化；生态系统对二氧化碳排放的汇集仅占碳排放总量的1%。

（二）"双碳"目标下宁夏绿色低碳发展的重大机遇

据相关测算，实现"双碳"目标，需要持续加大对低碳零碳负碳技术和"双碳"产业的投资，预计全国将撬动70万亿元绿色产业投资机会。"双碳"目标下，必将掀起新一轮区域竞争，对于具有得天独厚的风、光、土优势的宁夏，面临弯道超车的良好机遇。

1. 为新能源产业发展带来新机遇

在"双碳"目标下，新能源产业迎来了政策红利，这将为宁夏新能源产业发展带来巨大的发展空间。宁夏处于我国三大自然区域的交会、过渡地带，蕴含丰富的风能、太阳能资源，具有显著的资源优势和区位优势，[1] 以及建立高比例可再生能源体系的基础条件。一是"西电东送"提升全区新能源电力消纳水平。近5年来，宁夏新能源发电量从116亿千瓦时增加到323亿千瓦时，新能源利用率从88%提升至97.6%，新能源消纳水平位居全国前列，宁夏每发5度电中，就有1度是新能源电力。二是拉动宁夏新能源数字经济产业快速发展。宁夏作为国家算力枢纽节点，具备建设数字经济体系的天然能源优势，数据运营中心作为耗电大户，东部地区由实现"双碳"目标带来的用电成本的增加，会催生数据运营中心向西部转移。按照宁夏数字经济发展战略规划，积极开展"东数西算"工程建设，实现数据引流物资流、人才流、技术流、资金流，助力实现全区数字经济产业发展和"双碳"目标的实现。

2. 为优化国土空间布局带来契机

宁夏的土地资源质量差、利用率低，国土绿化任务十分繁重，但又承担着国家生态安全、粮食安全的重大使命。在"双碳"目标下，宁夏可以充

---

[1] 钟当书：《宁夏电网新能源高效消纳技术》，《产业科技创新》2020年第32期。

分利用加强国土绿化和夯实农业基础地位的政策机遇，通过完善市场激励机制，开展大规模的国土绿化和生态修复，以此优化全区国土空间布局。一是为盘活全区土地资源带来机遇。宁夏是全国未利用土地比例较高的省区之一。"十三五"时期，宁夏完成造林687.48万亩、防沙治沙598.8万亩、退化草原补播改良216万亩。"十四五"时期，宁夏可以通过继续采取封山育林、人工造林、飞播造林、种草改良等措施，提升生态系统质量，为绿水青山转化为金山银山奠定坚实的基础。二是为提升全区粮食生产能力带来机遇。宁夏河套平原是国家重要粮食主产区，通过提升碳汇能力而修复的大量土地，可以有效提升宁夏的粮食产能和重要农产品的供给能力。

3. 为改革创造巨大推动力

实现"双碳"目标，需要我们更快推进许多方面的改革。过去我们有一些方面的改革还是比较困难的，比如说电力市场的改革。早在2016年，宁夏是国家发改委、国家能源局确定的全国电力体制综合改革试点地区，经过多年的改革探索，积累了一定的经验。实现"双碳"目标为电力体制改革创造了巨大的推动力。通过持续深化电力体制改革，可以有效推动能源市场更加高效率地运行，使企业的准入门槛更低，竞争更加充分，资源配置也更多地由市场来决定，这样就为更多企业公平竞争创造了更好的条件，也为那些创新做得好的企业能尽快在市场上获得较大的市场份额创造比较好的条件。因此，对于在绿色能源、绿色技术方面有优势的企业来说，"双碳"目标的实现所创造的更加完善的市场条件，会为这样的企业提供更好更多的机遇。

三　碳达峰目标下宁夏绿色低碳发展目标

实现碳达峰碳中和不是一个可选项，而是必选项。对于宁夏而言，需要关注影响碳达峰碳中和目标实现的关键因素，充分考虑不同行业实现碳达峰碳中和的难易程度，科学设定"双碳"目标下宁夏绿色低碳的发展目标。

（一）宁夏二氧化碳排放量分析

通过查找《宁夏统计年鉴》中的能源数据，可以获得 2000~2020 年宁夏主要能源，包括煤炭、石油、天然气及水电等其他能源的消费量。参照《IPCC 国家温室气体排放清单指南》（2006），采用的碳排放计算公式如下：

$$C = \sum_{i=1}^{n} E_i \times K_i$$

式中：C 表示碳排放总量，E_i 表示第 i 种能源的消费量，K_i 表示第 i 种能源的碳排放系数，i 代表煤炭、石油、天然气和其他能源（水电、风电及其他能源发电）。本报告选取国家发展和改革委员会能源研究所制定的能源碳排放系数进行计算，煤炭、石油、天然气、其他能源（水电、风电、核电等）的碳排放系数分别为 0.7476t/tec、0.5825t/tce、0.4435t/tce 和 0t/tce，从而算出历年宁夏碳排放总量，用碳排放总量除以年底人口数量得到人均碳排放量，用碳排放总量除以年度生产总值得到碳排放强度（见表 2）。

表 2　2000~2020 年宁夏各类能源消耗量及碳排放总量

年份	能源消耗总量（万吨标煤）	碳排放总量（万吨）	人均碳排放量（吨）	碳排放强度（吨/万元 GDP）
2000	1518.6	1092.59	1.97	3.70
2001	1578.8	1137.08	2.02	3.37
2002	1771.1	1276.66	2.23	3.38
2003	1986.5	1429.37	2.46	3.23
2004	2249.9	1617.04	2.75	3.11
2005	2470.4	1768.94	2.97	3.05
2006	2762.7	1980.91	3.28	2.90
2007	3014.7	2159.77	3.54	2.46
2008	3183.3	2263.90	3.67	1.99
2009	3307.2	2358.25	3.77	1.86
2010	3679.8	2625.54	4.15	1.67
2011	4719.9	3380.00	5.22	1.75
2012	4895.2	3466.69	5.26	1.63

续表

年份	能源消耗总量 （万吨标煤）	碳排放总量 （万吨）	人均碳排放量 （吨）	碳排放强度 （吨/万元 GDP）
2013	5186.8	3660.11	5.49	1.57
2014	5336.2	3768.13	5.56	1.52
2015	5711.9	4010.69	5.87	1.55
2016	5787.5	4012.81	5.78	1.44
2017	6798.2	4749.03	6.74	1.48
2018	7530.2	5267.77	7.42	1.50
2019	8166.7	5709.92	7.96	1.45
2020	8581.8	6006.56	8.33	1.53

资料来源：《宁夏统计年鉴》（2001~2021 年）。

（二）宁夏碳排放的主要影响因素

STIRPAT 模型是目前研究碳排放影响因素问题时应用最广泛的模型，可以定量研究碳排放与各影响因素之间的关系，该模型是在传统 IPAT 模型的基础上拓展得到的非线性模型，其基本形式为：

$$I = aP^b A^c T^d e$$

式中，I 表示碳排放量，P、A、T 分别表示人口数量、富裕程度和技术水平，a 为常数，b、c、d 分别表示对应变量的弹性系数，e 为模型误差。

本报告在相关学者研究的基础上，结合实际情况，提出影响宁夏碳排放的五个因素，将模型进一步拓展如下：

$$I = aP^b A^c T^d U^f IS^g e$$

两边取对数，可得：

$$\ln I = \ln a + b\ln P + c\ln A + d\ln T + f\ln U + g\ln IS$$

其中，I 表示碳排放量；P 表示人口数量，用年底人口数衡量；A 表示富裕程度，用人均 GDP 衡量；T 表示碳排放强度，用碳排放量占生产总值比重衡量；U 表示城镇化率，用城市人口占总人口比重衡量；IS 表示产业结构，用第二产业产值占 GDP 比重衡量。

另外，a 为常数，b、c、d、f、g 分别表示对应变量的弹性系数，反映各影响因素对碳排放的影响作用大小。其中正负代表影响作用方向，绝对值代表影响作用大小。

通过《宁夏统计年鉴》查找 2000~2020 年相关历史数据，包括人口数量、人均 GDP、碳排放强度、城镇化率、产业结构（见表 3）。

表 3   2000~2020 年宁夏主要经济指标

年份	人口 （万人）	人均 GDP （元）	碳排放强度 （吨/万元 GDP）	城镇化率 （%）	第二产业占比 （%）
2000	554.32	5376	3.70	32.54	45.20
2001	563.22	6039	3.37	33.32	45.03
2002	571.54	6647	3.38	34.20	45.9
2003	580.19	7686	3.23	36.92	49.8
2004	587.71	8904	3.11	40.60	52.0
2005	596.20	9796	3.05	42.28	46.4
2006	603.73	11389	2.90	42.96	49.2
2007	610.25	14458	2.46	44.02	50.8
2008	617.69	18554	1.99	44.98	52.9
2009	625.20	20382	1.86	46.10	48.9
2010	632.96	24984	1.67	47.96	46.6
2011	647.94	30161	1.75	50.20	47.6
2012	659.13	32609	1.63	51.15	46.5
2013	666.37	35135	1.57	52.84	45.5
2014	678.12	36815	1.52	54.82	45.00
2015	683.56	37876	1.55	56.98	43.30
2016	694.61	40339	1.44	58.74	42.40
2017	705.08	45718	1.48	60.95	43.9
2018	709.54	49614	1.50	62.15	42.4
2019	716.93	52537	1.45	63.63	42.3
2020	720.93	54528	1.53	64.96	41.04

资料来源：《宁夏统计年鉴》（2001~2021 年）。

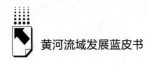
将人口数量、人均 GDP、碳排放强度、城镇化率、产业结构作为自变量，碳排放总量作为因变量，运用相关模型对碳排放量与各影响因素关系进行拟合，得出对宁夏碳排放量影响程度从大到小的因素分别是常住人口和城镇化率、产业结构、人均 GDP、碳排放强度。

（三）影响宁夏碳排放因素预期指标的分析

1. 常住人口和城镇化率

2021 年宁夏的常住人口城镇化率为 66.04%，综合预测，"十四五""十五五""十六五"时期，宁夏常住人口分别达到 750 万、780 万、800 万，常住人口城镇化率分别为 69%、71%、75%。据此测算，到 2030 年，宁夏由人口总量增加，常住人口城镇化率提高而带来的碳排放总量会增加 15 万吨。

2. 三次产业增加值增长速度

综合预测，"十四五""十五五""十六五"时期宁夏的第三产业增加值增速分别为 6.5%、7.5%、7%，第一产业增加值增速保持 4% 不变，第二产业增加值增速分别为 5.8%、6.9%、6.2%。据此测算，到 2030 年，宁夏由三次产业结构的优化带来的碳排放总量将降低 525 万吨。

3. 经济增速

根据近 20 年宁夏的经济增长速度，充分考虑未来经济发展潜力，据相关部门测算，"十四五""十五五""十六五"时期，宁夏的地区生产总值年均增速分别为 6%、7%、6.5%。据此测算，到 2030 年，宁夏由经济增长而导致的碳排放总量将会增加 1200 万吨。

4. 能耗强度

"十四五"期间，国家下达给宁夏的能耗强度下降指标为 15%。综合预测，"十五五""十六五"能耗强度分别下降 13.5%、16.5%。据此测算，到 2030 年，宁夏由能耗强度下降会带来碳排放总量下降 450 万吨。

5. 可再生能源装机总量

综合预测，"十四五""十五五""十六五"时期宁夏可再生能源装机分别达到 5064 万千瓦、7524 万千瓦、10578 万千瓦以上。据此测算，到 2030 年，宁夏由可再生能源装机总量增加而带来的碳排放总量将会下降 1390 万吨。

（四）宁夏碳达峰目标实现的预测结果

根据以上对重点影响因素预期指标的测算，全区的二氧化碳排放量在"十五五"时期有望得到显著控制，并在 2030 年达到峰值，二氧化碳排放量为 2.39 亿吨。从分行业情况来看，到 2030 年碳达峰时，全区二氧化碳排放来源中，电力行业（发电、供热）占排放总量的 55.2%，化工行业占排放总量的 26.3%，建材行业和冶金行业分别占排放总量的 6.5% 和 5.6%。

（五）科学确定宁夏绿色低碳发展的阶段性目标

1. 宁夏实现碳达峰碳中和总体目标

根据以上的测算，宁夏实现碳达峰碳中和的总体目标基本上与国家整体情况同步，即到 2025 年，绿色低碳循环发展的经济体系初步形成，奠定碳达峰碳中和坚实的基础；到 2030 年碳达峰时，经济社会发展全面绿色转型取得显著成效，二氧化碳排放量顺利实现达峰；到 2060 年时，绿色低碳循环发展的经济体系和清洁低碳安全高效的能源体系全面建立，能源利用效率达到国际先进水平，非化石能源消费比重达到 80% 左右，碳中和目标顺利实现。[①]

2. 碳达峰阶段宁夏绿色低碳发展的目标

依据上述宁夏实现碳达峰碳中和的总体目标，可将碳达峰阶段宁夏绿色低碳发展的目标分为两个阶段（见表 4）。

---

① 《中共中央 国务院关于完整准确全面贯彻新发展理念做好碳达峰碳中和工作的意见》，《资源再生》2021 年第 10 期。

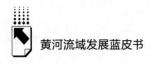
表 4　宁夏碳达峰阶段（2021~2030 年）绿色发展目标

指标任务	现状 2020 年	第一阶段 到 2025 年	第二阶段 到 2030 年
三次产业结构	8.6∶41.0∶50.4	6.7∶40.3∶53	5.8∶39.2∶55
能耗强度（GDP 为 2015 年不变价格）	2.26 吨标准煤/万元	比 2020 年下降 15%	比 2025 年下降 13.5%
碳排放强度（GDP 为 2015 年不变价格）	5.69 吨/万元	比 2020 年下降 16%	比 2025 年下降 20%
煤炭消费占比	81.7%	80%	73%
非化石能源消费 占比	10.4%	15%	20%
新能源装机	风电 1376 万千瓦 太阳能发电 1197 万千瓦	风电 1750 万千瓦 太阳能发电 3250 万千瓦	风电 2450 万千瓦 太阳能发电 5000 万千瓦
生态碳汇	森林覆盖率 15.8% 森林蓄积量 995 万立方米	森林覆盖率 20% 森林蓄积量 1195 万立方米	森林覆盖率 21% 森林蓄积量 1395 万立方米

四　"双碳"目标下宁夏实现绿色低碳发展的路径选择

实现"双碳"目标，推动全面绿色低碳发展不仅仅是生态环境问题，更是一场深刻的社会性变革，需要我们坚持系统观念，把碳达峰碳中和纳入经济社会发展全局，切实改变过多依赖高投入、高消耗、高排放的粗放型经济发展方式，促进传统的"大量生产、大量消耗、大量排放"生产模式和消费模式的深刻变革，坚定不移走生态优先、绿色低碳发展道路，着力推动经济社会发展全面绿色转型。

（一）在调整产业结构中全面"减碳"

1. 大力推进产业结构优化升级

严格执行国家《产业结构调整指导目录》各行业准入条件，加大落后产能淘汰力度，坚决遏制"两高"项目盲目发展。加快制造业转型升级。加快实施钢铁、焦化、铁合金、水泥、电石等行业绿色化改造，建设绿色制造体系。支持煤制油气等现代煤化工企业建立一定规模的产能储备，提升抗风险能力，促进行业健康可持续发展。加快建设国家农业绿色发展先行区，积极推广优质粮食种植，稳定播种面积和产量，加强粮食生产功能区建设与管理，巩固提升粮食综合生产能力。加快发展枸杞、畜牧、瓜菜、葡萄等特色优势产业。建设国家葡萄及葡萄酒产业开放发展综合试验区，建成全国优质酿酒葡萄种植、繁育基地和中高端酒庄酒生产基地。

2. 全力推动传统产业全面绿色低碳转型

贯彻落实党中央、国务院关于碳达峰碳中和的重大战略决策部署，以石化、煤炭、电力、有色等传统行业为重点，鼓励采用绿色工艺流程，推广先进节能环保技术，加大节能减排力度，尽早实现超低排放。推进能源、工业、交通、城乡建设等重点领域碳减排，建立节能降碳与产业布局、结构调整、项目建设等的衔接机制。严控传统化工生产能力，稳妥有序发展现代煤化工，支持煤化工产业链向高端化、多元化、低碳化延伸。推动冶金行业短流程改造和清洁能源替代，鼓励氢冶金等先进技术应用，推动钢化联产。推动化工、冶金、有色等行业引进新技术、开发新产品，面向高端新材料等方向延伸产业链、提升价值链。

3. 大力发展绿色低碳产业

一是加快发展战略性新兴产业。加快发展新能源、新材料、新食品、新一代信息技术、生物技术、高端装备、智能及新能源汽车、绿色环保以及航空航天产业。二是全面推动产业数字化。加快制造业数字赋能升级，推动农业数字化转型发展，促进服务业数字化新提升。三是加快推动数字产业化。打造西部电子信息产业高地，加快推动全国一体化算力网络国家枢纽节点（宁夏）建设，布局北斗通信、量子通信安全和第三代半导体硅产业，加快大数据、人工智能、5G等数字技术应用开发，大力发展数据应用场景。四是探索开展二氧化碳资源化利用项目，积极引进企业投资建设包括地质利

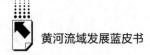

用、生物转化、化学品合成等二氧化碳资源化利用项目，支持企业通过技术创新变废为宝、点"碳"成金。

（二）在能源结构优化中持续"降碳"

1.高水平建设新能源综合示范区

宁夏是国务院确定的新能源综合示范区，要加快推动煤电功能定位转变，通过技术手段和机制引导，逐步实现煤电从主力电源向调峰储备电源、从电量供应主体向电力供应主体的转变；加快推动新型储能发展，在中卫市、吴忠市、宁东基地等地区，建设一批电网区域性共享储能设施。积极开展锂离子电池、压缩空气、液流电池、飞轮储能、钠离子电池等多种新型储能技术研发应用；开展源网荷储一体化和多能互补示范，探索"源网荷储一体化"和"多能互补"开发模式，充分发挥储能调峰、调频和备用等多类效益，创建"绿电园区"，实现新能源充分消纳、绿电高比例替代；优化完善电网基础设施，优化完善宁东、吴忠、中卫等重点区域网架，高质量发展现代配电网，提高配网分布式新能源接入能力；提升电力需求侧响应能力，发挥电解铝、铁合金、多晶硅等电价敏感型高载能负荷的灵活用电潜力，推动工商业可中断负荷、电动汽车充电网络、虚拟电厂等参与系统调节，消纳波动性新能源电力。

2.推动清洁能源融合化发展

推动新能源与交通行业融合发展，鼓励在服务区、加油站等公路沿线合理布局光伏发电设施。推动清洁能源一体化发展，打造光伏全产业链集群化发展新优势，包括硅材料、光伏耗材、辅材等，提升风电装备制造配套能力，包括风机、塔筒、叶片、减速器等。推动新能源与氢能产业融合发展，积极培育氢能、储能产业链，储能包括正负极材料、大容量新型电池等，氢能包括制氢、提纯、储存、运输、加注、燃料电池、氢能汽车等。

3.大幅提升能源综合利用效率

深入开展工业、建筑、交通运输、公共机构等重点领域节能降碳行动，提升数据中心等信息化基础设施能效水平，进一步健全能源管理体系。国家层面：对钢铁、建材、有色、石化、化工等重点领域设定了能效标杆水平和基准水平；对拟建、在建项目，对照能效标杆水平建设实施，推动能效水平应提尽提，力争全面达到标杆水平；对能效低于本行业基准水平的存量项目，引导企业有序开展节能降碳技术改造；对需开展技术改造的项目，要明确时限，在规定时限内将能效改造升级到基准水平以上，力争达到标杆水平；对于不能按期改造完毕的项目进行淘汰。自治区层面：充分运用《高耗能行业重点领域能效标杆水平和基准水平（2021 年版）》等政策工具，形成重点领域项目能效清单对社会公布，进一步细化调整用能、用水、资金奖补、信贷等领域的支持政策，支持企业开展节能降碳改造，推动各地能效低于基准水平的重点领域项目按期应改尽改。

（三）在重点领域发展中加快"消碳"

1. 持续优化交通运输结构

加快推进大宗货物"公转铁"，加快铁路专用线建设，加快城乡客运一体化发展，建设绿色物流体系。加快推广新能源和清洁能源车船，扩大新能源汽车消费，构建便利高效的新能源基础设施网络体系，持续做好高耗能高排放老旧车辆淘汰工作，大力推广节能低碳型交通工具。加快公共交通基础设施建设，推进银川城市轨道交通规划建设，加强自行车专用道和行人步道等城市慢行系统建设，加大城市交通拥堵治理力度，积极引导低碳出行。

2. 推动城乡建设低碳发展

一是促进城乡建设和管理模式低碳转型。在优化新型城镇化空间格局的过程中，合理规划城镇建筑面积发展目标，优化城市空间布局。以智慧城市建设为契机，加快完善统一承载、先进适用的智慧基础设施，扩大智慧政务、智慧城建、智慧民生、智慧产业四大应用领域，稳步提升城市治理水平。二是大力发展节能低碳建筑。加快推动绿色建筑创建行动，支持绿色建筑、装配式建筑、超低能耗建筑、可再生能源应用和建筑产业化基地等示范项目建设。加快推进绿色建材认证和推广应用，逐步提高城镇新建建筑中绿色建材应用比例，大力推广以工业磷石膏、粉煤灰、煤矸石等工业固体废弃物和建筑垃圾再生材料为主的新型墙体材料。三是持续优化建筑用能结构。深入推进可再生能源和新型节能方式在建筑领域的规模化应用，大力推动建筑太阳能光伏分布式、一体化应用，因地制宜开发利用地热能、生物质能、空气源热泵等新型节能方式。

3. 控制农业碳排放活动

加强耕地建设和管理，提高耕地质量。推广测土配方施肥和有机肥替代化肥，促进化肥减量增效。提升秸秆全量化综合利用。发展绿色养殖，积极推进畜禽粪污综合治理，大力推进畜禽粪污综合利用。引导第三方开展粪污专业化处理，重点发展沼气、生物天然气和农用有机肥，控制生物质厌氧发酵产生的甲烷逸散排放。

4. 控制废弃物处理排放

全面建设分类投放、分类收集、分类运输、分类处理的生活垃圾处理系统，支持银川市创建全国生活垃圾分类示范城市。推广使用塑料制品替代产品，鼓励开展无废城市建设。有序推进垃圾焚烧发电厂建设，因地制宜建设小型生活垃圾焚烧设施。建立健全畜禽粪污、农作物秸秆等农业废弃物资源化综合利用和无害化处理体系，推动废弃电器、光伏组件、报废汽车、碳纤维材料、快递包装等废弃物回收利用。加快推进城镇污水处理厂污泥无害化处置和资源化利用，加强人工湿地和污水处理厂甲烷和氧化亚氮等温室气体排放控制。到2025年，地级城市基本建成生活垃圾分类处理系统。

（四）在创新绿色技术中助推"低碳"

1. 加快先进适用技术研发和应用

发挥龙头企业、科技型企业创新主体作用，吸引国内外一流科技创新资源，围绕现代能源化工、新能源、新材料、仪器仪表、现代农牧业等产业领域，深入开展技术研发和科技成果转化应用，促进传统产业提质增效和转型升级。以"绿能开发、绿氢生产、绿色发展"为重点，聚焦能源生产、能源储运、能源消耗全链条的技术需求与瓶颈问题，围绕火电、光伏、风电、氢能、电网等重点领域，明确关键技术攻关、科技成果转化、创新载体建设、创新主体培育等重点任务及对应的保障措施，明确宁夏能源转型发展的技术创新路线图，强调以企业为主体攻关煤炭智能绿色开采、电网优化控制、可再生能源电解水制氢等关键核心技术，转化储能集成、绿氢耦合、二氧化碳捕集利用等先进科技成果。

2. 加强绿色低碳技术创新区域合作

支持在宁夏建设东西部科技合作示范区和协同创新共同体，支持与东部高水平科研院所、高校共建创新平台，深化与京津冀、长三角、粤港澳大湾区等地区创新合作，在人才培养、产业培育、园区共建等方面打造合作示范。加快推进5G、物联网、大数据、云计算等信息基础设施建设，实施"东数西算"工程，打造全国一体化算力网络国家枢纽节点和非实时性算力保障基地。深入开展节水、生态修复、污染治理、绿色农业、循环经济、清洁生产等领域应用研究，形成一批有影响的研究成果，助力宁夏实现绿色低碳发展。

（五）在提升生态系统中有效"固碳"

1. 持续增强生态系统碳汇能力

优化国土空间规划管控，落实主体功能区和生态功能分区定位，严守生态保护红线，严控生态空间占用，严格保护各类重要生态系统。巩固天然林保护、退耕还林还草成果，因地制宜采取封山育林、人工造林、飞播造林、种草改良等措施，以雨养、节水为导向，科学造林育林。推进贺兰山、六盘山水源涵养林建设，加强退化林草修复。实施湿地保护修复工程，抓好科学绿化示范区建设，在宁夏中部干旱风沙区推进乔灌草相结合的防护林体系建设，开展退化林草植被修复，建设黄河上游风沙区宁夏修复站，探索生态保护修复共建机制。实施腾格里沙漠锁边防风固沙工程、毛乌素沙地林草植被质量精准提升工程，强化沙漠沙地边缘生态屏障建设。

2. 创新生态保护修复体制机制

加快建立自然保护地体系，积极创建贺兰山、六盘山国家公园。全面开展绿色勘查和绿色矿山建设。创新生态保护修复投入和利益分配机制，探索利用市场化方式推进矿山生态修复、河道河段治理、国土综合整治。通过特许经营等自然资源产权制度安排,吸引社会资本投入生态保护修复。探索生态产品价值实现形式,创新生态保护补偿机制,加大重点生态功能区转移支付力度。

3. 加快与毗邻地区形成生态保护整体合力

尤其是要推动与黄河流域毗邻地区协同开展生态保护和环境治理,创新合作机制。探索推进黄河流域干支流跨省区横向生态补偿,支持宁蒙合作开展贺兰山生态环境保护恢复。加强跨省区突发生态环境事件联防联控。推行生态保护信息共享,探索建立生态保护信用评价、信息强制性披露等制度,完善环评会商、联合执法、预警应急等区域联动机制。

(六)在完善政策体系中实现"控碳"

1. 根据不同地区分类施策

一是支持银川市率先达峰。支持银川经济技术开发区、苏银产业园做大做强光伏制造产业,形成以光伏硅材料为核心,耗材、辅材和配套设备企业集聚发展的全产业链体系。加快实现经济增长与碳排放的彻底"脱钩"。二是鼓励固原市、吴忠市尽早达峰。以产业结构调整为驱动,广泛布局新能源项目,打造红寺堡区光伏产业园,风电、光电、抽水蓄能等清洁能源发电基地,全力做好新能源并网服务,加快项目接入,促进各类清洁能源实现大跨步发展,积极推动形成规模化清洁能源外送能力。三是引导中卫市、石嘴山市积极实现碳达峰。以石嘴山高新技术产业开发区国家低碳工业园区试点的经验总结与推广工作为契机,以平罗县首朗吉元冶金工业尾气生物发酵法制燃料乙醇综合利用项目为试点,打造区域工业废气综合利用产业集群。围绕风能、光能等新能源产业,高标准建设中宁光伏基地和贺兰山、香山平价风电基地。中卫市依托区位优势和特色旅游资源优势,建设区域物流中心和全域旅游示范城市。

2. 深化银川市、吴忠市国家低碳城市建设试点

落实低碳理念,将低碳发展有机融入城市发展全局,不断提高低碳城市建设水平,将低碳技术融入创新能力建设,持续解决技术、产业与低碳发展

深度融合问题。推进碳达峰和碳中和的创新思维及模式，支持银川市、吴忠市提前达峰，加快形成绿色低碳转型的发展模式和倒逼机制，协同推动经济高质量发展和生态环境高水平保护，做好银川、吴忠低碳发展特色和亮点、经验总结工作，进一步将低碳城市建设成功经验推广至全区，逐步扩大影响力，为全区低碳城市建设提供样板。

3. 推进宁夏开展适应气候变化试点

支持宁夏开展气候适应型城市试点建设，开展城市气候变化影响和脆弱性评估，强化城市气候敏感脆弱领域、区域和人群的适应行动，提高城市适应气候变化能力。深化气候变化领域基于自然的解决方案，有效发挥生物多样性保护、生态环境质量改善和人居环境健康等方面的协同作用，积极开展陆地生态系统、水资源等重点领域生态保护与修复示范工程。持续从城市气候灾害防治、农业气候资源开发利用、水环境改善、森林生态系统、城市人体健康适应性等领域开展重大适应工程试点。

4. 支持宁夏开展降碳投融资试点

研究制定符合宁夏实际的气候投融资试点实施方案，明确合理的气候投融资试点工作目标、重点任务及措施。构建宁夏回族自治区气候投融资标准，识别气候友好项目，建立气候投融资项目库。在鼓励引导宁夏金融机构、第三方机构开展气候投融资产品和服务创新的同时，积极利用国内外气候领域的赠款基金、有偿使用基金、国际捐助资金，促进宁夏"气候友好型"项目的建设。

5. 积极参与全国碳市场建设

主动参与全国碳排放权交易市场建设，严格执行国家制定的碳排放权交易相关制度，加强自治区电力、钢铁、水泥、石化、造纸等七大重点行业碳排放控制与管理。遵循并完善现有的排放数据监测、报送、核查的规范制度，动态更新纳入碳市场企业名单，完成数据上报工作；组织第三方机构开展碳排放核查和复查。实施企业碳资产能力提升行动，切实提高企业碳排放管理水平。强化低碳相关服务机构和重点排放企业信用评价，将评价结果纳入机构与企业信用管理体系，全面规范碳排放交易数据管理、履约交易及绿色融资相关工作。积极利用温室气体自愿减排交易机制，支持、鼓励企业及有关机构、团体和个人开展基于项目的温室气体自愿减排交易活动。明确温室气体自愿减排交易的定位与发展方向，正确发挥政府与企业的作用。建立交易信息披露制度。充分挖掘区内自愿减排量资源，扩大 CCER 市场覆盖范围。

B.8

内蒙古：平衡发展战略和主体功能定位

张学刚　郭启光　邢智仓　海琴*

摘　要： 内蒙古黄河流域是我国重要的能源、化工、原材料和基础工业基地之一，也是内蒙古自治区经济社会发展的核心区域。到2030年前碳达峰、2060年前碳中和，内蒙古黄河流域要准确把握自身战略定位和主体功能定位，制定符合实际、体现特色的"双碳"目标，实施积极稳妥的碳达峰碳中和战略和策略，推进经济社会发展全面绿色低碳转型。

关键词： "双碳"目标　绿色低碳转型　内蒙古黄河流域

一　内蒙古黄河流域节能降碳情况与"双碳"目标设想

（一）工业化阶段的总体判断

科学判断工业化所处阶段是推动经济社会发展全面绿色低碳转型的基本前提。评价一个地区工业化阶段和进程，可以采用人均地区生产总值、三次产业比重、城镇化率等指标进行综合测度。本文根据表1提供的标准和表2提供的数据进行如下判断。一是基于人均GDP的判断。2021年，内蒙古黄

---

* 张学刚，经济学博士，中共内蒙古区委党校（内蒙古行政学院）经济学教研部主任、教授，研究方向为区域经济学；郭启光，经济学博士，中共内蒙古区委党校（内蒙古行政学院）副教授，研究方向为产业经济学；邢智仓，中共内蒙古区委党校（内蒙古行政学院）助理研究员，研究方向为生态经济学；海琴，经济学博士，中共内蒙古区委党校（内蒙古行政学院）副教授，研究方向为区域经济学。

河流域地区生产总值14098.7亿元，人均地区生产总值113759.4元，折算成2004年美元是3757.5美元。按照提供的标准，内蒙古黄河流域正处在工业化中期阶段。二是基于GDP的三次产业比重的判断。2021年，内蒙古黄河流域第一产业、第二产业、第三产业占GDP比重分别为5.8%、50.7%、43.5%。按照提供的标准，内蒙古黄河流域已经进入工业化后期阶段。三是基于第二产业结构的判断。根据库兹涅茨倒"U"形理论等，当一个地区第二产业占GDP比重和工业占GDP比重分别达到20%和5%时，则该地区进入工业化初期阶段；如果占比分别提高到40%和20%，则该地区进入工业化中期阶段；如果占比分别提高到60%和30%，则该地区进入工业化后期阶段。2021年，内蒙古黄河流域第二产业增加值占GDP比重和工业增加值占GDP比重分别为50.7%和33.2%。按照提供的标准，内蒙古黄河流域大致处在工业化中期且接近工业化后期阶段。四是基于工业内部结构的判断。2020年，内蒙古黄河流域的轻重工业总产值之比大约在0.1左右。按照提供的标准，内蒙古黄河流域处在后工业化阶段。五是基于城镇化水平的判断。2021年，内蒙古黄河流域常住人口城镇化率为76.9%。不难看出，按照不同标准，得出的结论有所不同。根据该地区常住总人口较少、户籍人口城镇化率水平较低、工业内部单一化重型化低端化特征明显、要素市场化配置程度不高等实际情况，综合判断内蒙古黄河流域目前正处在工业化中后期。

表1 工业化不同阶段的标志值

主要指标	前工业化阶段	工业化实现阶段			后工业化阶段
		工业化初期	工业化中期	工业化后期	
人均GDP（2004年美元）	720~1440	1440~2880	2880~5760	5760~10810	10810以上
三次产业产值结构	第一产业>第二产业	第一产业>20%，且第一产业<第二产业	第一产业<20%，且第二产业>第三产业	第一产业<10%，且第二产业>第三产业	第一产业<10%，且第二产业<第三产业

续表

主要指标	前工业化阶段	工业化实现阶段			后工业化阶段
		工业化初期	工业化中期	工业化后期	
第二产业增加值占 GDP 比重(%)	20%以下	20%~40%	40%~60%	60%以上	—
工业增加值占 GDP 比重(%)	5%以下	5%~20%	20%~30%	30%以上	—
轻重工业比例	>6	6~4	3.5~1.5	1.5~0.5	0.5以下
第一产业就业人员占比(%)	60%以上	45%~60%	30%~45%	10%~30%	10%以下
城镇化率(%)	30%以下	30%~50%	50%~60%	60%~75%	75%以上

资料来源：陈佳贵、黄群慧、钟宏武等《中国地区工业化进程的综合评价和阶段性特征》，《经济研究》2006 年第 6 期。

表 2　内蒙古黄河流域各盟市 2021 年经济社会发展主要指标

盟市	人均 GDP（2004 年美元）	产业结构状况(%)	第二产业占 GDP 比重(%)	工业增加值占 GDP 比重(%)	常住人口城镇化率(%)	轻重工业产值比（2020 年）
乌海市	4253.2	0.9∶71.1∶28.0	71.1	67.2	95.9	0.00
呼和浩特市	2967.0	4.4∶33.7∶61.9	33.7	21.2	79.7	0.66
包头市	4007.5	3.5∶47.7∶48.8	47.7	29.2	86.7	0.03
鄂尔多斯市	7204.4	3.1∶65.3∶31.6	65.3	40.8	78.1	0.01
巴彦淖尔市	2118.7	24.9∶33.4∶41.7	33.4	21.3	60.6	0.40
乌兰察布市	1779.3	16.5∶41.5∶42.0	41.5	31.3	60.8	0.05
阿拉善盟	4547.0	5.4∶62.2∶32.4	62.2	42.3	82.6	0.05
总计	3757.5	5.8∶50.7∶43.5	50.7	33.2	76.9	0.09

资料来源：根据 2021 年各盟市《经济社会发展统计公报》和《内蒙古统计年鉴（2020）》相关数据整理。其中，轻重工业比用 2020 年数据计算。

（二）节能降碳的成效和问题

1.节能降碳取得的主要成效

近年来，内蒙古黄河流域坚定不移走生态优先、绿色发展为导向的高质量发展新路，单位 GDP 能耗从 2020 年以来总体呈缓慢下降态势，部分盟市能源消费总量开始下降，能耗"双控"和"双碳"工作正在取得明显进展。

一是全面落实自治区各项决策部署。按照《内蒙古自治区节能减排"十三五"规划》《内蒙古自治区"十三五"节能降碳综合工作方案》《关于加强和改进能耗"双控"工作若干措施》《内蒙古自治区能耗"双控"突出问题整改方案》工作安排，落实能耗"双控"和降碳目标责任，明确重点领域工作任务，狠抓问题整改，坚决遏制"两高"项目盲目发展。

二是实施重点领域节能降碳行动。落实《关于内蒙古自治区严格能效约束推动重点领域节能降碳工作的实施方案》，重点围绕石油煤炭及其他燃料加工业、化学原料和化学制品制造业、非金属矿物制品业、黑色金属冶炼和压延加工业、有色金属冶炼和压延加工业等五大行业和大数据中心，严格能效约束，重点用能单位能耗在线监测系统建成投运。2021 年，呼和浩特市、包头市、乌兰察布市、巴彦淖尔市规模以上工业综合能源消费量分别同比下降 9%、0.1%、10.7%、5%。

三是推进产能淘汰和节能改造。"十三五"时期，呼和浩特市全面启动"煤改电""煤改气"；鄂尔多斯市淘汰燃煤小锅炉 507 台，完成 79 台燃煤机组 1775 万千瓦超低排放改造；乌海市全部完成燃煤发电机组超低排放改造。

四是强化耗能、排碳源头管控。落实《内蒙古自治区固定资产投资项目节能审查实施办法》《关于进一步加强固定资产投资项目节能审查工作的通知》《关于提高部分行业建设项目准入条件的规定》，健全项目节能降碳审查制度，分类实施差别化审查政策，实行"两高"项目缓批限批，提高项目准入门槛，控制新增产能。

五是优化能源结构。2021 年，包头市并网风电装机容量 461.4 万千瓦，并网太阳能发电装机容量 174.2 万千瓦，同比增长 0.6% 和 12.1%；乌兰察布市风电装机容量累计达 577 万千瓦，太阳能发电装机容量累计达 158 万千瓦；巴彦淖尔市新能源发电量 115.8 亿千瓦时，占规模以上工业发电量的比重达到 50.1%；阿拉善盟风力发电量 17.8 亿千瓦时，太阳能发电达 10 亿千瓦时，同比分别增长 17.3% 和 24.5%。

六是提升适应气候变化的能力。呼和浩特市国家气候适应型城市、包头市海绵城市、乌海市国家低碳城市等试点创建工作取得明显成效。2021 年，呼和浩特市森林覆盖率为 22.3%；包头市拥有自治区级自然保护区 3 个，自然保护区面积达到 6.7 万公顷；鄂尔多斯市森林覆盖率为 27.41%，拥有国家级自然保护区 3 个、自治区级保护区 8 个，保护区面积达 951.5 千公顷；乌兰察布市拥有国家级自然保护区 1 个、自治区级自然保护区 5 个、市级自然保护区 7 个、县级自然保护区 3 个；乌海市拥有国家级自然保护区 1 个，面积达到 13907 公顷；阿拉善盟森林覆盖率提高到 8.4%，草原植被盖度增加到 22.9%，拥有国家级自然保护区 2 个、自治区级自然保护区 6 个、县级自然保护区 1 个，自然保护区面积达到 318.1 万公顷。此外，库布齐沙漠治沙实践被写入联合国"全球治沙样本"，首个国家碳计量中心落户内蒙古自治区首府呼和浩特市。

2. 节能降碳存在的主要问题

2020 年，内蒙古碳排放量预计达 6.3 亿吨左右，居全国第 4 位。内蒙古黄河流域作为自治区经济社会发展的核心区，其单位 GDP 碳排放量和人均碳排放量近年来一直高于全国平均水平，做好碳达峰碳中和工作面临诸多困难，存在很多难题。

一是碳排放量仍将保持较快增长。该地区经济社会仍处于工业化、城镇化的快速发展阶段，随着经济发展、人口增长、城镇化推进，碳排放量在一定时期内仍会保持较快增长态势。与 2015 年相比，近年来该地区碳排放强度出现不降反升现象，对标国家 2030 年碳排放强度下降 65% 的目标要求，面临着还欠账、赶进度、控总量、降强度的多重压力。

二是顶层设计不健全、政策体系不完善。目前，内蒙古黄河流域在中长期绿色循环低碳发展特别是在碳达峰碳中和工作方面还没有整体性的战略规划作为指引，制度建设相对滞后，政策体系也不完善，各环节、各层面、各领域的协调联动机制有待加快建立，考核评价刚性约束有待强化，试点示范引领作用还不充分，节能降碳治理体系和治理能力还存在诸多短板。

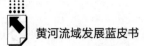

三是基础能力不足、监管不到位。节能降碳监管体系不健全，能源、建筑、交通、公共机构和服务业等领域基本缺失，覆盖全社会的节能降碳监管体系还不健全，特别是部分重点领域、重点用能单位、高耗能项目的事中事后监管还不到位。

四是责任落实有待强化。各责任主体对节能降碳重视程度不高，在谋划发展、布局产业、引进项目中对节能降碳约束考虑不足。近年来，受新建高耗能项目集中投产，以及存量高耗能企业生产旺盛和能耗反弹影响，内蒙古黄河流域的碳排放强度仍在高位运行。

（三）"双碳"目标设想

根据《中共中央 国务院关于完整准确全面贯彻新发展理念做好碳达峰碳中和工作的意见》和国家《2030年前碳达峰行动方案》的战略部署，按照《黄河流域生态保护和高质量发展规划纲要》的实施要求，综合考虑自治区"双碳"工作安排和本地区发展实际，提出内蒙古黄河流域碳达峰碳中和目标设想。

到2025年，区域内绿色低碳循环发展水平显著提高，重点盟市、重点领域、重点行业能源利用效率大幅提升，"双碳"公共服务平台基本建成。单位GDP能耗较快下降；单位GDP二氧化碳排放强度完成自治区下达目标；煤炭高效清洁利用取得实质进展，非化石能源消费比重明显提高，风电、光伏发电等可再生能源总装机容量持续增长；森林覆盖率平均达到19.6%，奠定碳达峰碳中和的坚实基础。

到2030年，区域内经济社会发展绿色低碳转型取得实质性进展，重点盟市、重点领域、重点行业能源利用效率达到国际先进水平，二氧化碳排放总量控制制度基本建立。单位GDP能耗持续下降；单位GDP二氧化碳排放比2005年下降65%以上；非化石能源消费比重进一步提高，风电、太阳能等绿色发电装机容量占总装机容量比重持续提高；森林覆盖率持续提高，零碳、负碳技术创新应用及产业发展取得明显进展，二氧化碳排放达到峰值后稳中有降。

到 2060 年，区域内绿色低碳循环经济体系和清洁低碳安全高效的能源体系全面建成，全社会能源利用效率继续提高，非化石能源消费能力进一步提升，碳中和目标基本实现。

二 "双碳"目标下内蒙古黄河流域绿色
低碳转型的战略选择

按照"双碳"目标设想，内蒙古黄河流域要抢抓重要机遇、应对严峻挑战，走符合战略定位、体现主体功能定位，以生态优先、绿色发展为导向的高质量发展新路，推动经济社会发展全面绿色低碳转型。

（一）面临的重要机遇

第一，国家提出"总体部署、分类施策"的工作原则和"1+N"政策体系为内蒙古黄河流域科学制定"双碳"战略策略提供了重要机遇。我国幅员辽阔，地区间资源禀赋、产业基础、发展条件差异较大，如何制定切实可行的"双碳"时间表和路线图是各地区的必答题。内蒙古黄河流域区位独特、资源富集，产业结构偏"重"，与其他地区相比，实现"双碳"目标既要打"攻坚战"完成短期目标，又要打"持久战"实现长期目标，时间更紧、任务更重、范围更广、困难更多。党中央、国务院在"总体部署、分类施策"原则下提出的"宏观—中观—微观"推进框架和战略布局，为内蒙古黄河流域制定科学精准、稳妥有序、体现特色的"双碳"工作战略和策略提供了遵循和指导。在时间安排上，国家正确理顺远期目标和短期行动的关系，提出实施分地区、分行业的碳达峰行动方案，这有利于内蒙古黄河流域将远期目标分解为短期行动，分时序、有侧重地实施差异化节能减排策略，循序渐进、久久为功，可以有效避免"一窝蜂"、"一刀切"和"碳冲峰"。在空间布局上，国家科学把握总体达峰和局部达峰的关系，提出根据各地区实际分类施策、统筹安排，这有利于内蒙古黄河流域立足战略定位和主体功能定位制定共同但有区别、同向但不同步的"双碳"时间表和路线图，可以确保以最优路径实现碳达峰碳中和目标。

第二，全球能源体系深刻变革和国家构建现代化能源体系为内蒙古黄河流域深入推进能源和产业体系演变重构提供了重要机遇。当前，我国正迈向构建现代化能源体系的新阶段，保障能源安全进入攻坚期，推进能源低碳转型进入窗口期，迫切要求我国各地区能源体系和产业体系进行重塑和重构。按照中国工程院预测，从2030年碳达峰到2060年碳中和，我国二氧化碳排放量要减少75%左右，其中40%需要增加非化石能源比例，35%需要调整优化产业结构。内蒙古黄河流域除化石能源富集外，风光资源也相当丰富，荒漠化、沙化土地以及戈壁、沙漠面积较大，是我国大规模开发新能源的首选区域。同时，该地区也是内蒙古制造业集聚区、科教资源集中区、数字经济核心区、农畜产品主产区、新型城镇化先行区。国家推进可再生能源替代和发展绿色低碳产业的政策举措，有利于内蒙古黄河流域加快构建清洁低碳安全高效的现代能源体系，有助于加快形成绿色化、高端化、智能化的现代产业新体系。

第三，国家加快建立绿色低碳循环发展的经济体系为内蒙古黄河流域有效融入国内大循环和全国统一大市场提供了重要机遇。建立绿色低碳循环发展的经济体系，推动经济社会全面绿色低碳转型，是促进人与自然和谐相处的基础之策，对实现"双碳"目标具有重大意义。绿色低碳循环发展的经济体系是国家构建新发展格局的重要内容，为内蒙古黄河流域服务和融入国家发展全局提供了重要机遇。

一是可以充分发挥新能源集聚优势、承接高耗能产业转移。推动高耗能产业向新能源富集地区有序转移，从源头上控制碳排放，是我国兼顾"双碳"目标和产业发展的重要路径之一。国家提出"新增可再生能源和原料用能不纳入能源消费总量控制"① 的政策，有利于内蒙古黄河流域推动能耗"双控"向碳排放总量和强度"双控"加快转变，对发展现代煤化工是重大

---

① 《中央经济工作会议举行 习近平李克强作重要讲话》，中央人民政府网，http：//www.gov.cn/xinwen/2021-12/10/content_5659796.htm。

利好，同时也为承接高耗能产业转移、推动传统产业改造升级提供了重要契机。

二是可以有效扩大绿色投资需求，优化投资结构。国家为实现"双碳"目标提出全方位的绿色金融政策体系，覆盖能源、工业、建筑、交通等经济社会发展各个领域，内蒙古黄河流域只要做好顶层设计、明确投资方向、优化营商环境，就能构建与碳达峰碳中和相适应的投融资体系，充分发挥绿色投资"稳增长、优结构、换动力"的关键作用。

三是可以有效融入国家碳交易市场。建立符合国情特点的碳排放权交易机制，是我国应对气候变化、减少温室气体排放的重大制度创新。随着全国碳排放交易体系的启动，我国有望成为全球最大的碳排放权交易市场，未来前景相当广阔。内蒙古黄河流域高能耗行业集聚、高碳企业密集，有效融入全国碳排放权交易机制，既可以倒逼高碳企业加快节能低碳技术创新应用，也能为节能低碳企业找寻新的发展机遇和新的经济增长点。

四是可以在重点领域争取开展先行示范。先行可以率先，先试能够更加主动，对实现"双碳"目标具有十分重要的标杆意义。落实国家提出的"开展碳达峰碳中和先行示范"重要要求，内蒙古黄河流域基础较好、条件具备，可以在许多领域率先探索有效模式和有益经验。

第四，国家推进绿色"一带一路"建设为内蒙古黄河流域加快提升对外开放绿色低碳水平提供了重要机遇。推进绿色"一带一路"建设是实现世界可持续发展的内在要求，也是我国实现"双碳"目标的必然要求，有利于务实开展合作，打造利益共同体、责任共同体和命运共同体。内蒙古是我国向北开放重要桥头堡、中蒙俄经济走廊的核心区，其中内蒙古黄河流域拥有3个航空口岸、3个重点陆路口岸、2个综合保税区、3个保税物流中心（B），在国家沿边开发开放中战略地位十分重要。全面落实国家"推进绿色'一带一路'建设"重要要求，可以同"一带一路"沿线国家有效开展清洁能源合作开发利用，推动投资合作、进出口贸易绿色转型，深化绿色技术、绿色装备、绿色服务、绿色基础设施等领域的交流合作。

第五，国家提高碳汇能力建设的战略部署为内蒙古黄河流域持续加强生态环境保护建设提供了重要机遇。如期实现碳达峰碳中和目标，提升生态碳汇能力是减缓大气二氧化碳浓度升高最为经济可行和环境友好的重要途径。内蒙古黄河流域地处黄河"几"字弯、横跨黄河流域上中游，乌兰布和沙漠、库布齐沙漠、毛乌素沙地穿行其中，涵盖多种生态类型，生态固碳潜力较大，在黄河流域构建国家生态安全重要屏障中地位十分重要。近年来，内蒙古黄河流域范围内水质不断改善，蓄水保土能力不断增强，实现"人进沙退"治沙奇迹，但生态环境保护建设还任重道远，正处在不进则退的重要关口。全面落实国家关于持续巩固提升碳汇能力战略部署，有利于在强化国土空间用途管控中不断提升草原、森林、湿地、土壤等的固碳作用，有利于在实施重大生态保护修复工程中不断提高生态系统的固碳能力，推动生态文明建设不断迈上新台阶。

（二）面临的严峻挑战

第一，发展方式"倚能倚重"，产业结构"高能耗、高碳化"特征非常明显。内蒙古黄河流域受资源禀赋条件和传统发展路径依赖影响，长期以来形成了单一化、重型化、低端化的产业结构，传统产业多、新兴产业少，低端产业多、高端产业少，资源型产业多、高附加值产业少，劳动密集型产业多、资本科技密集型产业少，经济发展过度依赖资源开发和利用。近年来，区域内能源、钢铁、建材、化工等高耗能行业的碳排放总量居高不下，能源结构中"一煤独大"问题尚未发生根本性改变，煤炭消费量在区域能源消费总量中的比重一直高于全国和全区平均水平。在产业和能源结构短期内难有较大变化的背景下，高能耗、高碳化发展路径依赖依然十分强烈，节能降碳面临结构性锁定的巨大压力。

第二，能源体系变革面临"减碳、转型、保供"三重叠加压力。当前，世界进入新的动荡变革期，国际力量对比深刻调整，地缘政治因素对国内能源安全供给、能源体系变革的影响持续增大，内蒙古黄河流域实现"双碳"目标面临较大压力。

一是能源供应保障责任重大。国家加快构建以国内大循环为主体、国内国际双循环相互促进的新发展格局，是对我国经济发展战略做出的重大调整。该地区能源资源和区位优势独特，在国家构建新发展格局中能源供应保障作用十分重要，同时稳增长、促改革、调结构、防风险、惠民生、保稳定等也对能源发展提出更高要求，能源产业面临由"保供应"转向"保供应与促发展并重"的挑战。

二是绿色低碳转型任务艰巨。为实现"双碳"目标，我国能源体系必将加速向绿色低碳转型，目前内蒙古黄河流域仍是化石能源生产和消费大区，能源结构调整较为缓慢，已经影响经济的后续发展，能源行业加快转型的任务迫在眉睫。

三是发展模式升级挑战严峻。以煤为基形成的经济体系是内蒙古黄河流域经济发展的主框架，简单挖煤卖煤和粗放型利用方式仍在继续，需要坚定落实习近平总书记关于"要千方百计推动产业链往下游延伸，价值链向中高端攀升"的重要指示要求，在产业结构转型升级上聚焦聚力。

第三，科技创新能力提升速度慢制约经济社会全面绿色低碳转型。实现"双碳"目标必须坚持创新是引领发展第一动力的原则。这是因为，创新能够打破"边界"、融通各个领域，是碳达峰碳中和的核心驱动力。创新能力不足特别是科技创新能力提升速度慢是影响内蒙古黄河流域绿色低碳转型的"阿喀琉斯"之踵。一是低碳发展面临不少技术难题。部分核心技术和关键资源面临"卡脖子"问题，重点领域、重点行业自主创新能力比较低下。二是综合创新能力比较薄弱。全社会技术研发投入强度长期低于全国平均水平，甚至低于周边地区水平。三是科技成果转化率较低。虽然集中了内蒙古90%以上的高校和科研院所，但创新链和产业链有效衔接不足，科技成果产业化应用水平不高。四是区域内科技创新不平衡问题十分突出。目前，只有呼和浩特市、包头市、鄂尔多斯市三地的财政科技支出占财政总支出比重高于自治区平均水平。此外，人才外流现象比较严重也需要高度关注。

第四，营商环境需要进一步优化，民营经济发展不充分问题较为突出。2021年，中国社会科学院财经战略研究院发布《中国城市竞争力报告No. 19》，在全国291个城市营商软环境竞争力评价中，呼和浩特市排第46

位，包头市排第 73 位，鄂尔多斯市排第 67 位，乌兰察布市、巴彦淖尔市、乌海市分别排第 283 位、第 235 位、第 183 位。近年来，内蒙古黄河流域进入"中国民营企业 500 强"的企业不足 20 个，同时大量民营市场主体主要集中在批发零售、住宿餐饮等传统服务行业，现代金融、现代物流、科技服务、商务服务等生产性服务业发展不充分，同时民营企业生产经营成本上升、市场竞争力下降、融资难融资贵等问题也开始不断显现。

第五，协同推进绿色低碳转型的体制机制还不健全。受行政区划、产业同构、地区利益等因素的困扰，内蒙古黄河流域与周边地区经济联系不紧密，分工协作意识不强，同质化竞争比较激烈。区域内各盟市绿色低碳发展分工协同不够，基础设施互联互通欠账较多，生态环境共保共治机制还不健全完善，呼包鄂城市群辐射带动能力不强，城市间缺乏基于绿色低碳发展的实质性合作。

（三）"双碳"目标下绿色低碳转型的战略选择

立足内蒙古黄河流域实现"双碳"目标的现状与问题、机遇和挑战，提出绿色低碳转型的战略选择。一是实施节约优先战略。"坚持节约优先，实施全面节约战略"是党中央审时度势提出的战略抉择，是高质量发展的应有之义，也是内蒙古黄河流域推动绿色低碳转型的优先战略选择。要把全面节约理念和行动贯穿经济社会发展各领域全过程，推进资源全面节约集约循环高效利用，倡导全民加快形成简约适度、绿色低碳的生产和生活方式。二是实施绿色低碳科技创新战略。发挥科技创新支撑引领作用，完善科技创新体制机制，增强创新能力，加快绿色低碳科技革命。三是实施能源安全保障战略。巩固提升国家重要能源和战略资源基地的核心区地位，围绕煤电油气安全稳定供应，强化能源兜底保障能力，提升能源供给质量，畅通能源外送通道，妥善应对新能源供应不稳定风险隐患，构建安全可靠的能源供应保障体系，夯实能源供应保障"压舱石"。四是实施可再生能源替代战略。加快发展风能、太阳能、氢能、储能四大新型能源产业，以产业集群方式推动新能源产业从单一的"发电和卖电"向构建全产业链加快转变，打造全国乃至世界的新能源高地。五是实施资源循环利用战略。推进各类开发区、工业园区循环化改造，提升大宗固废综合利用水平，建立全资源循环利用体系，推动城乡生活垃圾减量化、资源化。六是实施碳汇能力提升战略。树立系统观念，加大生态环境保护建设统筹力度，推进山水林田湖草沙一体保护和修复，提升流域生态系统质量和稳定性，增强生态系统碳汇能力。七是实施数字赋能战略。内蒙古黄河流域是我国重要的大数据中心集聚地，通过"数字化改造+模式创新"方式推进数字化转型，不仅可以大幅减少传统工业对有形资源、能源的过度消耗，还能有效降低市场交易成本；不仅可以催生大数据、区块链、人工智能、量子信息、元宇宙等新一代数字技术产业，还能有力推动各产业间融合创新、协同发展。因此，要聚焦产业数字化，发力数字产业化，夯实数字新基建，推进各类数字技术与各领域深度融合，推动全社会"数字化转型"。八是实施绿色低碳国际合作战略。大力发展高质量、高技术、高附加值绿色产品贸易，加大绿色技术合作力度，积极参与可再生能源、储能、氢能、二氧化碳捕集利用与封存等领域科研合作和技术交流，深化与"一带一路"沿线国家绿色基建、绿色能源、绿色金融等多领域合作。

三 "双碳"目标下内蒙古黄河流域绿色低碳转型的实现路径

以"双碳"目标引领绿色低碳转型，内蒙古黄河流域要聚焦重点领域和关键环节，突出生态优先、绿色发展导向，加快形成节约资源和保护环境的产业结构、生产方式、生活方式，确保如期实现碳达峰碳中和目标。

（一）坚持节约优先，提高能源资源综合利用水平

一是推进高能耗、高碳排行业节能改造。严格执行质量、环保、能耗、技术、安全等标准，以钢铁、煤化工、冶金、建材、农畜产品加工等传统行业为重点，加快用高新技术和先进适用技术开展全流程清洁化、循环化、低

碳化改造，提高产业集约化、绿色化水平。淘汰化解落后和过剩产能，引导产能过剩行业限制类产能（装备）有序退出，加快电解铝、铁合金、电石等高耗能行业节能技术改造。有序淘汰或改造升级30万千瓦以下落后煤电产能，加快淘汰燃煤小锅炉，推进工业小窑炉散煤治理，推广高压余热供暖。推进数据中心节能改造和优化升级。同时，对"僵尸企业"和项目进行全面清理，坚决清理"散乱污"企业，提高单位土地、能源、资源利用效率。通过以上措施，抑制不合理能源消费，压减能耗总量，降低能耗和碳排放强度。

二是发展循环经济。改造提升传统产业，提高资源综合利用率和精深加工度，延伸产业链、提高附加值，推动绿色化改造，创建绿色工厂和绿色园区，推动区域内34个国家级、自治区级园区循环化改造，建设共享的循环经济技术、市场、产品等科技创新服务平台和载体。推动传统产业自动化、信息化、智能化改造，对标相关行业在质量、技术、工艺、管理、能耗等方面先进水平，加快推进区域间、产业间、园区间循环式布局，推进产业耦合、循环链接，鼓励企业间、产业间建立循环经济联合体，发挥产业链、循环链两链集聚效应，推进集约节约发展。

三是推进固废综合利用产业绿色发展。目前，内蒙古黄河流域煤矸石、粉煤灰、脱硫石膏渣、电石渣等工业固废年产生量约6亿吨左右，固废综合利用率仅为40%左右。推进固废综合利用，一方面要从生产源头上按照循环经济模式，本着"谁排放、谁污染、谁治理"原则，加强重点企业工业固废跟踪管理调度，大规模推进电厂的粉煤灰、脱硫石膏以及铝厂的大修渣、碳渣、铝灰无害化处理和资源化利用，重点打造粉煤灰综合利用产业链；另一方面要以高附加值、规模化、集约化利用为着力点，从降低成本的角度完善开发区、工业园区固废综合利用优惠政策，推动大宗固废免费使用，引进大型企业、先进技术装备和优质项目，"吃干榨尽"工业生产伴生的固废资源。同时，要按照节能降碳要求，在推进大宗固废深度资源化利用中有效降低企业能耗总量和碳排放总量。此外，要积极探索资源综合利用产业区域内协同发展新模式，提升工业固废资源化综合利用层次和水平，最终实现工业固体废弃物（含危废）处置利用率达到100%的目标。

（二）加快产业升级，降低能耗强度

一是遏制"两高"项目盲目发展。实行园区用能项目评估制度，对新上固定资产投资项目在立项前开展节能评估，明确能耗指标来源，原则上不再审批除补循环经济"短板"之外的"两高"项目。对能效水平高于本行业能耗限额的存量企业，按有关规定停工（进行）整改，推动能效水平应提尽提、全面达标。对拟建项目要按照国际先进水平提高准入门槛，对能耗量较大的新兴产业，引导企业应用绿色低碳技术，消纳本地新能源并提高能效水平。

二是推动传统优势产业提质增效。推动能源化工等产业绿色化、智能化、高端化发展，延伸产业链条。做优绿色冶金等传统优势产业，加强智能化、数字化、信息化改造，推进优势产业和重点企业的链条向深度和广度延伸，大幅提升产业链、产品链水平。提升稀土、冶金等优势特色产业的产业链水平，发展壮大新材料、先进制造业，建设国家重要特色的新材料、装备制造产业基地。

三是培育发展新产业、新动能、新增长点。积极发展绿色环保产业，以新材料、新能源、生物医药为主的战略新兴产业和以智能制造为代表的高技术产业，提升内蒙古黄河流域产业层次和水平，培育竞争新优势。紧盯新商业模式，优先发展生产性服务业，提升研发设计、金融保险、节能环保、电子商务、融资租赁等服务业质量和水平，积极发展大数据、云计算、物联网、共享经济、现代供应链等新业态新模式。加大内蒙古黄河流域优质自然、历史、文化旅游资源整合开发力度，鼓励各类旅游市场主体开发具备地域文化特色、有竞争力和吸引力的文化旅游产品，形成旅游线路互联、客源互流、产品互补的统一旅游市场，拉动节日消费和旅游经济以及饮食服饰等相关民族文化产业发展。

（三）调整供能结构，实施绿能替代

一是实施发电企业绿色转型行动。通过稳步退役不盈利的落后煤电产

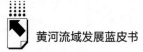

能、达到服役年限的老旧机组退役、大机组等量或减量置换小机组、同步投资 CCS 技术设施等方式，将到 2025 年的煤电装机容量控制和稳定在现有规模。借鉴内蒙古岱海发电实现机组深度调峰至 15% 额定负荷的经验，探索对区域内各工业园区的煤电机组实施灵活性改造，使煤电机组功能实现由供能转向调峰，这样可以大幅度提高调峰机组的经济收益。在园区火电机组全部完成超低排放改造的基础上，进一步开展节能节水减排综合性提效改造行动。通过自建光伏发电系统，逐步实现绿电替代传统煤电；通过系统改造升级褐煤锅炉高效低氮燃烧器、汽轮机轴封、机组转机变频器、真空泵、生水加热器、空预器密封，治理机组保温、阀门内漏、炉底漏风，综合利用机组轴封溢流阀汽，智能控制汽轮机空冷岛温度场，优化系统运行方式等，深挖节能减排潜力。同时，持续开展能效对标，把实际达到的供电煤耗率同设计值和历史最好供电煤耗水平与国内外同类型机组最好水平进行比较和分析，找出差距、制定措施、加以改进；通过烟气提水改造、冷却塔加装高效除水器，尽可能回收利用褐煤中水和减少水的飞散损失。

二是完善多能互补体系。严控新增煤电项目，有序淘汰煤电落后产能，加快煤炭减量步伐。加快现役机组节能、节水升级和灵活性改造、供热改造，推动煤电向基础保障性和系统调节性电源并重加快转型。培育壮大清洁能源产业，实施新能源倍增行动，坚持本地消纳和外送、集中式和分布式开发并举，在沙漠、戈壁、荒漠地区推进大型风电光伏基地建设，推进鄂尔多斯市、包头市、乌兰察布市、巴彦淖尔市、阿拉善盟等加快建设千万千瓦级风光电基地。推进风光火储一体化综合应用示范，因地制宜建设分散式风电和分布式光伏项目，实施可再生能源制氢工程，构建工业副产制氢和可再生能源制氢产业链。利用新能源不计入企业用能总量、不受用能总量指标限制的利好政策和微电网系统，支持在有条件的城镇建设分布式建筑屋顶光伏项目和建筑一体化光伏项目，促进分布式光伏应用发展。积极开展多能互补系统、分布式能源和储能设施建设。

（四）推进技术创新，推动低碳技术应用

一是推广设施设备节能降碳技术。以电机、风机、泵、压缩机、变压器、换热器、工业锅炉等设备为重点，推广先进高效产品设备，加快淘汰落后低效设备，提高重点设备能效标准级别。加强重点用能设备节能审查和日常监管，强化生产、经营、销售、使用、报废全链条管理，确保能效标准和节能要求全面落实。

二是创新工艺流程节能降碳技术。深入实施绿色制造工程，推进工业领域数字化智能化绿色化融合发展，推行绿色设计，完善绿色制造体系。以化工、冶金、建材、交通物流等行业为重点，实施行业节能降碳工程，开展重大节能降碳技术示范，全面实施工艺流程各环节节能降碳改造，推动企业内部能源系统优化和梯级利用，提升能源资源利用效率。

三是优化全产业链节能降碳体系。围绕循环经济产业链条，以低阶煤清洁高效利用、火电绿色低碳转型、微电网接纳新能源、绿电替代、新能源交通工具运输产品以及废水、废气、固废、余压、余热循环利用等为关键环节，优化重构产业链、供应链，推动全产业链能源系统优化和梯级利用。

四是研发产业碳中和关键技术。发挥院士专家工作站、技术创新战略联盟、企业研发中心、国家级高新技术企业等创新主体作用，密切关注围绕低碳技术、零碳技术、负碳技术创新成果，开展技术合作、技术引进、产业化试验示范。在碳减排方面，重点开发多能互补耦合、全产业链低碳技术集成、低碳工业流程再造、重点领域效率提升等过程减排关键技术。在碳零排方面，重点开发高比例可再生能源并网、新型直流配电、分布式能源等先进能源互联网技术，废弃物循环利用、非含氟气体利用、能量回收利用技术，重点行业零碳工业流程再造技术。在碳负排方面，重点开发二氧化碳捕捉利用技术。

（五）开展数字赋能，促进转型与降碳并重

一是加快数字产业化。随着数字技术向经济社会各领域全面持续渗透，全社会对算力需求预计每年仍将以 20% 以上的速度快速增长，算力成为数字经济的核心生产力。据中国信通院测算，一个地区算力指数平均每提高 1 个百分点，数字经济和 GDP 将分别增长 0.33% 和 0.18%。内蒙古黄河流域要抢抓国家"东数西算"重大契机，全力推进全国一体化算力网络国家枢纽节点建设，加大数字基础设施投资，形成国家数据中心集群，持续提升服务器装机和数据中心的处理能力。实施数字化区域合作新战略，加快构建资源优势互补、产业结构互补、科技人才互补的数字产业化发展新格局，主动承接数据中心及关联产业转移，通过推动跨区域产业合作，促进东西部数据流通、价值传递，推动电子信息制造、大数据存储加工、服务外包和5G+、北斗、人工智能、区块链等新兴数字技术产业向中高端产业链延伸。采用"绿色能源+数字经济"发展模式，强化数字基础设施绿色低碳导向，采用直流供电、分布式储能、"光伏+储能"等方式，探索多样化能源供应，不断提高非化石能源消费比重，细化"源网荷储"解决方案，提高能源利用效率。比如，华为乌兰察布云数据中心创新采用华为 iCooling 能效优化技术，推动制冷能效优化，利用数字化技术寻找出制约 PUE 的关键因素，推理出最佳参数组合并应用，年均 PUE 由 1.42 降低至 1.15，年节省电量超过 2000 万度，达到数据中心能效最优，实现了经济效益和社会效益双赢。

二是推进产业数字化。一方面，要通过智能协同方式改进生产工艺流程，提高设备运转效率，提升生产过程管理精准度，促进资源要素集约高效利用，减少行业生产经营活动产生的碳排放量，促进企业节能减排，提高企业经济效益。比如，鄂尔多斯市东胜热电以数字化技术为依托，建成全国首家5G+智慧火电厂，生产 1 度电耗煤量从原来的 310 克下降到目前的 260 克，能耗节约率达 16%，节能效果十分明显。又如，包钢白云鄂博铁矿主矿东区研发了首个矿用汽车无人驾驶运输系统，打造国家级无人驾驶露天铁矿示范样板工程，矿区综合效益提升 10%，整体能耗下降 5%，节能环保水平明显提高。另一方面，要大力推行"数字化改造+模式创新"模式，完善产业数字生态，发挥产业空间虚拟集聚带来的溢出效应、规模效应、协同效应，将新一代数字技术充分渗透到产业发展全周期、全链条、全过程，推进产业数字化、网络化、智能化转型，改善产业供需匹配效率，增强产业链供应链韧性、弹性和抗冲击性，提升产业基础能力和产业链供应链现代化水平。比如，蒙牛集团建成了全国首例乳业智能制造数字工厂，实现数据异常预警、成本在线核算、系统化自动排产和质量自动检测等数字化生产流程，生产效率提升了 20%，运营成本降低了 20%。又如，鄂尔多斯市中煤蒙大率先建成了智慧工厂，细化安全管控，优化工艺管理，强化设备监测，加强技术创新，生产效率提高了 21%，运营成本降低了 21%，产品升级周期缩短 33%，被工信部评为"智能制造新模式应用"和"智能制造试点示范"。此外，还要按照"跨领域、场景化""大场景、小切口"的基本思路，广泛运用大数据、区块链、元宇宙等新一代数字技术，打造"数据多源、纵横贯通、高效协同、治理闭环"的碳达峰碳中和数智平台，开展碳排放监测，实现能源消费总量、碳排放总量、能耗强度、碳排放强度等关键指标数据跟踪。

（六）加强生态环境保护建设，提高生态系统碳汇能力

一是全面推进黄河流域大保护、大治理。坚持"重在保护，保护优先"的原则，强化"保护、治理、管理"，上下游系统分类施策，切实推进综合治理，打造绿色长廊。开展内蒙古黄河流域生态环境大普查，系统梳理和掌握各类生态隐患和环境风险，做好资源环境承载能力评价。构建以国家公园为主体的自然保护地体系，以大青山国家级自然保护区、乌拉山国家森林公园、临河黄河国家湿地公园、包头黄河国家湿地公园为重要依托，统筹推进森林—草地—流域—农田—城市复合生态系统建设，优化自然保护地体系。加大国家重点生态功能区转移支付力度，探索建立自然保护区受益者补偿自然保护区保护者的补偿机制，受益者包括利用自然保护区开展经营活动取得收益的群体，保护者主要是指保护区内或周边居民。

二是增加森林碳汇。在国家"两屏三带"生态安全屏障格局中，内蒙古是"东北森林屏障带"和"内蒙古防沙屏障带"的主要组成部分。要以狼山—乌拉山—大青山为重点构筑阴山山脉生态安全屏障，全方位提升生态保护、水源涵养、生物多样性保护的生态环境承载力。要加大封山育林工作力度，积极保护天然林资源，加强对天然林的科学保育，完善野生动植物保护体系。开展大规模国土绿化行动，支持乡村绿化美化行动，全面推进森林

城市群和森林城市建设。创新义务植树机制，引导全社会广泛参与国土绿化行动，持续开展"互联网+全民义务植树"公益活动。加强林木种苗培育和退化林修复，实施精准提升森林质量工程，全面加强森林经营。强化森林资源管理，严格控制乱征乱占林地等毁林活动。鼓励通过碳中和、碳普惠等形式支持林业碳汇发展。

三是增加草原碳汇。持续改善草原生态环境，增强草原碳汇能力。实施好退耕还草、重点区域草原生态保护和修复专项工程，用好国家草原生态修复治理补助资金，完善草原生物灾害监测预警体系，不断提升生物灾害防控能力，采取禁牧封育、免耕补播、切根施肥、飞播和有害生物防控等技术措施，因地制宜开展草原生态保护修复治理，加快草原生态恢复，提升草原生态服务功能。严格落实草畜平衡和禁牧休牧制度，严格管控草原资源开发利用，严厉打击破坏草原违法行为，确保草原资源科学永续利用。加强草原碳汇相关基础课题研究，正确认识草原碳汇功能，提升全社会对草原碳储量和碳汇功能的认知度，积极开展林草结合型国土绿化行动。

（七）发展绿色交通，推广绿色出行

一是完善综合交通体系。严格执行老旧交通运输工具报废、更新制度。以城市公交、出租车、市政车辆为重点，大力推广节能和新能源汽车。加快清洁能源推广和使用，进一步提高清洁燃料车辆占比。大力发展智能交通，建设综合智能交通体系，积极运用大数据优化运输组织模式，全面提升交通运输节能降碳管理能力。提升铁路电气化水平，扩大低能耗运输装备应用。推动绿色铁路、绿色公路、绿色机场建设，加快完善充换电、加氢等基础设施。

二是推广新能源车辆。以城市公交、出租车、市政车辆为重点，加大新能源汽车推广力度。按照自治区政府要求，"十四五"末期内蒙古黄河流域各盟市政府（行政公署）所在地新增和更新的新能源公交车辆和快递物流配送车辆分别达到50%和20%；各级党政机关及公务机构车辆新增或更新的车辆中新能源汽车占比不低于30%。其中，呼和浩特市、包头市、乌兰

察布市、鄂尔多斯市、巴彦淖尔市和乌海市新增和更新重卡新能源汽车占比力争达到50%以上；鄂尔多斯市、包头市和乌海市及周边地区新增和更新矿用新能源车辆力争达到50%以上。加快推进充电桩、换电站等基础设施建设，鼓励在现有各类建筑物停车场、公交站、社会公共停车场和加油站等场所配套建设充电基础设施，落实集中式充换电设施免收需量（容量）电费政策。

三是鼓励公众优先选择绿色低碳出行方式。确立公共交通在城市交通中的主体地位，坚持"以人为本"的发展理念，科学增加和优化调整城区和城乡公交线路，增加定制公交线路，满足群众多样化出行需求。统筹城市公共交通与铁路、公路、民航等其他交通方式的衔接融合，通过交通枢纽实现方便、高效换乘。提高群众乘坐公共交通工具出行的便利性，推进公共交通一卡通、一码通互联互通及手机支付等非现金支付服务的全面应用。结合城市更新和街道改造，鼓励和引导居民采用"步行+公交""自行车+公交"的出行方式。

四 "双碳"目标下内蒙古黄河流域绿色低碳转型的对策建议

（一）建立健全碳达峰碳中和体制机制政策

一是健全一体化的体制机制。依托内蒙古应对气候变化和减排工作领导小组及厅际联席会议制度，建立内蒙古黄河流域"双碳"联席会议制度，构建纵向联动、横向协调的工作机制。二是科学确定域内各盟市有序达峰目标。产业结构较轻、能源结构较优的盟市要坚持生态优先、绿色发展导向不动摇，力争率先实现碳达峰。产业结构偏重、能源结构偏煤的盟市要把节能降碳摆在突出位置，逐步实现碳排放增长与经济增长脱钩，力争与全区同步实现碳达峰。三是强化科技支撑。提高政府研发经费投入强度，鼓励企业加大研发经费投入力度，引导产学研用等各方创新主体根据自身优势建立低碳技术创新联盟，加快绿色低碳技术研究和规模化应用；集中开展重点领域低碳前沿应用技术研究，实施重大示范应用工程。特别要在稀土新材料、大规模储能、现代农牧业、节能环保等领域给予资金和项目支持，推动新旧动能转换，加快培育新的经济增长点。四是完善经济政策。建立有利于绿色低碳发展的税收政策体系，全面落实绿色电价政策，创新分时电价动态调整机制；充分利用国家碳减排支持工具，大力发展绿色贷款、绿色股权、绿色债券、绿色保险、绿色基金等金融产品；积极争取国家在本地区设立绿色发展银行和发行长期生态建设债券，探索开展自然资源资产证券化；探索开展保险资金以股权、基金、债权等方式投资绿色环保项目的试点，创新生态农牧业保险、绿色企业贷款保证保险、风力（光伏）发电指数保险、合同能源和合同节水违约保险等绿色保险产品；鼓励社会资本以市场化方式设立绿色低碳产业投资基金。五是健全执法监督管理机制。强化绿色低碳督察，建立相应的督察制度和办法，逐步将企业二氧化碳排放纳入环境执法工作，强化对碳排放报告报送、核查及履约情况的专项监督检查。六是融入国家碳排放权交易机制。在实现发电行业碳排放权交易的同时，逐步将水泥、电解铝、钢铁等行业纳入碳排放权交易的覆盖范围。

（二）开展先行示范

提请国家批准内蒙古黄河流域在以下方面开展先行示范。一是探索用能权补偿机制，通过利用可再生能源实现的自愿节能量参与用能权交易。二是探索跨行政区划用能权补偿机制，建立跨行政区"绿色电力证书"交易模式，开展国家用能权补偿区域合作示范。三是探索开展原料煤用量控制标准试点工作，促进能源消耗小、产品附加值高、贴近市场需求的新材料、专用化学品、生物化工等新兴煤基产业发展。此外，还可以在建立新型电力系统、建立重点领域能耗统计监测和碳计量体系、打造区域性"双碳"数据中心等方面开展先行示范。

（三）创新生态环境保护建设体制机制

一是创新林草生态建设工程管理方式。允许企业等社会主体承包林草生态建设工程，按照政府规划和标准自主造林，达到工程建设标准的享受工程相关政策兑现。改革现行招标制度，采取议标、磋商等方式，为农牧民参与林草生态建设创造条件。参照林业部门造林标准，开展项目设计时将林草后期抚育管理经费列入，确保林草成活。二是争取国家生态保护奖励与补偿资金，并将后续管护和抚育资金纳入生态工程费用中，畅通生态修复资金来源渠道。三是充分利用沙漠丰富的光热资源，探索"林草光互补"多样化方式，推进生态治沙、科技治沙、产业治沙、节水治沙融合发展。

（四）建设鄂尔多斯市国家现代能源经济示范区

目前，鄂尔多斯市是国家五大煤化工产业示范基地、自治区打造的现代能源经济示范城市，有条件打造国家现代能源经济示范区。一是紧跟世界范围内新一轮能源生产、消费和技术、管理革命的新趋势，重点在煤炭、电力、高端煤化工、新能源等方面坚持集约开发、高效转化、清洁利用、高附加值延伸，提高能源资源节约利用水平。二是大力发展节能环保产业，提升节能环保技术、现代装备和服务水平。三是超前布局智能电网、能源互联网和大规模储备设施，积极探索主要以技术进步、制度创新促进能源节约的发展新模式。四是深入推进能源管理体制机制改革和创新，在健全能源资源资产产权和用途管制制度等方面进行先行探索。深化能源领域市场化改革，发展市场化节能方式，推进合同能源管理，推广节能综合服务。

（五）统筹区域差异化协调发展

一是优化空间布局。呼包鄂乌地区要立足产业基础和产业集群优势，提升产业层次和发展能级，扩大环境容量和生态空间，推动经济高质量发展。其他盟市要补齐生态环境短板，把加强黄河流域生态保护和荒漠化治理放在首位，严格生态脆弱区限制开发政策，推进生态退化地区综合治理和生态脆弱地区保护修复，加快产业转型升级，绿色竞争力明显增强。二是支持低碳旗县（市、区）发展。明确低碳旗县（市、区）建设内容和建设标准，完善激励政策的投资融资渠道，鼓励其率先实现碳达峰。三是推动园区低碳化改造。以"低碳、清洁、高效、集群"为主线，强化能耗在线监测和用能预算管理，构建园区循环产业链条，建设低碳园区。四是打造低碳社区。鼓励各类社区进行低碳示范，开展低碳知识普及，引导居民参与低碳建设，培育低碳生活方式。总结推广各类型社区低碳化运营管理模式，营造优美宜居的社区环境。

B.9
山西：构建绿色能源体系

郝玉宾　燕斌斌　樊亚男*

摘　要： 山西省是黄河流域重要的能源基地和生态屏障，在守护黄河生态安澜的同时，还肩负着保障国家能源安全的重任，在维护能源供应链稳定的前提下实现碳达峰的目标任重道远。本报告采用"自上而下"的方案推算出在经济高速、较高速、中速发展的情况下，山西可分别于2034年、2031年和2028年实现碳达峰。从实际来看，山西省产业结构高碳特征明显，具体表现为能源结构偏煤、产业结构偏重、资源利用效率偏低、绿色技术支撑力度偏弱。为实现2030年前达峰的目标，山西需要依据各地的资源禀赋，实施梯次达峰计划。具体来说能源主导型区域，比如临汾，需要推动能源结构有序转型，牢固碳达峰的能源根基；能源领跑型地区，例如忻州，需要在重点产业领域率先突破，发挥碳达峰的牵引作用；非能源经济区，例如运城，需要推动经济绿色低碳发展，夯实碳达峰的产业基础。同时，整体上要加强绿色技术研发推广，构建绿色低碳政策体系，为全社会营造绿色低碳的发展氛围。

关键词： 碳达峰　能源安全　转型发展　山西黄河流域

---

* 郝玉宾，中共山西省委党校（山西行政学院）社会和生态文明教研部主任、教授，研究方向为社会发展理论；燕斌斌，中共山西省委党校（山西行政学院）报刊社助理研究员，研究方向为生态文明建设；樊亚男，博士，中共山西省委党校（山西行政学院）社会和生态文明教研部讲师，研究方向为绿色发展、绿色技术创新。

黄河古称"百川之首""四渎之宗"。黄河流入山西后，在晋北由偏关县入境，南流至芮城县风陵渡，折向东流经平陆、夏县，在垣曲县小浪底水库出境。流经忻州、吕梁、临汾、运城4市19县，共965千米。沿途接纳山西最大支流汾河、沁河在内的大小河流30余条，流域面积约9.7万平方公里，占黄河流域面积的12%。可以说，山西黄河流域是中华文明重要的发祥地，更是重要的能源基地和华北地区重要的生态屏障。但是，山西省长期以来产业结构偏重、能源结构偏煤，多年粗放式的发展对黄河流域的生态安全造成严峻挑战。国家"十四五"规划纲要提出，"落实2030年应对气候变化国家自主贡献目标，制定2030年前碳排放达峰行动方案。支持有条件的地方和重点行业、重点企业率先达到碳排放峰值"。因此，推动"双碳"目标的实现，既可以助力山西省摆脱资源依赖的困局，培育高质量发展新动能，又可以重构华北地区绿色屏障，守护黄河中游生态安澜，为推进黄河流域生态保护和高质量发展贡献山西力量、彰显山西担当。

一 山西省二氧化碳排放情况及碳达峰时间预测

山西作为国家长期确定的能源重化工基地，在推进能源发展战略，并为国家发展作出重大贡献的同时，"一煤独大"的产业结构也造成了山西碳排放量在较长时间内居高不下的状况。有国内机构测算，"在不考虑全国统一市场和区域分工等因素的前提下，按照《巴黎协定》山西二氧化碳排放量是其经济、生态、人口等因素测算下来额定量的15倍"[1]，山西减碳的压力可见一斑。从"十一五"开始，特别是党的十八大以来，借势国家赋予山西国家资源型经济转型综合配套改革试验区的重大利好，山西加快产业结构调整，矢志走出资源型地区转型发展的新路，在减少碳排放量和走可持续发展之路的探索中取得了积极成效。从山西实际看，由于长期形成的产业结构，以及山西在国家能源战略布局中的特殊地位，与全国其他地方相比，山

---

[1] 白华兵：《"双碳"目标倒逼，山西发力绿色GDP》，《新京报》2022年4月6日。

西在推进绿色发展、实现"双碳"目标方面面临着更为艰巨的任务，但回顾、总结近年来山西碳排放发展的总体情况，对按照"双碳"目标推进山西下一步的发展，对山西实现"双碳"目标具有非常突出的现实意义。鉴此，本课题组采用"自上而下"的方案，结合山西能源平衡表 2010~2019 年的数据，对"十二五"和"十三五"期间的一次能源结构（煤炭、石油、天然气和非化石能源）和二氧化碳排放进行核算，并通过对山西省未来的能源结构优化进展、GDP 能源强度下降控制、GDP 未来的目标进行方案设计，分析山西省"十四五"、"十五五"和"十六五"期间的经济、能源和碳排放的相关情况。

（一）山西省二氧化碳排放情况

确定二氧化碳排放量的估算方法，是分析二氧化碳排放情况的前提。在此基础上，对山西二氧化碳排放情况进行分析。

第一，二氧化碳排放核算方法。我国二氧化碳排放量的估算方法，过去是从终端消费的角度来核算，即通过统计局收集的各个地级市的能源消费总量，包括一次能源类型（原煤、原油和天然气）、二次能源类型（如洗煤、炼焦和发电）以及减去地区之间的电力调入以防止二次核算所造成的误差。然而，关大博等人[1]指出通过消费侧核算碳排放存在很大不确定性，例如 30 个省份的能源消费总量与全国能源平衡表提供的消费量之间存在约 20% 的统计误差，主要原因是各省份使用了不同的排放因子造成。单钰理等人[2]通过回顾关于中国碳排放的研究文章发现，约 2368 篇使用的碳排放因子都是基于 IPCC 或国家发改委提供的排放因子，而只有不到 10 篇研究采用了基于实验或现场测量得到的排放因子，而不同来源排放因子的差异性最高可达

[1] Guan D., Zhu L., Yong G., Lindner S. & Hubacek K., et al., 2012. "The Gigatonne Gap in China's Carbon Dioxide Inventories," *Nature Climate Change*, Vol. 2, no. 9, pp. 672-5.

[2] Shan Y., Liu J., Liu Z., Xu X., Shao S. & Wang P., et al., 2016. "New Provincial CO_2 Emission Inventories in China Based on Apparent Energy Consumption Data and Updated Emission Factors," *Applied Energy*, Vol. 184, pp. 742-750.

40%。因此，本节基于质量守恒定律，通过生产侧，即表观能耗法来核算二氧化碳排放，这种方法可以有效避免由一次能源和二次能源类型之间能源转换而产生的计算错误。同时，本文采用了刘竹等人[①]研究中所提供的新的碳排放因子，计算公式如下：

$$C = \sum CE = \sum ET_i \cdot EF_i$$
$$ET_i = \sum AD_i$$

二氧化碳（C）的排放总量通过汇总不同一次能源类型的二氧化碳排放量（CE）所得。ET_i代表一次能源类型i的生产量，包括原煤、原油、天然气。EF_i代表各个一次能源类型所对应的排放因子，其中原煤为2.66吨CO_2/吨标准煤、原油为1.73吨CO_2/吨标准煤、天然气为1.56吨CO_2/吨标准煤。而各个能源类型的生产量通过汇总社会经济系统中各部门（AD_i）的能源产量所得。数据主要来自《山西统计年鉴》《中国能源统计年鉴》及山西省统计局数据。

第二，山西二氧化碳排放结果分析。山西省2010~2019年的一次能源消费量、能源结构及核算的二氧化碳排放如表1所示。

表1　2010~2019年山西省一次能源消费量和构成及二氧化碳排放

年份	总一次能源消费量（万 tce）	煤炭（%）	石油（%）	天然气（%）	非化石能源（%）	二氧化碳排放（万 tCO_2）
2010	16476.23	90.0	6.7	2.1	1.2	41905.04
2011	18315.12	90.6	6.1	2.0	1.3	46653.60
2012	19335.59	89.9	5.9	2.3	2.0	48876.53
2013	19761.45	89.6	5.8	2.7	1.9	49900.94
2014	19862.25	89.3	5.5	3.0	2.3	49969.94
2015	19029.35	87.1	5.7	4.0	3.3	47129.88
2016	18973.59	86.0	5.8	4.2	4.1	46525.56

① Liu Z., Guan D, Wei W., Davis S., Ciais P. & Bai J., et al., 2015. "Reduced Carbon Emission Estimates from Fossil Fuel Combustion and Cement Production in China," *Nature*, vol. 524, no. 7565, pp. 335–8.

年份	总一次能源消费量 （万 tce）	煤炭 （%）	石油 （%）	天然气 （%）	非化石 能源（%）	二氧化碳排放 （万 tCO$_2$）
2017	19580.91	85.0	5.7	4.4	4.9	47562.74
2018	20199.04	84.0	5.6	4.3	6.0	48469.04
2019	20858.82	83.9	4.6	5.0	6.5	49827.34

从山西省一次能源消费及构成的情况来看，能源结构中化石能源占比非常高，煤炭占比高达80%以上，这与山西省煤炭资源丰富、煤炭工业和产业聚集的特征相一致。基于《2006 IPCC 国家温室气体清单指南》核算的二氧化碳排放趋势来看，近年来山西省二氧化碳排放量增量在2%~3%，高于1.9%~2.0%的全国平均水平。

第三，山西省"十二五""十三五"经济能源综合情况。将 CO$_2$ 的排放核算与2010~2020年的能源消费、能源结构及碳排放的总体情况进行对比测算，结果如表2所示（2015年不变价）。《山西统计年鉴2021》显示，2020年的一次能源消费总量为20980.55万 tce，煤炭在一次能源消费中的占比为83.9%，基于此，对2020年石油、天然气和非化石能源的占比数据做了预判。

根据表2的数据可知，山西省"十二五"和"十三五"期间的经济、能源和排放整体表现出以下特征。

其一，山西省的 GDP 在"十二五"至"十三五"期间呈中高速水平增长。"十二五"期间 GDP 的年均增速整体表现为高增长，2014~2016年间GDP 增速回落到3.0%~5.0%的水平，2017~2019年整体保持在6%~7%的增速水平；2020年受到新冠肺炎疫情的影响，GDP 增速回落至3.6%。从总体来看，"十二五"期间的 GDP 平均增速为7.2%，"十三五"期间的平均增速为5.4%。

其二，山西省能源消费总量持续增长，结构不断优化。具体来说，一是能源消费总量总体上呈现出增长态势，表现出与 GDP 相似的增长特点。2013年之前的能源消费增速也较快；2014~2016年，经济回落较大，能源

表2　2010～2020年山西省排放情况汇总

	2010年	2011年	2012年	2013年	2014年	2015年	2016年	2017年	2018年	2019年	2020年
GDP增速（%）	10.8	10.0	9.2	9.0	4.9	3.0	4.1	6.8	6.6	6.1	3.6
GDP（亿元）	8367	9204	10050	10955	11492	11836	12322	13160	14028	14884	15420
GDP能源强度年下降（%）		−1.1	3.3	6.2	4.2	7.0	4.2	3.4	3.2	2.7	2.9
总能源消费（万tce）	16476	18315	19336	19761	19862	19029	18974	19581	20199	20859	20981
煤炭（%）	90.0	90.6	89.9	89.6	89.3	87.1	86.0	85.0	84.0	83.9	83.9
石油（%）	6.7	6.1	5.9	5.8	5.5	5.7	5.8	5.7	5.6	4.6	4.0
天然气（%）	2.1	2.0	2.3	2.7	3.0	4.0	4.2	4.4	4.3	5.0	4.6
其他及电力（%）	1.2	1.3	2.0	1.9	2.3	3.3	4.1	4.9	6.0	6.5	7.5
CO_2排放（万t）	41905	46654	48877	49901	49970	47130	46526	47563	48469	49827	50509
单位能耗的碳强度（kgCO_2/kgce）	2.5	2.5	2.5	2.5	2.5	2.5	2.5	2.5	2.4	2.4	2.4
能源消费碳强度下降率（%）		0.2	0.8	0.1	0.4	1.6	1.0	0.9	1.2	0.4	0.7
GDP能源强度（t/万元GDP）	2.0	2.0	1.9	1.8	1.7	1.6	1.5	1.5	1.4	1.4	1.36
GDP能源强度下降率（%）		1.1	3.3	6.2	4.2	7.0	4.2	3.4	3.2	2.7	2.8
5年累计GDP能源强度下降率（%）						18.4					15.3
GDP碳强度（t/万元GDP）	5.0	5.1	4.9	4.6	4.3	4.0	3.8	3.6	3.5	3.3	3.3
5年累计GDP碳强度下降率（%）						20.5					17.7
GDP年累计增速（%）						7.2					5.4

总消费量略出现负增长态势；2017～2019 年，年均一次能源消费增长约 600 万 tce 的水平；新冠肺炎疫情下工业是较早生产的部门，2020 年总能源消费量同比增长了 122 万 tce。二是能源结构方面呈现出一定的优化趋势。总体而言，煤炭在一次能源消费中的占比居高，达到 80% 以上；石油和天然气二者的占比之和目前约为 10% 左右，天然气的占比近年来有显著的上升趋势；非化石能源消费量呈现出一定的增长趋势，但远低于国家整体的平均水平。

其三，山西省二氧化碳排放总量持续下降。从以 2015 年 GDP 为不变价，核算近 10 年单位 GDP 的碳排放情况来看，万元 GDP 碳排放从 2010 年的 5.0t/万元下降到 3.3t/万元，其中"十二五"期间累计下降了 20.5%，"十三五"期间累计下降了 17.7%，一定程度受到了新冠肺炎疫情的影响。

其四，山西省 GDP 能源强度呈现出逐渐下降趋势。"十二五"期间核算累计下降 18.4%，"十三五"期间累计下降 15.3%。GDP 能源强度的下降是一个相对的指标，与产业结构的特征和优化进程有关，也与 GDP 的增速有一定的关系。一般而言，若 GDP 能源强度下降目标确定，GDP 的增速越大，越有利于这一目标的实现。山西省"十二五"和"十三五"期间 GDP、能源消费和碳排放指数（以 2010 年为 1）的变化情况如图 1 所示。

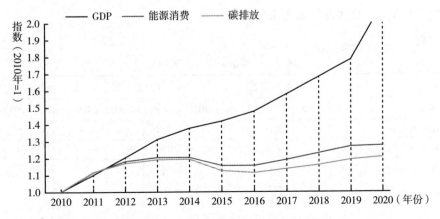

图 1　2010～2020 年山西省 GDP、能源消费和碳排放指数变化（2010 年 = 1）

（二）宏观经济和能源优化预期下山西省碳达峰时间预测分析

碳达峰指的是在一个确定的时间上，二氧化碳的排放呈现最高点，之后随着时间的拉长逐步回落。山西的碳达峰时间就是二氧化碳排放最高的时间，意味着随后人类经济发展与二氧化碳的排放实现脱钩，也就是碳峰值。因此，本节所讨论的山西省碳达峰时间预测，也就是二氧化碳达到峰值的时间预测。

第一，增长情景设置。在宏观经济发展方面，基于山西省增长经济和改善民生的发展诉求，结合山西省"十四五"发展规划，为"十四五"、"十五五"与"十六五"期间设置三组 GDP 增速，分别是高速经济增长下 GDP 增速分别为 10.3%、8.5%、6.7%，较高速经济增长下 GDP 增速分别为 8.4%、7.0%、5.6%，中速经济增长下 GDP 增速分别为 6.0%、5.6% 和 5.2%。

在能源结构优化方面，山西省预期在"十四五"期间大力调整能源结构，预期在 2025 年末煤炭、石油、天然气和非化石能源在一次能源消费中的占比分别优化为 68%、6%、11% 和 15%，2030 年末分别达到 59%、6.5%、15% 和 19.5%，在 2035 年末分别达到 52.5%、7%、17% 和 23.5%。

结合山西省的经济增长预期和积极的能源结构优化目标，以促进碳排放达峰为目标，进行方案分析。根据比较的需要，"自上而下"方案分析中包括三个方案，具体设计如表 3 所示。

表 3　"自上而下"方案设计

年份	方案 1（高速）			方案 2（较高速）			方案 3（中速）		
	2025	2030	2035	2025	2030	2035	2025	2030	2035
GDP 增速（%）	10.3	8.5	6.7	8.4	7.0	5.6	6.0	5.6	5.2
GDP 能源强度下降（%）	17	19	20	17	19	20	14	17	19
能源结构优化（%）	68 6 11 15	59 6.5 15 19.5	52.5 7 17 23.5	68 6 11 15	59 6.5 15 19.5	52.5 7 17 23.5	68 6 11 15	59 6.5 15 19.5	52.5 7 17 23.5

第二，碳达峰时间预测结果分析。根据设定的三种情景及不同情景下的多种方案，对山西省 2010~2035 年碳排放峰值进行预测，各情景碳排放预测结果如图 2、图 3、图 4 所示。3 种情形的碳排放峰值情况和年份如表 4 所示。

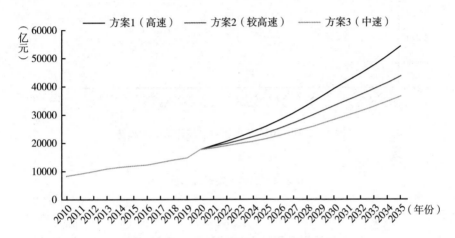

图 2　2010~2035 年山西省 GDP 增长趋势

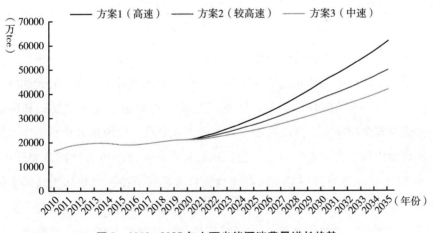

图 3　2010~2035 年山西省能源消费量增长趋势

只有在中速经济增长发展的方案下，才能在 2030 年前实现碳达峰目标，其他发展情况下分别可于 2031 年与 2034 年实现碳达峰。可以看出 GDP 的

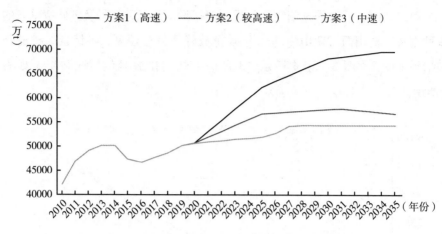

图4　2010~2035年山西省二氧化碳排放趋势

表4　三种方案情况对比

单位：亿吨

方案	二氧化碳峰值年份	二氧化碳峰值
方案1（高速）	2034	6.93
方案2（较高速）	2031	5.76
方案3（中速）	2028	5.13

增长速度对碳达峰年份的影响十分显著，山西省碳达峰的任务十分艰巨。

第三，碳达峰实现时间的梯次推进分析。山西面对十分艰巨的碳达峰任务，一方面，要清醒地认识到，实现"双碳"目标是站在统筹发展和保证国家能源安全的高度，推动高质量发展的内在要求。山西作为化石类能源经济的典型代表，在实现"双碳"目标的过程中承担着不可替代的重要作用。正如2021年9月习近平总书记在陕西榆林考察时所说，煤炭作为我国主体能源，要按照绿色低碳的发展方向，对标实现碳达峰碳中和目标任务，立足国情、控制总量、兜住底线，有序减量替代，推进煤炭消费转型升级。因此，必须保证山西在实现"双碳"目标中不掉队、不拉国家后腿。另一方面，要坚持从实际出发，立足资源禀赋，坚持系统观念，科学有序推进碳达峰碳中和工作。这就是说，必须把实现"双碳"目标本身也放诸保证可持续发展的轨道上，充分考虑国家经济整体发展的要求，结合目标实现要求、目标实现成本与目标实现安全等方面的综合考量，按照国家"双碳"工作规划部署，统筹谋划山西不同区域、地方不同的实施要求，稳中求进、逐步实现。

这样的"逐步实现"，总体上说，就是在山西实现"双碳"目标的过程中，要在保证国家能源安全的基点上，遵循先立后破原则，推动新旧能源之间的关系从以互补为主逐渐过渡到以替代为主，坚持"先立后破，而不能未立先破。不能把手里吃饭的家伙先扔了，结果新的吃饭的家伙还没到手"①。坚持创造安全可靠的新能源体系在先，推进对传统能源的大规模替代在后。只有基于对经济社会运行的通盘考虑，才能保证"双碳"目标的实现既务实又稳妥，有利于有效遏制运动式"减碳"的苗头，确保发展和减排之间的良性互动。

鉴于此，在山西实现"双碳"目标时间预测以上三种方案的基础上，还必须考虑山西不同条件、不同碳排放背景下不同区域在碳达峰实现时间上的梯次推进构想。

其一，构想设计导因。山西被称为资源大省，以煤炭为主的化石类资源丰富，含煤面积约占全省总面积的40%，探明储量约占全国的1/3。新中国成立以来，山西煤炭产量累计达225亿吨，外调出省煤炭150亿吨左右，净输出电量1.47万亿千瓦时，为保障国家能源安全、支援国家现代化建设作出了重大贡献。2021年，山西煤炭产能达到13.6亿吨，先进产能占比超过75%，发电总装机容量达到11591万千瓦。2022年1~4月，山西原煤单月产量高达1.08亿吨，占全国原煤单月产量的33.65%，产量仍然居全国首位。但从山西本省煤炭资源储量与产量上看，沿黄流域各地区事实上分为三类区域。一是能源主导型区域，这类区域经济发展中能源经济占到最大比重，如吕梁、临汾等市。二是能源领跑型区域，这类区域经济发展中能源经

---

① 《微镜头·习近平总书记两会"下团组"："不能把手里吃饭的家伙先扔了"》，《人民日报》2022年3月6日。

济比重虽然也占到相应比重，但非能源经济发展比重逐步提升，并在经济增长的贡献率中作用越来越大，如忻州等市。三是非能源型区域，这类区域经济发展中能源经济比重较小，非能源经济主导经济发展。在山西沿黄流域，运城市是典型的代表。

不仅如此，在山西同样的经济发展区域，也区分为上述三种类型。以忻州为例，忻州是总体发展属于能源领跑型区域，但忻州所属各个市县，其实也区分为以上三种类型，如宁武、保德等县，能源经济比重很大，定襄、代县、繁峙、五寨等县，则基本上属于无煤炭资源的区域。

这样的实际发展情况，如果笼统地都赋予其"一刀切"的碳排放实现时间，既不科学，也会影响山西全省"双碳"目标的如期实现。从这个意义上说，基于对山西经济社会运行的通盘考虑，防止运动式"减碳"苗头的发生，有必要考虑在山西不同区域碳达峰实现时间上实行梯次推进的目标设想。

其二，构想设计目标。由于前述论述设定，只有在中速发展的方案下，才能在2030年前实现碳达峰目标，那么，既然山西沿黄流域各地GDP的增长速度对碳达峰年份的影响十分显著，而不同类型发展区域在2030年前实现碳达峰目标，绝不可能是整齐划一的。后者不仅对能源主导型区域的发展带来极大的压力，某种情况下还由于人为地要求碳达峰，可能出现"手里吃饭的家伙先扔了，结果新的吃饭的家伙还没到手"的情况，直接影响能源发展的安全性，而且还在事实上降低了能源领跑型特别是非能源型区域的"减峰"压力，客观上影响沿黄区域总体目标的实现。而从山西的发展实际看，三种不同的发展区域中，能源主导型区域一般又是GDP总量大、增速快、财政收入高的区域，适当延缓其二氧化碳峰值目标的实现年份，既有利于其自身利用财政优势从长计议，发展绿色经济，实现产业替代，也有益于维护山西乃至全国的能源安全。此外，还可以采取必要的政策措施，对这些区域的财政、税收实行产业帮扶转移，即拿出一部分财力支援其他发展区域，特别是非能源区域的发展，助力这些区域提前实现碳达峰的目标。由于这样的"一缓一提前"，从山西沿黄流域各地二氧化碳峰值年份目标的实现上说，是完全可以通过梯次推进形成的"时间差"，在总体上达到 2030 年碳达峰的目标的。

根据这样的构想，我们对山西沿黄流域不同区域二氧化碳峰值年份目标作以下设计（见表 5）。

表 5　不同区域碳排放峰值目标年份

单位：年

类型	二氧化碳峰值年份	碳峰值年份与总目标差
区域 1（能源主导型）	2032	−1
区域 2（能源领跑型）	2030	0
区域 3（非能源型）	2027	+3

二　山西省绿色低碳发展现状和重点发展领域

作为资源能源大省，山西深刻反思长期以来面临的煤炭资源未合理开发、产业结构单一、生态环境破坏等问题，始终把绿色发展作为产业结构调整和转型的重要内容和发展方向。

（一）山西省绿色低碳发展现状

从 2009 年习近平同志来晋调研时提出推进资源型经济转型发展这一时代课题，2010 年 12 月山西省成为国家资源型经济转型综合配套改革试验区，2016 年着力推动"三去一降一补"和煤炭减优绿，2017 年 6 月习近平总书记视察山西要求走出一条产业优、质量高、效益好、可持续的发展新路，2017 年 9 月国务院印发支持山西省建设资源型经济转型发展示范区，2019 年 5 月开展能源革命综合改革试点，2019 年 10 月坚决贯彻落实黄河流域生态保护和高质量发展战略，2020 年 5 月习近平总书记再次视察要求山西加快转型发展蹚新路等，山西坚决贯彻以习近平同志为核心的党中央决策部署，结合自身发展实际，围绕绿色发展有针对性地制定一系列政策举措，走出具有山西特色的绿色发展道路。一是传统产业绿色化改造。制定山西省传统产业绿色化改造行动方案，从开展绿色制造体系建设、提高能源利用效率、推进资源综合利用等方面提出主要目标和具体路径。二是新兴产业战略性打造。按照习近平总书记亲自部署安排，洞察全球产业变革态势，聚焦"六新"率先突破，打造14个战略性新兴产业。三是产业体系前瞻性布局。围绕山西省结构性、体制性、素质性问题，坚定不移推进科技创新、标准制定、机制创新等，实施从一煤独大向八柱擎天转变。截至2020年，山西省一二三产业比例为5.4：43.5：51.2，煤炭先进产能占比达68%，非煤工业占全部工业比重达47.4%，"十三五"期间，全省单位GDP能耗累计下降15.3%，圆满完成双控目标任务，绿色产业发展取得了积极成效。

但同时，山西省产业结构高碳特征依然明显，与双碳目标下的经济高质量发展要求还不相适应。其具体表现，一是能源结构偏煤，2019年山西省煤品消费量占比仍高达83.9%，较全国平均水平高出26.2个百分点。新能源和可再生能源发电装机3570万千瓦，仅占全省总装机的34%。二是产业结构偏重，2019年贡献全省经济总量40%的第二产业消耗掉了全省能源总量的80%。三是能源利用效率偏低，全省能效水平在全国排名倒数第五，按现有能源消费弹性系数，仅能支撑年均约3.2%的GDP增速。

（二）山西省绿色低碳发展的重点领域

围绕"十四五"时期新任务新要求，结合资源型地区的产业特点和山西省所处的发展阶段，山西在新时期进行绿色低碳发展，必须坚决贯彻习近平生态文明思想，立足新发展阶段、贯彻新发展理念、构建新发展格局，推动高质量发展。重点需要做到"三个必须"：必须根据不同区域产业结构和发展阶段采取不同的发展战略，为主导产业转型留下空间，构建符合自身特色的绿色低碳产业体系；必须立足煤炭等资源能源优势，提升煤炭全产业链水平，促进煤炭产业不断向下游高端延伸，大幅提高就地转化率和精深加工度；必须以科技支撑绿色发展，加快促进农业现代化，推进战略性新兴产业、先进制造业和现代服务业，形成多元发展、多极支撑的现代绿色低碳发展新体系。

一是现代农业。山西省人均耕地面积为 1.68 亩，略高于全国平均水平的 1.5 亩；农业资源丰富，南北纵跨 6 个纬度，北部是农牧交错区，中北部是秋粮产区，南部是冬小麦主产区，东西两山海拔高，适宜种植干鲜果和中药材；农产品品种多样，是玉米种植黄金带、小麦主产省、小杂粮王国、水果（干果）生产优势区和全国道地中药材主要产地。然而，2020 年山西省第一产业增加值仅为 946.7 亿元，在全国排第 25 位。其根本原因是耕地地力较差，水土流失面积占全省面积的近 70%，盐碱耕地达 324 万亩，发展现代绿色农业是必然选择。要优化农业生产布局，依据全省各区域自然条件、功能定位和特色优势，做实做强三大省级战略，推进优势产业向优势产区集中。深入实施特优战略，特别是做好旱作、小杂粮和种质等比较优势产业，发挥山西省 600 多种野生中药材资源优势，推动中药材标准化种植、规范化加工、品牌化营销，壮大中医药产业。推进农村产业融合，实施以绿色有机农产品加工为主的农业产业化和生态化改造，做好农产品加工十大产业集群。发展生态循环农业，探索农牧结合、产加配套、粮饲兼顾、种养循环、集约发展的循环农业发展道路。推进大宗农产品开展期货交易，培育农产品电商企业，促进互联网与循环农业紧密融合。加快农业产业园建设，鼓励农业类开发区发展绿色低碳产业，打造绿色低碳产业集群，推广示范一批低碳、零碳、负碳关键核心技术。

二是绿色智造。近年来，山西省坚决淘汰落后产能，严格执行能源"双控"政策，坚决限制"两高"项目上马，10 座智能化示范煤矿、1000 个智能化采掘工作面建设全面展开，煤炭、钢铁、有色、建材等产业链正在向高端延伸，建龙千亿级钢铁深加工产业基地、山西天宝 5G+云平台风力发电环锻件智能制造扩建等一批重点项目积极推进，为推动传统产业高端化智能化绿色化打下了较好基础。下一步，要加快工业重点领域特别是绿色矿山的绿色化改造，促进绿色技术创新应用和煤炭清洁生产。着力推动科技创新赋能传统产业，加大推动"智能+"技改，加快煤炭、电力、焦化、钢铁等传统产业升级改造。加快工业化和信息化深度融合，发展云平台、云制造、

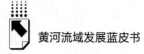
云设计等制造业新模式，促进工业物联网应用。与此同时，大力发展节能环保产业，加快推进粉煤灰、煤矸石、脱硫石膏、金属冶炼渣等工业固废资源综合利用，着力培育国家级工业资源综合利用基地，建设国家级节能环保示范基地。

三是绿色材料。山西省拥有有色、煤炭等原材料产业，水泥、耐火材料、玻璃等建筑建材产业，以及铝镁合金、特殊钢等特种金属材料雄厚基础，发展绿色材料产业具有得天独厚的优势。一要谋划碳基新材料和有色金属新材料，突破新材料规模化制备的成套技术，加大新技术新成果转化应用，大力发展有色金属新材料、化工新材料、新型功能材料、高端结构材料、电池材料等绿色低碳新材料。二要发展低碳绿色新型建筑材料。当前，我国95%以上既有建筑是高耗能建筑，而绿色建材仅占建筑业用材料的10%左右。住建部等七部门印发的《绿色建筑创建行动方案》要求，到2022年城镇新建建筑中绿色建筑面积占比达到70%，绿色建材应用空间广阔。三要推动钢铁材料绿色化生产。钢铁有可回收性强、替代高碳材料范围广以及制造过程低碳的特征。要围绕太钢等龙头企业，设立钢铁绿色低碳技术重大科技专项，联合高校、科研院所开展钢铁产品、工艺等绿色低碳技术攻关和产线示范。推动化工、农、林等与钢铁行业联动发展，支持钢铁行业二氧化碳的回收用于驱油驱气，鼓励钢厂余热用于处置生物质能、制备生物质碳与碳汇。配套减税优惠政策，支持钢铁企业采用风电、光电、水电和安全核电等可再生能源替代化石能源。加大钢铁行业绿色低碳标准体系建设力度，引导促进钢铁企业碳减排技术水平提升与规范发展。

四是绿色能源。目前，我国已形成世界上风电、光电最为完整的产业链，预计2035年光伏装机将超过煤电成为我国装机最大的电源，氢能也被视为最具发展潜力的清洁能源，新能源的大规模应用将有效降低对化石能源的依赖。鉴于此，一要推进火电产业的结构优化，积极发展其他清洁能源，完善生物质资源收集、运输、存储、转化体系，重点规划建设一批农林生物质发电和城镇生活垃圾焚烧发电项目。二要利用炼油化工和加油站点有利条件培育市场，推进氢能业务产运储注全产业链可持续发展，引导清洁低碳能源消费。三要积极勘探开发煤层气等资源，加强管网等基础设施建设，依托清洁能源大力发展绿色载能产业。四要加快智能电网建设，推进发电、输电、变电、配电、用电、调度、信息通信平台等全流程智能电网建设，提升电网灵活可靠接纳新能源和用户智能消纳新能源的能力。同时，完善战略性新兴产业电价支持政策体系，完善光热发电示范项目规划布局，促进光热发电技术在城市供暖、系统调峰等领域的应用。

五是新兴产业。近年来，山西省聚力打造 14 个战略性新兴产业取得了很大成效，大数据、信创等产业从无到有、从弱到强，部分细分领域迈入全国第一方阵；太重轨道交通时速 350 公里标准动车组轮轴核心技术实现国产化；中科院山西煤化所掌握了石墨烯等储能材料产业化核心技术，实现了在电动汽车、无人机等领域的示范应用；潞安化工集团研发突破了聚烯烃弹性体等核心关键技术，打破国外垄断。下一步，要聚焦新兴产业、未来产业，持续实施非均衡发展战略。特别是要做强做大信息技术应用创新、半导体、大数据、碳基新材料四类支柱型新兴产业；加快发展光电、特种金属材料、先进轨道交通装备、煤机智能制造装备、节能环保五类支撑型新兴产业；全力培育生物基新材料、光伏、智能网联新能源汽车、通用航空、现代医药和大健康五类潜力型新兴产业；力争到 2025 年，拥有一批在全国具有较高市场占有率和较强竞争力的产业集群，将信创、大数据、半导体等 3~5 个战略性新兴产业打造成为全省新的经济支柱。

六是文旅产业。加快打造世界旅游目的地，全面提升低能耗、低排放、综合效益好、文旅资源丰富的文化旅游产业发展。推动文化产业传承创新。加快推进文化产业区、文化生态区建设，加强国家重大文化和自然遗产地、重点文物保护利用，加大非物质文化遗产保护力度。加强文化资源优势转换，健全文化产业体系和市场体系，加快繁荣文化产业。加快推进全域旅游创建。持续深化以大景区为重点的景区管理体制改革。引进国内外高水平的大型文化传媒企业，发挥好文旅集团作用，促进区域内资源、产品、业态和产业融合发展。深入发展康养旅游和乡村旅游，培育自驾、低空、户外、徒步、冰雪、运动体验等新型旅游业态。

七是现代服务业。建设通道物流产业。充分发挥山西作为"一带一路"、京津冀、黄河流域等交通通道作用，依托国家铁路在山西省形成的交通枢纽优势和物流节点功能，提升重要节点城市枢纽集散功能，推动全省高铁经济带、临空经济发展。整合提升国际货运班列运营能力，打造中欧货运班列品牌，重塑通道枢纽和物流优势。发展软件和信息服务业。围绕智能制造和"互联网+"应用需求，以发展具有自主知识产权的软件技术和产品为突破口，全面提升山西省软件产业的整体竞争实力。加快工业软件的研发和产业化应用，积极推进嵌入式软件开发平台和嵌入式操作系统的研发与产业化，提升两化融合水平。加快推进"互联网+教育""互联网+旅游""互联网+医疗""互联网+交通"等，在政务服务、社会管理、教育医疗、文化旅游、交通运输、乡村振兴等重点领域开发具有品牌优势的行业特色应用软件，带动应用软件产业发展。发展养生保健服务业。主动适应老龄化发展趋势和人民群众高品质生活需求，利用山西省医养康养的优势，大力开发保健功能食品、药膳、药妆、功能性日用品等系列产品，拓展美丽经济、康养医养产业链。

三 山西碳达峰的挑战和机遇

"点亮全国一半灯，暖热华北一半房"，这是山西煤炭产业对全国能源贡献的历史写照。新中国成立以来，山西累计产煤 180 多亿吨，占全国的 1/4，其中七成调往省外，是保障国家能源安全的基石。2022 年 1 月，习近平总书记在山西视察时指出："富煤贫油少气是我国国情，要夯实国内能源生产基础，保障煤炭供应安全。"① 作为全国重要的能源基地，山西实现碳达峰目标，必须立足保障国家能源安全这一重要前提。"十三五"时期，山西全面贯彻习近平新时代中国特色社会主义思想，深入贯彻习近平总书记视察山西

---

① 《习近平春节前夕赴山西看望慰问基层干部群众 向全国各族人民致以美好的新春祝福 祝各族人民幸福安康 祝伟大祖国繁荣富强》，《人民日报》2022 年 1 月 28 日。

重要讲话重要指示精神，坚决落实党中央、国务院各项决策部署，国家资源型经济转型综合配套改革试验区建设深入破题、全面推进，全省高质量转型发展迈出了坚实步伐，治晋兴晋强晋呈现出良好态势。尤其是 2021 年，山西全面贯彻新发展理念，统筹疫情防控和经济社会发展，实现了传统产业加快升级，战略性新兴产业和现代服务业快速成长，转型发展呈现出强劲态势，全年 GDP 增长 9.1%，全省经济总量达到 2.26 万亿元，首次跨过 2 万亿元大关，实现了经济发展进位提质目标。但是，必须清醒地认识到，山西仍然面临着发展不充分和不协调的双重压力、供给侧改革和需求侧管理的双重难题、外部竞争加剧和内生动力不足的双重挑战。尤其是偏重的产业结构下，传统煤炭采掘和火电产业等也给山西的生态环境、碳减排等带来了很大的压力，使得具有资源型地区、欠发达省份、碳排放大省多重身份的山西实现碳达峰目标还面临着一系列挑战。对此，必须要有清醒的认识。

（一）山西黄河流域实现"双碳"目标的挑战

第一，从能源结构看，煤炭依然是主要能源，碳减排难度大，新能源替代亟待拓展。从能源供给结构看，以煤炭为主要代表的化石能源在山西占据主要地位。"十三五"时期，山西大力推进能源革命综合改革，做好煤炭"减、优、绿"的大文章，大力发展太阳能、风能、地热能等可再生能源。5 年来，累计淘汰煤炭落后产能共 1.57 亿吨，全省煤矿先进产能占比由不足 30% 提高到 68%，全省共有 55 座煤矿积极开展绿色开采探索，现役运行的 5900 万千瓦燃煤火电机组全部完成了超低排放改造，煤层气抽采量、利用量全国第一，风电、光伏装机年均增长分别为 24%、63%，装机规模分别升至全国第四、第七位，推动能源供给由单一向多元、由黑色向绿色转变。但作为全国能源重化工基地，煤炭、火电是山西的传统优势产业，在能源供给中的占比依然较高，"一煤独大"的能源供给结构特征明显。从消费结构看，化石能源尤其是煤炭在山西一次能源消费中占据主要地位，90% 以上的碳排放与化石能源的使用有关。山西通过煤炭消费减量等量替代行动，大力推广天然气、电能等清洁能源，逐步提高清洁能源消费占比。然而，数据显示，2020 年全省非化石能源占一次能源消费比重仅为 7.4%，煤炭等化石能源的消费仍占据绝对主体地位；电力热力生产用煤约占全省煤炭消费总量的40%，碳排放约占全省总量的 47%；炼焦用煤约占全省煤炭消费总量的35%，碳排放约占全省总量的 8%，是全省煤炭消费和碳排放重点行业。据测算，每完全燃烧 1 吨标准煤的商品煤，大约生成 2.64 吨二氧化碳。因此，在碳达峰目标约束下，从供给侧和消费端共同发力，进一步推进煤炭资源的清洁、高效、减量化已经刻不容缓。

第二，从产业结构看，传统优势产业节能、降耗、减碳压力大，新兴产业规模化发展亟待拓展。作为全国重要的能源重化工基地和典型的资源型经济省份，山西省在煤炭、电力、钢铁、有色、交通货运、化工、建材、装备制造等传统优势产业领域具备良好的发展基础，对山西经济社会发展作出了重要贡献。以 2021 年为例，山西全年实现地区生产总值 22590.16 亿元，其中，第一产业增加值 1286.87 亿元，占比为 5.7%；第二产业增加值11213.13 亿元，占比为 49.6%；第三产业增加值 10090.16 亿元，占比为44.7%。而同期全国第一产业增加值占比为 7.3%，第二产业增加值占比为39.4%，第三产业增加值占比为 53.3%。可见，以传统产业为代表的第二产业对山西经济的贡献度接近一半，高出全国平均水平约 10 个百分点，山西的产业结构依然偏重，"一煤独大"的特征明显。产业结构偏重直接导致碳减排压力比较大。从产业能源消耗和碳排放看，"十三五"时期，尽管全省单位 GDP 能耗由 2015 年的 1.61 吨标准煤/万元下降到 2020 年的 1.36 吨标准煤/万元，累计下降 15.3%，单位 GDP 二氧化碳排放下降完成国家规定的18% 的考核任务，但是在碳达峰目标下，过去那种依靠资源投入和能源消耗的发展模式已经难以持续，产业结构偏重、能效偏低、发展高碳等问题亟待解决。

第三，从科技创新看，低碳、零碳、负碳技术尚不成熟，推广成本比较高。从全省整体看，由于产业结构不优，研发投入水平较低，高端科技创新平台和人数少，国家重点实验室、国家工程技术研究中心以及两院院士占比不足全国的 1%，由此导致科技创新对全省经济社会发展的支撑力度明显不足。而单就碳减排技术的推广和使用而言，在尚未改变化石能源绝对主导地位的情况下，通过二氧化碳捕获、利用、封存技术（CCUS 技术），将工业生产产生的二氧化碳进行技术处理，转化为化学品或者直接进行封存，是一种有效的碳减排方式，也是能源领域未来提供绿碳的主要方式，对于山西的电力、钢铁、水泥、建材、化工等二氧化碳排放规模较大、减排难度大的传统产业具有重要意义。但目前 CCUS 技术还不成熟，成本比较高，大规模推广使用还存在一定的难度。山西省一些火电企业进行了 CCUS 示范项目建设，仍需要持续进行绿色低碳技术攻关，以进一步提高效率、降低成本。

第四，从碳汇能力看，生态环境改善成效显著，但实现增量提质目标依然任重道远。"十三五"时期，山西深入贯彻习近平生态文明思想，统筹抓好山水林田湖草系统治理，"两山七河一流域"（太行山、吕梁山，汾河、桑干河、滹沱河、漳河、沁河、涑水河、大清河，黄河流域）生态保护和修复工程强力推进，蓝天保卫战约束性目标圆满完成，PM2.5 年均浓度和优良天数比率完成国家下达目标任务，地表水国考断面水质全面退出劣五类，汾河实现"一泓清水入黄河"，全省森林覆盖率达 23.57%，超过全国平均水平，吕梁山生态脆弱区、黄土高原生态修复治理成效显著，生物多样性明显增加，生态碳汇能力有效提升。但是，依然存在森林质量偏低，人造林成林率低，天然林水源涵养、水土保持能力低，森林生态效益差等影响生态碳汇能力提升的问题。

（二）山西黄河流域实现"双碳"目标的机遇

第一，推进黄河流域生态保护和高质量发展的顶层设计。山西地处黄河中游，境内黄河径流占黄河全长近 1/5，黄土高原纵贯省域南北，沟壑纵横、缺水少绿，是黄河流域发展基础最薄弱、生态环境最脆弱、结构性矛盾最突出的地区之一。2020 年 5 月，习近平总书记视察山西时指出，要牢固树立"绿水青山就是金山银山"理念，发扬"右玉精神"，抓好"两山七河一流域"生态修复治理，扎实实施黄河流域生态保护和高质量发展国家战略，推动山西沿黄地区在保护中开发、在开发中保护。黄河流域生态保护和高质量发展上升为重大国家战略，特别是党中央、国务院印发《黄河流域生态保护和高质量发展规划纲要》之后，山西省委省政府从关系山西长远发展的战略高度出发，强化了黄河流域生态保护和高质量发展的顶层设计。山西省第十二次党代会确定了建设黄河流域生态保护和高质量发展重要实验区的战略部署，明确了"四水四定"的要求，提出了抓紧编制出台黄河文化保护传承弘扬、生态环境保护等 10 个专项规划和 11 个市的区域规划，探索建立沿黄地区联动发展机制的任务。2021 年 5 月，印发了《山西省黄河流域生态保护和高质量发展规划》，范围为黄河干支流流经的县级行政区，共 11 市 86 县（市、区）。2022 年 1 月，印发了《山西省"十四五"黄河流域生态保护和高质量发展实施方案》，为黄河流域生态保护和高质量发展重要实验区建设提供了有力支撑。在近年的发展中，山西深入贯彻习近平总书记重要指示精神，认真践行习近平生态文明思想，着眼建设黄河流域生态保护和高质量发展重要试验区，坚持高标准保护，严格"四水四定"，一体推进治山治水治气治城，支持"两山七河一流域"和"五湖"生态修复，国土绿化彩化财化成效明显，污染防治攻坚战取得重大成果，绿色正在成为山西最亮丽的底色。这些顶层设计及其实践成效，加之《山西省坚决遏制"两高"项目盲目发展行动方案》、《山西省重点行业能耗双控行动方案（2021~2025 年）》和《山西省"十四五""两山七河一流域"生态保护和生态文明建设、生态经济发展规划》的出台实施，都为黄河流域生态保护和高质量发展国家战略的实施，为山西实现碳达峰目标提供了重要的发展机遇。

第二，国家资源型经济转型综合配套改革试验区。2010 年 11 月，国务院批准设立山西省国家资源型经济转型综合配套改革试验区，这是第一个全省域、全方位、系统性的国家级综合改革配套试验区，给山西加快资源型经济转型带来了重大历史机遇。经过多年发展，试验区建设取得实质性突破，全省转型发展入轨并呈现强劲态势，为在保障国家能源安全下实现碳达峰目标打下了坚实基础。2017~2019 年，非煤工业平均增速 8.1%，高于煤炭工业 5.4 个百分点，信息技术、高端制造、生物医药、通用航空、光机电等产业集群快速发展，全省工业内部结构实现反转，成为助推碳达峰的一个结构性利好。"十四五"时期，山西将全面贯彻新发展理念，抢抓构建新发展格局机遇，推动全省经济将继续保持稳中向好、长期向好，转型发展呈现集中发力、稳步向前，在国家资源型经济转型综合配套改革试验区建设的引领下，全方位高质量发展的前景必将更加广阔。

第三，山西作为能源革命综合改革试点。习近平总书记在山西考察时指出："山西要落实好能源革命综合改革试点要求，持续推动产业结构调整优化，实施一批变革性、牵引性、标志性举措，从根本上摒弃粗放型发展方式。"近年来，山西深入贯彻落实习近平总书记"四个革命、一个合作"能源安全新战略，在保障国家能源安全的前提下，大力推进煤炭资源清洁利用，加快发展煤层气等非常规天然气增储上产，统筹发展太阳能、风能、地热能、生物质能等新能源，加快建设抽水蓄能电站和储能装置，促进电力生产源头减碳，能源革命迈出了坚实步伐。据统计，2021 年，山西着力推动煤炭、电力、焦化、钢铁等传统优势产业率先转型，煤炭先进产能占比超过75%，电力升级改造 841 万千瓦，非常规天然气产量达到 95 亿立方米，新能源和可再生能源装机容量占比达到 34.3%，工业技改投资同比增长11.3%。同时，战略性新兴产业引领转型作用进一步发挥，国内首套快速掘进智能成套装备成功应用，大运汽车公司氢燃料重卡实现量产下线，成功举办晋阳湖·第二届集成电路和软件业峰会，以信创、大数据、半导体、新能源汽车等产业为代表的新兴产业不断发展壮大，尤其是规上工业战略性新兴产业、高技术制造业增加值分别增长 19.5%、34.2%。这些工作的扎实推进都为山西沿黄地区实现"双碳"目标打下了坚实的基础。未来，通过推进新能源关键技术的研发和应用，大力发展能源互联网，加强多能互补、源网荷储一体化协调控制技术在电力系统中的应用，新能源将在能源供给结构中逐步占据主体地位，煤电将从主体电源逐步演变为调节和保障性电源，通过大力推广碳捕集利用与封存技术（CCUS），还能够逐步实现火电装机的近零碳排放。据山西省"十四五"规划，预计到 2025 年，全省新能源装机将达到 7800 万千瓦，占比超过 40%；到 2030 年，全省新能源装机将突破 1 亿

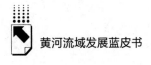

千瓦，成为第一大电源。

第四，山西中部城市群进入国家规划。国家"十四五"规划明确提出培育山西中部城市群，并列入全国 19 个重点城市群之一。这是山西在中部地区争先崛起，在全国版图彰显地位的重大机遇。山西省委省政府紧抓构建新发展格局的历史机遇，提出构建"一群两区三圈"的城乡区域发展新布局：建设太原为国家区域中心城市，带动山西中部晋中、忻州、阳泉、吕梁四市协同发展；建设山西转型综改示范区、太忻一体化经济区，打造全方位推动高质量发展的核心引擎；建设晋北、晋南、晋东南高质量城镇圈，不断提高全省城镇化水平。在城乡区域发展新格局构建过程中，通过推动区域发展协同、产业规划优化升级、基础设施互联互通等举措，能够大幅度提高能源使用效率，减少二氧化碳排放，推动山西实现能源保供任务下的碳达峰目标。

第五，全国国有企业改革三年行动。按照国务院安排部署，山西省把国资国企改革摆在全局工作的突出位置，率先探索对国资监管体制进行深度改革，打造了一批承载转型使命的新兴旗舰企业，尤其是在煤炭领域，通过煤炭企业战略重组，形成了晋能控股和山西焦煤两家大型能源集团，为发挥大型国有企业在碳减排方面的引领示范作用奠定了扎实的基础。例如，作为山西省属规模最大的综合性能源企业，近年来，晋能控股集团深入贯彻习近平生态文明思想，聚焦"双碳"目标，大力拓展水电、分布式光伏、生物质发电、地热能发电等 15 个新能源领域，积极推进清洁能源发展。该集团还依托其科研平台优势，建设国家级技术中心、国家重点实验室等各类科研平台 25 个，开展煤炭清洁高效利用和智能化建设等科研攻关，大力推进能源科技创新取得突破性进展，有效发挥了引领示范作用。

四　山西碳达峰的行动路径

对山西这种长期以资源性经济为主导的省份说来，实现"双碳"目标是一个多层面、多维度相互关联的系统工程，不可能由通过某个区域、某个地区、某个部门的"单打独斗"来完成。必须加强党的领导，统筹沿黄流域各方面、各环节分类施策、持之以恒、重点突破。基于山西省以煤为主的基本的省情，要在 2030 年前实现碳达峰的目标，守护黄河流域的生态安澜，需要将"双碳"目标统筹在高质量发展的目标体系内，大力推行绿色低碳发展，主要是要处理好以下五个平衡。

第一，要处理好在全省域与沿黄流域间实现"双碳"目标的平衡。推进山西黄河流域"双碳"目标的实现，是贯彻落实国家《黄河流域生态保护和高质量发展规划纲要》和《山西省"十四五"黄河流域生态保护和高质量发展实施方案》的要求，同时，也是山西省按照国家总体布局，实现全省域"双碳"目标的任务。既要充分发挥黄河流域各地推进"双碳"目标实现的积极性，也要把这样的发展与山西碳达峰碳中和的主体目标统一起来。事实上，山西沿黄各地的经济社会发展与全省的发展是一个完整的统一体，只有使二者统筹兼顾相互促进，才能加快推进目标的实现。因此，要通过全面深化改革，着力破除制约绿色低碳发展的体制机制障碍，为绿色低碳经济体系的建立和完善形成全省域的发展环境。

第二，要处理好发展与减碳的平衡关系。实现能源绿色低碳发展，是国家确定的战略目标。同时，能源是碳排放的最主要来源，也是较长时期内推动经济社会发展的重要物质基础，是促进发展必须考虑的发展要素。对山西说来，要在尚未完成工业化和城市化进程的条件下倒逼实现碳达峰，要求山西沿黄流域地区既要坚定推进"双碳"目标实现，又要保持稳健发展，兼顾经济社会发展与减碳降耗，避免顾此失彼、损失合理的增长空间。这就必须进一步优化能源结构，构建清洁低碳安全高效的能源体系，在保障能源供应的前提下，尽可能控制化石能源消费总量，推动煤炭等化石能源消费尽早达峰。

第三，要处理好能源结构优化与产业链安全的平衡。实现碳达峰碳中和是实现高质量发展的内在要求。但是必须认识到，碳达峰碳中和是一场广泛而深刻的经济社会系统性变革，必须咬定目标不放松、坚定不移向前进，绝对不可能毕其功于一役。作为能源大省，山西具有丰厚的资源优势，尤其在面对全球能源紧缺和价格上涨的背景下，这个优势尤为珍贵。与此同时，山西的主导产业链高度依赖煤炭，实现绿色低碳发展平衡好减碳目标下能源结构优化调整与产业链、供应链安全之间的关系，避免能源产业占比下降过快导致其他主导产业链出现过早的断裂风险。

第四，要处理好能源保供与高质量发展的平衡。煤炭既是碳排放大户，又是主体能源。以煤为主是我国的基本国情，未来一段时间内煤炭资源在我国能源结构中仍将扮演重要的压舱石角色，这就要求山西要自觉扛起国家能源安全的重任，立足以煤为主的基本国情，推动煤炭和新能源优化组合，加强国内省际合作，以开放的视野考量不同领域、环节、技术、资源的互补，创造条件尽早实现能耗"双控"向碳排放总量和强度"双控"转变，通过以科技创新为核心的高质量发展，加快形成减污降碳的激励约束机制，深入推动能源革命，在高质量发展的框架下寻求煤炭未来发展的出路。

第五，要处理好沿黄流域各地区发展的平衡。山西黄河流域不同地区的资源禀赋、产业结构和发展层次均存在不同程度的差距，减碳降耗的突破口、重点领域、阶段任务也各不相同，应正视各地区的产业基础、能效水平、环境承载等的差异，从各地实际出发制定具有地区特点的绿色低碳发展方案，为主导产业转型预留转型空间。

碳达峰与碳中和目标为山西省高质量发展赋予了新使命，为绿色低碳发展带来了新机遇。应围绕以下七个着力点建立绿色低碳的发展体系。

（一）推动能源结构有序转型，筑牢碳达峰的能源根基

能源活动是碳排放的主要来源，实现能源结构转型是碳减排的关键之举。未来十年是山西实现碳达峰目标的重要战略机遇期，必须紧紧抓住能源结构转型这个"牛鼻子"。山西实现能源结构转型，应该从供给侧和消费端共同发力。就能源供给而言，主要是要实现绿色化。实现能源供给绿色转型，一方面，要加大煤炭、煤层气等化石能源的清洁利用。短期内，煤炭等化石能源依然是主要能源，未来清洁能源大范围推广之后，化石能源将继续发挥调峰稳供的重要作用，山西应发挥资源禀赋优势，推动煤炭、煤层气资源的清洁利用，降低碳排放强度、减少碳排放总量。尤其是要大力开发煤层

气这一优势能源，作为一种与煤炭共伴生的能源资源，山西累计探明煤层气地质储量 5814.36 亿立方米，保有资源储量 2697.1 亿立方米，储量居全国第一，应借助中央驻晋企业、省属大型能源集团的技术优势，进一步推动煤层气的开采、运输、利用全流程清洁化，发挥其在能源供给结构转型中的独特作用。另一方面，要加大太阳能、风能、地热能、氢能、生物质能等清洁能源的开发力度。经过"十三五"时期的快速发展，山西清洁能源发展已经具备一定的技术积累、产业规模和规模优势。风电光伏产业要坚持集中式和分布式并举，统筹风光资源开发和国土空间约束，利用采煤沉陷区、荒山荒坡、盐碱地等，加快建设一批风电光伏能源基地，推动新能源与传统能源优势互补。山西地热资源丰富，初步探测出地热田面积约 5 万平方公里，约占全省总面积的 30%，开发利用潜力巨大。尤其是太原市城区地热资源丰富，且与城市发展方向高度重合，目前山西综改示范区部分园区已经启用地热能、天然气综合能源站清洁供热，通过地热梯级利用、燃气阶段调峰方式能够大幅降低供热碳减排。氢能是一种清洁的可再生二次能源，具有能量密度大、热值高、移动方便等优点，山西可利用煤制氢成本低廉的优势，依托煤炭、焦化、汽车制造等方面的技术和产业基础，通过场景化应用牵引氢能产业发展。此外，还可利用有利地形条件，规划建设一批抽水蓄能电站，作为新型电力系统的重要基础和主攻方向。就能源消费而言，主要是实现电气化。终端能源消费的电气化，可以大大减少碳排放。要加大智能电网、储能设施建设，加快电力体制改革，着力推进工业、交通运输、建筑等领域的电能替代。全面禁止散煤直接燃烧，大力推广高效清洁燃烧炉具，因地制宜开展"煤改气""煤改电"，有序推动煤炭减量替代，严格合理控制煤炭消费增长，尽早实现煤炭消费达峰。科学布局大数据中心、5G 基站等新型基础设施，探索分布式能源站点、"光伏+储能"等多元化供能模式，推广使用高效制冷、先进通风、余热利用、智能化用能技术等，提高设备设施的能效水平。

（二）推动经济绿色低碳发展，夯实碳达峰的产业基础

实现经济绿色低碳发展，从源头减少碳排放，是确保实现碳达峰目标的

重要保障。一是推动各类经济开发区实现绿色发展。开发区的产业集中度高，是山西高质量转型发展的主战场。通过优化开发区园区规划，统一建设各类基础设施，合理布局产业上下游企业，不仅能够实现产业链、供应链协同发展，大大减少交通运输的碳排放，而且能够实现工业能源消费的集中化，便于开展二氧化碳集中收集和储存。二是鼓励微观主体积极参与碳达峰行动。引导全省大中小企业、行业协会等各类市场主体和社会组织，针对各行业、各领域的不同特点，制定碳达峰具体路径和落地举措，鼓励和引导国有能源集团、大型发电企业制定企业碳达峰方案，对碳排放量大的各类发电机组、工业窑炉等生产设备，进行智能化、清洁化、电气化改造，推动全省各行业有序碳减排。三是加快发展新基建、新技术、新材料、新装备、新产品、新业态。"六新"代表了未来经济的发展方向，要立足资源禀赋优势，实施千亿产业培育工程、全产业链培育工程、高成长性企业培育工程、未来产业培育工程，推动战略性新兴产业集群化发展，实现由外延粗放向内涵集约转变发展。

（三）重点产业领域率先突破，发挥碳达峰的牵引作用

产业结构偏重是低碳发展的主要制约因素。煤炭、电力、钢铁、有色、交通运输、化工、建材、装备制造等是山西碳排放的主要产业和领域，也是碳达峰的关键着力点。要加快传统优势产业改造提升，降能耗、提能效，减污降碳相协同，实现高质量转型发展。煤炭产业要坚持高端化、多元化、低碳化发展，以技术突破和科技创新为根本，推动绿色安全开采，发挥能源安全"压舱石"作用，因地制宜发展煤制油、煤制氢、煤基碳材料等新产业，实现煤炭由能源到原料、材料、终端产品转变，推动煤炭向高端高固碳率产品发展。电力产业要分类淘汰整合落后产能，合理控制新增煤电规模，实施煤电机组节能降耗改造、灵活性改造、供热改造，加快推动煤电向基础性保障性和系统调节性电源并重转型，兼顾省内自用和外送需求。钢铁产业的高能耗、高排放特征明显，以太原钢铁（集团）为代表的钢铁企业，协同推进减污和降碳，构建循环经济产业链，推动全流程超低排放，未来应大力发

展电炉和氢能炼钢，提高资源使用效率，向低能耗、低排放转变。山西铝土矿、镁矿资源储量全国第一，具备发展有色金属产业的独特优势，要推进清洁能源替代，逐渐提高可再生能源的生产应用，推广使用新型低碳工艺装备和技术，提高能源使用效率，从源头减少碳排放。以公路为主的运输结构，使得山西交通运输行业碳排放量大，要鼓励以铁路运输代替公路运输，降低交通碳减排；加快电动、氢燃料汽车产业发展，提高交通用能的电气化水平；持续完善城市公共交通系统，提高省内交通便捷度；以高速公路、高速铁路、运输机场为主体，加快建设内联外通、立体高效的沿黄对外大通道。水泥、玻璃、陶瓷等建材行业，利用化石能源供给工业窑炉、熔炉，污染物和碳排放量大，要加快推广电能加热替代，淘汰高耗能、高污染落后产能，提高生产的绿色、低碳水平。

（四）加强绿色技术研发推广，夯实碳达峰的技术支撑

推进各领域高效节能技术的研发推广，是降低能源消耗、促进碳减排的重要技术手段。山西应立足资源禀赋和产业状况，着力破解制约产业实现高质量发展的关键技术，多措并举推进核心技术研发、先进技术引进和关键技术应用示范。一是完善科技创新体制机制。深化科研管理、经费使用改革，为科研人员减负松绑，激发科研人员的积极性；采取"揭榜挂帅"、"赛马制"、委托定项、并行支持等机制，提高科研产出效率；鼓励科研院所、企事业单位开展技术合作，联合攻克技术难题。二是加强科技创新能力建设。加大科技创新经费投入，建设、引进一批国家级重点实验室、省级重点实验室，支持国内高层次人才驻晋开展包括绿色开采、绿色消费、新能源等方面减碳、零碳、负碳技术攻关，重点支持省内山西大学、太原理工大学、中北大学等理工类院校培养高层次专业人才。三是聚焦前沿领域开展研究。加强对煤炭清洁低碳高效利用、煤层气绿色开发、大规模储能、氢燃料电池、智能电网、电气化等技术的研发，不断推进能源科技创新，推动能源关键核心技术取得突破性进展，抢占能源转型变革先机。四是加强新型技术推广应用。加大减碳降耗技术的研发推广。如电力系统的深度脱碳技术、工业领域

的余热利用技术、建筑领域的绿色节能技术等，能够实现资源回收利用、能源效率提升、碳排放降低等，在山西的煤炭、钢铁、焦化等行业应用前景广阔。加大零碳技术的研发推广。如非可再生能源（风光、生物质能、核能、氢能等）技术、零碳工艺再造技术、能源互联网技术、"光储直柔"技术等，能够实现全生命周期的零碳排放，有助于可再生能源的大范围推广。加大负碳技术的研发推广。如碳移除、生物质能碳捕集与封存、土壤固存和生物炭等，山西的高排放企业可以通过负碳技术，将原本废弃的排放物转化为具有高附加值的碳基材料。

（五）构建碳减排的政策体系，强化碳达峰的制度保障

积极有效的碳减排政策体系，是实现碳达峰目标的重要抓手。一是完善投资、金融、财税、价格等政策体系，加大碳减排项目政策扶持力度，优先发展绿色低碳产业。把涉及碳达峰碳中和的产业作为优先扶持、优先投资的领域，加大财政对低碳技术研发、绿色产业发展的支持力度，强化环境保护、新能源、节能节水等优惠政策落实。二是构建能源消费的强度和总量"双控"机制，坚决遏制"两高"项目。要建立健全碳达峰碳中和标准计量和统计监测评价体系，完善碳排放数据管理和发布制度，逐步实现与国际标准的衔接。严格控制能源强度、碳排放强度，并作为地区高质量发展的重要评价指标，遏制高排放、高能耗项目盲目发展，坚决退出低端、落后、过剩产能。三是积极发展绿色金融，支持绿色低碳项目建设。通过设立碳减排货币政策工具等举措，统筹推进绿色电力交易、用能权交易、碳排放权交易等市场化机制的建设，有序推进绿色低碳金融产品和服务的开发。研究制定金融支持绿色发展的专项政策，充分发挥金融在资源配置中的积极作用，引导扶持多元投融资主体投资绿色低碳项目，加大对绿色技术研发推广、绿色基础设施建设、绿色新业态项目的投资力度。四是积极参与碳排放权交易所建设，充分发挥碳市场作用。碳排放权交易是严格控制"两高"项目建设，实现碳达峰的重要手段，要立足山西能源重化工基地实际，建立健全碳排放权交易的政策体系、法律体系、标准体系，加强碳金融产品工具创新，推动

电力、煤炭、钢铁、有色、建材等行业企业积极参与国家碳排放、用能权交易，促进企业绿色转型、低碳发展。五是健全碳减排法律体系，加强碳达峰的硬性约束。按照碳达峰目标要求，研究制定碳达峰碳中和的地方性法规，加快修订各类规章制度中与要求不相符的条款，专门增设节能、减碳、降耗的相关条款，发挥法律法规的刚硬约束作用。

（六）提升生态系统碳汇增量，增强碳达峰的基础支撑

黄河流域生态保护和高质量发展重要试验区建设，给山西提升生态系统碳汇增量带来了难得的机遇。要牢固树立山水林田湖草沙一体化保护和修复的理念，开展综合治理、系统治理、源头治理。深入开展国土绿化彩化财化行动，遵循黄土高原地区植被地带分布规律，坚持抚造并重、保育结合，坚持乔灌草搭配、阔叶针叶混交，有效提高森林质量，全面提升森林覆盖率和保有量。实施河流湿地、湖泊湿地、沼泽湿地生态保护修复工程，完善湿地分级分类管理体系，加快建设国家级、省级湿地公园，增强湿地系统固碳能力。以晋中国家农高区为龙头，引领农业生态技术的研发和推广，推动畜禽养殖粪便、农业秸秆等综合利用，提升生态农业碳汇。

（七）营造绿色低碳发展氛围，营造碳达峰的社会环境

碳达峰目标的实现，需要全社会各个层面的广泛参与。利用好太原能源低碳发展论坛这一国家级、国际性、专业化论坛平台，推动全社会形成绿色低碳发展的共识。开展低碳社区、低碳机关、低碳学校创建活动，增强全民环保和节约意识，引导公众形成简约适度、绿色低碳、文明健康的生活方式。政府机关、企事业单位带头采购绿色节能产品，支持绿色产业发展，引导公众树立绿色消费习惯。广泛宣传和普及碳达峰碳中和基础知识，选树节能降碳先进典型，营造碳达峰的良好社会环境。

B.10

陕西：推动能源工业高质量发展及产业绿色低碳转型

张品茹　张　倩　张爱玲　李　娟*

摘　要： 陕西黄河流域是全国唯一的煤炭、石油、天然气三大能源富集区域，是国家重要能源化工基地，是我国西北部现代化发展的核心引领区，也是向西开放的战略支撑区，是实现黄河流域碳达峰碳中和的重点地区。在经济进入"新常态"和新冠肺炎疫情影响下，陕西黄河流域碳排放量增速趋于减缓，经济发展与碳排放实现弱脱钩。本报告依据 STIRPAT 模型，采用岭回归分析估算，在陕西人口中速增长、人均 GDP 中速增长、城市化率中速增长、碳排放强度高速下降、产业结构高速调整的情况下，陕西省可以在 2029 年实现碳达峰。陕西黄河流域碳达峰的重点行业是能源产业，重点地区是榆林和渭南地区。

关键词： 能源工业　碳达峰　绿色低碳发展　陕西黄河流域

在碳达峰碳中和目标牵引下，陕西黄河流域生态保护和高质量发展将迎来更多机遇，同时煤炭资源禀赋、工业化和城镇化进程、疫情时代经济下行

---

* 张品茹，博士，中共陕西省委党校（陕西行政学院）管理学教研部副主任、副教授，研究方向为创新创业教育、区域创新发展；张倩，中共陕西省委党校（陕西行政学院）管理学教研部讲师，研究方向为生态文明与生态经济；张爱玲，中共陕西省委党校（陕西行政学院）管理学教研部讲师，研究方向为产业经济和区域经济；李娟，中共陕西省委党校（陕西行政学院）管理学教研部副教授，研究方向为财务管理和产业经济。

压力等因素也将对这一目标实现带来重大挑战。遵循 2021 年 9 月习近平总书记在陕西榆林考察时的重要讲话精神，陕西黄河流域应以全力增加碳汇量，加快传统能源及相关产业低碳发展，加快构建绿色清洁高效的现代能源产业体系，依靠科技创新发展绿色产业及推进低碳城镇化，摆脱高碳锁定，促使经济社会发展走上绿色低碳循环发展之路。

一　陕西黄河流域碳排放的基本情况

自 20 世纪 80 年代初在陕西黄河流域陕北地区发现大煤田以来，陕西黄河流域能源工业迅速发展，带动整体经济快速增长。特别是进入 21 世纪，陕西煤炭价格持续攀升，能源工业经历了从初期低端粗放、竭泽而渔式的"挖煤卖煤"到"十一五"时期向绿色安全智能的现代化能源工业转型，从"十二五"时期的产能过剩到"十三五"时期产业结构优化升级，能源工业逐步走上高质量发展之路。在对陕西黄河流域经济发展趋势、能源消费趋势以及省内外数据对比分析的基础上，以 2005~2020 年能源工业向高端转型发展这一时间段为基础，计算陕西主要能源碳排放量，利用 STIRPAT 模型研究碳排放影响因素，借助岭回归分析推测出各影响因素的系数，并通过情景模拟进一步探究陕西碳达峰实现的时间及有效手段。

（一）陕西黄河流域基本情况

1. 经济发展趋势分析

2005~2020 年陕西生产总值数据显示，从总量看，生产总值由 3675.66 亿元增加至 26181.86 亿元，全国排名从第 21 位跃升至第 14 位；从增长趋势看，生产总值增速呈现先升后降的趋势，2005~2008 年增长速度持续上扬，2008 年生产总值增速为 14.7%，达到这一阶段最高点，2012 年进入"经济新常态"，经济增速明显下行，尤其是近三年，受新冠疫情影响，生产总值增速剧烈下滑，由 2018 年的 8.1% 跌到 2020 年的 2.2%（见图 1）。从产业角度分析，陕西三次产业结构逐步优化，三次产业占比由 2005 年的

11.35∶47.94∶40.71 调整为 2020 年的 7.72∶45.67∶46.61，其中，第一产业比重始终较低且在缓慢下降；第二产业比重近五年有所下降，但仍占据了生产总值的"半壁江山"，第二产业与生产总值增速变动趋势轨迹吻合，这说明第二产业对生产总值有显著影响作用；第三产业比重总体呈现先降后升，近五年上扬趋势明显，并于 2020 年首次超过第二产业比重（见图 2）。

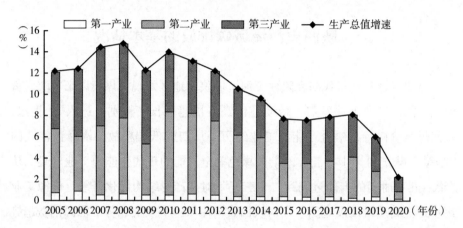

图 1　2005~2020 年陕西省三次产业对生产总值增长的拉动趋势

资料来源：《陕西统计年鉴》（2006~2021 年）。

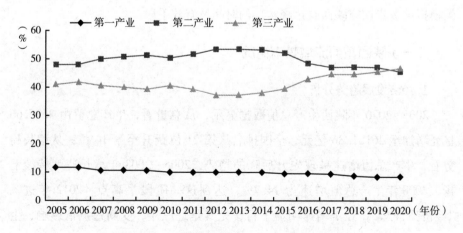

图 2　2005~2020 年陕西省三次产业结构变动趋势

资料来源：《陕西统计年鉴》（2006~2021 年）。

2. 区域发展对比分析

通过对黄河流域各省区对比分析发现，2020 年黄河流域九省区地区生产总值之和占全国生产总值的 25.07%，其中陕西省占全国生产总值的比重为 2.59%，低于黄河流域各省份平均水平，在九省区中排名第四，落后于山东、河南、四川，与排名第一的山东（7.22%）还有较大差距。从人均国内生产总值来看，陕西 2020 年人均国内生产总值为 66292 元，高于黄河流域人均国内生产总值平均水平（57326 元），在黄河流域中排名第三，与排名第一的山东省相差 5859 元。近年来，陕西省城镇化率稳步提高，2020 年城镇化率达到 62.66%，低于内蒙古、宁夏、山东，但高于黄河流域九省区城镇化率平均水平（60.57%）。

通过对陕西省内各地市分析发现，关中（西安、铜川、宝鸡、咸阳、渭南）、陕北（榆林、延安）、陕南（汉中、安康、商洛）三大区域经济发展极不均衡。关中地区西安市地区生产总值占全省比重达到 38.52%，人均地区生产总值及城镇化率也远超全省平均水平；陕北地区榆林市人均地区生产总值高达 112974 元，在全省遥遥领先，比排名第二的西安市高出 33793元，这得益于当地煤炭资源富集；陕南地区生产总值占全省地区生产总值比重偏低，人均地区生产总值明显低于除渭南以外的省内其他地市，城镇化率低于全省平均水平（见表 1）。

表 1   2020 年黄河流域各省区及陕西省各地市数据对比

单位：元，%

地区	GDP 占全国比重	人均GDP	城镇化率	陕西地市	GDP 占全省比重	人均GDP	城镇化率
山西	1.74	50528	62.53	西安	38.52	79181	79.20
内蒙古	1.71	72062	67.48	铜川	1.47	53021	63.67
山东	7.22	72151	63.05	宝鸡	8.75	67666	57.04
河南	5.43	55435	55.43	咸阳	8.48	55189	55.44
四川	4.80	58126	56.73	渭南	7.17	39207	49.31
陕西	2.59	66292	62.66	榆林	15.72	112974	61.60
甘肃	0.89	35995	52.23	延安	6.16	69934	61.37'

地区	GDP占全国比重	人均GDP	城镇化率	陕西地市	GDP占全省比重	人均GDP	城镇化率
青海	0.30	50819	60.08	汉中	6.13	49179	50.96
宁夏	0.39	54528	64.90	安康	4.19	43378	49.92
黄河流域	25.07	57326	60.57	商洛	2.84	35381	48.03

资料来源：《中国统计年鉴2021》《陕西统计年鉴2021》。

3. 能源消费趋势分析

陕西能源消费总量不断上升，从2005年的5571.34万吨标准煤增加到2020年的13512.26万吨标准煤，16年间增长了1.43倍，年均增长率为6.14%。能源消费增长率总体呈现下降趋势，从2005年的18%降到2020年的0.25%，低于全国同期（2020年）的增长率2.16%。随着以能源为主的高耗能产业的改造升级，能源消费总量增长趋势变缓，目前呈低速增长态势（见图3）。从能源消费结构来看，煤、石油、天然气及水电风电等的消费比重从2005年的75.55：17.36：4.09：3.00调整为2020年的75.26：6.37：10.46：7.91（见图4），陕西能源消费结构变化不大，其中，煤炭消费在所有能源消费总量中的比重一直保持在70%~75%，表明煤炭消费一直稳居主要地位，与同等单位其他能源相比，煤炭的二氧化碳排放系数最高，因此，能源结构中煤炭所占比重越高碳排放量越高；石油消费量呈现先升后降趋势；天然气消费比重呈现缓中趋稳、逐步回升态势，自2016年开始，天然气在所有能源消费中的比重超过石油。与同等单位煤炭、石油相比，天然气所排放的二氧化碳含量低，因此天然气消费比重上升有助于二氧化碳减排。水电、风电及其他能源消费量呈缓慢增长趋势，由于水电、风电及其他能源发电在生产及消费过程中对生态环境的污染较小，因此被视为"无碳能源"或"清洁能源"，这种能源消费量增加会降低对环境的污染。

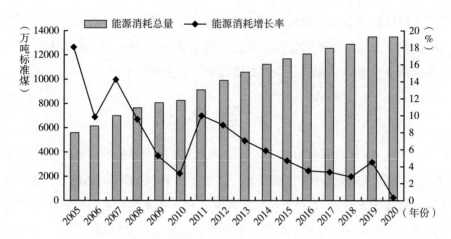

图3　2005～2020年陕西省能源消费总量及增长率变化趋势

资料来源：《陕西统计年鉴》（2006～2021年）。

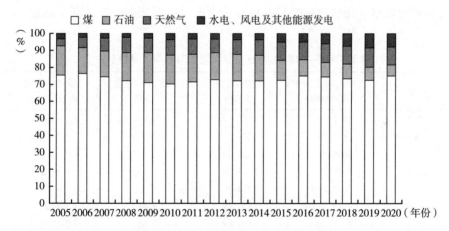

图4　2005～2020年陕西省主要能源占总能源消费比重

资料来源：《陕西统计年鉴》（2006～2021年）。

（二）陕西黄河流域碳排放情况

1.碳排放量分析

我国还没有碳排放量的直接监测数据，截至目前，大部分的碳排放研究都是基于对能源消费量的测算得来。通过查找《陕西统计年鉴》中的能源数据，可以获得 2005～2020 年陕西主要能源，包括煤炭、石油、天然气和水电、风电及其他能源发电等各类能源的消费量。参照《IPCC 国家温室气体排放清单指南》（2006），采用的碳排放计算公式如下：

$$C = \sum_{i=1}^{n} E_i \times K_i \tag{1}$$

式（1）中：碳排放总量用 C 表示，E_i 表示第 i 种能源的消费量，K_i 表示第 i 种能源的碳排放系数，i 代表煤炭、石油、天然气和其他能源（水电、风电及其他能源发电）。本报告选取国家发展和改革委员会能源研究所制定的能源碳排放系数进行计算，煤炭、石油、天然气、其他能源（水电、风电、核电等）的碳排放系数分别为 0.7476t/tec、0.5825t/tce、0.4435t/tce 和 0t/tce，从而算出历年陕西碳排放总量，用碳排放总量除以年底人口数量得到人均碳排放量，用碳排放总量除以年度生产总值得到碳排放强度（见表2）。

表 2　2005～2020 年陕西省各类能源消耗量及碳排放总量

年份	能源消耗总量（万吨标准煤）	碳排放总量（万吨）	人均碳排放量（吨）	碳排放强度（吨/万元 GDP）
2005	5571.34	3811.12	1.033	0.998
2006	6113.21	4205.55	1.137	0.915
2007	6985.95	4758.13	1.283	0.837
2008	7650.71	5172.85	1.391	0.721
2009	8043.60	5414.80	1.453	0.677
2010	8287.63	5526.68	1.480	0.561
2011	9107.48	6111.08	1.623	0.502
2012	9914.53	6696.76	1.768	0.474
2013	10610.48	7100.45	1.867	0.446
2014	11222.46	7502.37	1.960	0.431
2015	11745.93	7756.55	2.017	0.433
2016	12146.47	8054.00	2.079	0.423
2017	12548.52	8225.63	2.107	0.383
2018	12900.38	8352.25	2.125	0.349
2019	13478.06	8616.81	2.185	0.334
2020	13512.26	8730.38	2.207	0.333

资料来源：《陕西统计年鉴》（2006～2021 年）。

碳排放总量随着能源消费总量的增加而增加，陕西碳排放总量从2005年的3811.12万吨增加到2020年的8730.38万吨，增长了1.29倍，年均增长率达到5.74%。近年来，随着产业结构向高端化、低碳化转变，陕西能源工业开始下滑，从而使得碳排放的增速放缓，2020年碳排放增长率降低到1.32%。陕西人均碳排放量从2005的1.033吨增加到2020年的2.207吨，增长了1.1倍，年均增速达到5.25%。近3年来增长趋于缓慢，2020年人均碳排放量增长率仅为1.03%。

2.碳排放强度分析

碳排放强度可以衡量经济增长的效率和能源利用效率。碳排放强度越低，说明同等产值下碳排放量越少，经济增长越健康。陕西碳排放强度总体处于下降的趋势，从2005年的0.998吨/万元GDP下降到2020年的0.333吨/万元GDP，下降了66%，这主要得益于技术进步与经济的快速增长，也说明陕西的节能减排工作取得了一定成效，产业结构及能源结构在一定程度上得到优化调整。但是，只有当碳排放强度下降的比率大于GDP增长的比率，才能真正实现碳排放与经济增长相脱钩。分析发现，陕西省2005~2020年碳排放强度年均下降比率为6.9%，同期生产总值年均增长率为10.26%，二者还有一定差距，这意味着陕西经济增长对物质资源消耗和环境承载能力消耗产生较大影响。随着经济增长速度的放缓，碳排放强度的降低愈加困难，陕西碳排放形势不容乐观，距离实现绿色低碳循环发展还有很大差距。在"双碳"目标背景下，陕西面临着比较严峻的减排形势。

（三）陕西黄河流域碳排放的主要影响因素

STIRPAT模型是目前研究碳排放影响因素问题时应用最广泛的模型，可以定量研究碳排放与各影响因素之间的关系，该模型是在传统IPAT模型的基础上拓展得到的非线性模型，基本形式为：

$$I = aP^b A^c T^d e \tag{2}$$

式中，I表示碳排放量，P、A、T分别表示人口数量、富裕程度和技术水平，a 为常数，b、c、d 分别表示对应变量的弹性系数，e 为模型误差。

本报告在相关学者研究的基础上[①]，结合实际情况，提出影响陕西碳排放的五个因素，将模型进一步拓展如下：

$$I = aP^b A^c T^d U^f IS^g e \tag{3}$$

两边取对数，可得：

$$\ln I = \ln a + b\ln P + c\ln A + d\ln T + f\ln U + g\ln IS \tag{4}$$

其中，I 表示碳排放量；P 表示人口数量，用年底人口数衡量；A 表示富裕程度，用人均 GDP 衡量；T 表示碳排放强度，用单位 GDP 的碳排放量来衡量；U 表示城镇化率，用城市人口占总人口比重衡量；IS 表示产业结构，用第二产业产值占 GDP 比重衡量。

另外，a 为常数，b、c、d、f、g 分别表示对应变量的弹性系数，反映各影响因素对碳排放的影响作用大小。其中正负代表影响作用方向，绝对值代表影响作用大小。

通过《中国能源统计年鉴》《陕西省统计年鉴》查找 2005～2020 年相关历史数据，将人口数量、人均 GDP、碳排放强度、城镇化率、产业结构作为自变量，碳排放总量作为因变量，运用 STIRPAT 模型对碳排放量与各影响因素关系进行拟合，为了避免多重共线性问题，采用 Ridge 回归（岭回归）分析，当 k=0.04 时，自变量的标准化回归系数趋于稳定，整体拟合度较好。模型 R 方值为 0.987，意味着人口数量、人均 GDP、城镇化率、产业结构可以解释碳排放总量 98.72% 的变化原因，分析结果详见表3。

最终构建出陕西省碳排放预测模型如下：

$$\ln I = -6.999 + 1.768\ln P + 0.162\ln A - 0.121\ln T + 0.526\ln U + 0.29\ln IS \tag{5}$$

由解释变量系数可以看出人口数量、人均 GDP、城镇化率、产业结构

---

① 闫新杰、孙慧：《基于 STIRPAT 模型的新疆"碳达峰"预测与实现路径研究》，《新疆大学学报》（自然科学版）2022 年第 2 期；毕莹、杨方白：《辽宁省碳排放影响因素分析及达峰情景预测》，《东北财经大学学报》2017 年第 4 期。

表3　陕西碳排放预测模型回归分析结果

项目	非标准化系数	标准误差	标准化系数	t	p	R^2	k
常数	-6.999	5.577	-1.255	-1.255	0.238		
人口数量	1.768	0.696	2.540	2.540	0.029*		
人均GDP	0.162	0.015	10.574	10.574	0.000**	0.987	0.04
城镇化率	0.526	0.053	9.874	9.874	0.000**		
产业结构	0.290	0.177	1.641	1.641	0.032*		
碳排放强度	-0.121	0.036	-3.343	-3.343	0.007**		

注：$*p<0.05$，$**p<0.01$。

均会对碳排放总量产生显著的正向影响关系，碳排放强度会对碳排放总量产生显著的负向影响关系；从系数绝对值可以看出对陕西省碳排放量影响程度从大到小的因素分别是人口、城镇化率、产业结构、人均GDP、碳排放强度。

将2005~2020年相关数据代入方程（5），将模型预测结果与实际数值进行比对，可以看出测算值与实际值拟合程度较好，说明该方程满足实际需求（见图5）。

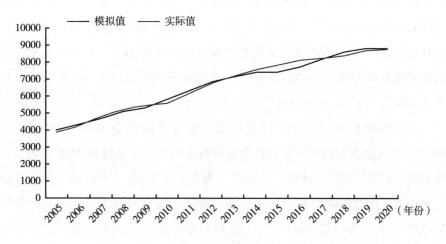

图5　模型拟合

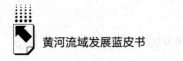

（四）陕西黄河流域碳达峰预测

为了更好地预测陕西黄河流域碳达峰前景，本报告参照已出台的国家和省级总体规划及能源、产业等领域专项规划，基于陕西省关于经济增长、产业结构、产值能耗、能源结构、碳排放强度等指标的历年数据和发展趋势进行设置，考虑到2030年碳达峰的目标要求，将研究的时间跨度适当延长，设定为2020~2040年，将其划分为4个阶段，以5年为周期对不同情景的变化率进行调整，下面是各因素在不同阶段的具体设置。

人口数量因素（P）的情景设置。"十二五"以来，陕西人口总量增长放缓，总体保持低生育率、低死亡率和低增长率的"三低"模式，人口自然增长率年均3.82‰，人口增长低于全国平均水平。2015年底全面两孩政策实施后，"十三五"时期生育水平适度回升，出生人口有所增多，陕西人口自然增长率年均为4.49‰。陕西省第七次人口普查数据显示，截至2020年陕西省人口数量达到3952.9万人。《陕西省人口发展规划（2016~2030年）》中提出2020年以后受育龄妇女数量减少及人口老龄化带来的影响，人口总量增速趋缓，2030年预计达到4000万人，总人口将在2030年前后达到峰值，增长率为0‰，故本报告将人口增长率中速情景设定为2020年陕西人口自然增长率4.4‰的基础上每年减少0.44个千分点，2030年前后达峰后每年减少0.1个千分点；高速情景下设定为每年减少0.34个千分点，预计2033年前后达到峰值，此后每年减少0.08个千分点；低速情景下设定为每年减少0.54个千分点，预计2028年前后达到峰值，此后每年减少0.12个千分点。

人均GDP因素（A）的情景设置。2020年陕西省实际人均GDP为66292元，《陕西省国民经济和社会发展第十四个五年规划和2035年远景目标纲要》（以下简称《陕西"十四五"规划》）提到"十四五"发展目标为人均地区生产总值达到9万元左右，2035年远景目标人均地区生产总值较2020年翻一番，即132470元，达到中等发达国家水平。基于此，本报告将"十四五"期间陕西人均GDP增长率中速情景下设定为6.33%，第二阶段和第三阶段人均 GDP 增长率分别在上一阶段基础上下降 1.6 个百分点，从第四阶段开始人均 GDP 增长率每年在上一年度基础上下降 0.1 个百分点；高速情景下设定为 7.33%，第二阶段和第三阶段人均 GDP 增长率分别在上一阶段基础上下降 1.5 个百分点，从第四阶段开始人均 GDP 增长率每年在上一年度基础上下降 0.1 个百分点；低速情景下设定为 5.83%，第二阶段和第三阶段人均 GDP 增长率分别在上一阶段基础上下降 1.7 个百分点，从第四阶段开始人均 GDP 增长率每年在上一年度基础上下降 0.1 个百分点。

碳排放强度因素（T）的情景设置。随着经济的发展碳排放强度会逐渐降低，但研究表明碳排放强度呈现降低的递减规律。2015 年 6 月，我国公布的《强化应对气候变化行动——中国国家自主贡献》（INDC）中提出，到 2020 年，单位国内生产总值二氧化碳排放比 2005 年下降 40%~45%，到 2030 年，单位国内生产总值二氧化碳排放比 2005 年下降 60%~65%。陕西省 2020 年碳排放强度比 2005 年降低 66.6%，已经提前超额完成 2030 年目标。另外，我国"十四五"规划中提出，到 2025 年，碳排放强度要比 2020 年降低 18%。故本报告将"十四五"期间陕西碳排放强度变化率中速情景下设定为-3.6%，高速情景下设定为-4.6%，低速情景下设定为-2.6%，之后在此基础上逐步降低。

城镇化率因素（T）的情景设置。随着经济的发展城镇化率会逐渐升高，但是增长速度会越来越慢。陕西省城镇化率已由 2005 年的 37.24% 提升至 2020 年的 62.66%，超过"十三五"规划中提到的 2020 年陕西省城镇化率要达到 60% 的目标。《陕西"十四五"规划》中提到城镇化正在加速向高水平阶段迈进，2025 年城镇化率要达到 65%，基于此，本报告将"十四五"期间陕西城镇化增长率中速情景下设定为 0.8%，从第二阶段开始每年增长率在上一年基础上降低 0.01 个百分点；高速情景下设定为 1.0%，从第二阶段开始每年增长率在上一年基础上降低 0.02 个百分点；低速情景下设定为 0.7%，从第二阶段开始每年增长率在上一年基础上降低 0.005 个百分点。

产业结构因素（IS）的情景设置。陕西省依赖资源型产业的发展，推动产业结构转型升级是陕西"十四五"发展重要目标。随着地区经济的发展第二产业占比会慢慢降低，2005~2020年陕西省第二产业占比呈现先升后降趋势，2013年高达53.83%，此后，第二产业占比逐渐下降，2020年陕西第二产业占GDP的比重约为43.4%。陕西《2021年度政府工作报告》中指出"统筹推进传统产业转型升级和战略性新兴产业培育壮大"，《陕西"十四五"规划》指出"陕西省工业化正在由中期向后期跨越"，"欠发达仍然是基本省情"。由于第二产业在经济发展中仍然具有重要地位，故本报告假设"十四五"期间陕西第二产业产值占总产值比重中速情景下降低1个百分点，高速情景下降低1.2个百分点，低速情景下降低0.8个百分点，之后每阶段在上一阶段基础上下降0.1个百分点。

为了探究陕西"碳达峰"的优化路径，本报告将五种因素不同增长速度进行组合，一共建立了四种情景模拟预测陕西未来碳排放趋势（见表4）。

表4 情景组合

情景	人口数量	人均GDP	城镇化率	碳排放强度	产业结构
基准情景	中速	中速	中速	中速	中速
产业升级情景	中速	中速	中速	中速	高速
能源清洁情景	中速	中速	中速	高速	中速
绿色发展情景	中速	中速	中速	高速	高速

基准情景。人口数量、人均GDP、城镇化率、碳排放强度、产业结构五个因素的变动率都是按照中速设定。人口数量在现有基础上保持中速增长，既能保证经济发展对劳动力要素的需求，又能避免人口增长过快导致的碳排放快速增长。人均GDP和城镇化率在现有基础上稳步提高，也就是在既有政策和规划下不额外采取减排行动干预陕西未来碳排放情况。

产业升级情景。在基准情景基础上，将产业结构设为高速，该情景下大力发展服务业，同时优化工业内部结构，抑制高耗能和低附加值行业的过快发展，促进低排放和高附加值行业的发展。

能源清洁情景。在基准情景基础上，大力推广和应用节能技术，更加有效地降低工业产品能耗，该情景下设定更高的可再生能源和清洁能源比重，各部门根据具体实际情况，将煤炭替换成电力或者天然气，推动能源清洁化发展。

绿色发展情景。在基准情景基础上，绿色发展情景结合了产业升级和能源清洁情景，双管齐下，从整体来考量多种不同减碳措施的碳减排效果和贡献。

将表4中四种情景组合对应的数值带入公式（4）中，得到陕西2020~2040年的碳排放趋势（见图6）以及不同情景下碳达峰的时间和峰值大小（见表5）。

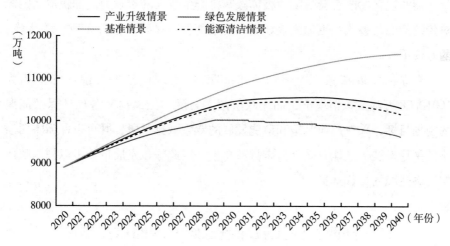

图6　不同情境下陕西碳排放趋势

表5　不同情境下碳达峰时间及峰值

单位：万吨

项目	基准情景	能源清洁情景	产业升级情景	绿色发展情景
碳达峰时间	—	2033年	2034年	2029年
碳达峰峰值	—	10449.63	10562.74	10010.78

注："—"表示在2040年内没有出现峰值。

通过分析不同情境的结果可以发现，在基准情境下，陕西于2040年内碳排放量未能达到峰值，这意味着在现行政策下，陕西未来仍存在较大的碳减排压力，需要在现有政策和规划的基础上，进一步加强产业结构升级和节能降碳的措施，设立更高的目标和环保标准，以期缩短碳达峰的时间。

在能源清洁情景下，陕西将于 2033 年达到碳排放峰值，峰值约为 10449.63 万吨，在产业升级情景下，陕西将于 2034 年达到碳排放峰值，峰值约为 10562.74 万吨，相比而言，加大能源相关政策的实施力度对陕西尽早实现碳达峰目标效果更为显著。长期以来，陕西一方面依赖资源型产业的发展，另一方面煤炭消费占比一直较高，这构成了陕西碳高排放的主要因素，能源现状的改善会对陕西整体碳减排产生较大的贡献力。加快清洁能源对传统能源的替代，更加高效地利用清洁能源，是陕西早日实现"碳达峰"的有效手段。

在绿色发展情景下，陕西将于 2029 年实现碳达峰，预计峰值约为 10010.78 万吨。该情境下，加大政策落实力度，全面提高各项环保及能源的规划目标，采取产业升级和节能发展的双重减排手段，既可以保障陕西经济的平稳发展，又能有效降低碳排放总量，因此绿色发展情景可以视为陕西实现碳达峰的最优选择。

二 陕西黄河流域绿色低碳发展的重点领域

陕西黄河流域能源资源丰富，一直以来能源产业都是重要支柱产业之一，但其也是最主要的碳排放来源，是陕西黄河流域实现绿色低碳发展应重点关注的行业；黄河流域榆林地区、渭南地区是我国重要的能源化工基地，在陕西各地市中碳排放量一直位于前列，是陕西黄河流域促进绿色低碳发展的重点地区。加快重点领域的能源结构绿色低碳转型和能源产业高质量发展，才能如期实现陕西黄河流域"双碳"目标。[1]

---

① 何苗：《黄河流域先进制造业的高质量发展》，《宁夏社会科学》2022 年第 3 期。

（一）陕西黄河流域能源产业发展现状

1. 能源供应提质增效

陕西黄河流域 2021 年规上工业原煤产量高达 7 亿吨，较上年增长 2.79%，占全国原煤总产量的比重为 17.2%；规上工业原油产量 2552.76 万吨，增速提升 1.1%；规上工业天然气产量 294.13 亿立方米，较上年增长 7.0%；规上工业发电量 2615.83 亿千瓦时，同比高速增长 12.5%。[①] 作为全国能源大省，陕西黄河流域在国家能源保障格局中起着举足轻重的作用。

煤炭开采和矿后活动导致的甲烷逃逸排放是重要的温室气体排放源之一，是全球甲烷排放中仅次于农业活动排放源的第二大排放源。陕西黄河流域煤炭开采和矿后逃逸的温室气体比重由 2005 年的 10.9% 上升至 2019 年的 21.8%，虽然能源活动由快速上升转为平缓变化，但燃料逃逸产生的温室气体仍在增加。

2. 能源消费增速放缓

从能源消费量来看，总量呈平稳上升趋势，但增速明显放缓（见图 7）。2021 年陕西黄河流域规上工业综合能源消费量较上年同比增长仅 8.1%；六大高耗能行业中，石油、煤炭及其他燃料加工业，黑色金属冶炼和压延加工业增速较上年同期回落，化学原料和化学制品制造业，非金属矿物制品业，有色金属冶炼和压延加工业，电力、热力生产和供应业能耗增速保持低速增长（见图 8）。

3. 新能源发电方式占比显著提升

陕西黄河流域 2021 年规模以上工业水力、风力、光伏发电量合计 339.47 亿千瓦时，同比增长 20.9%；其中，规模以上工业风力发电量 138.62 亿千瓦时，同比增长 58.5%，累计发电量已超过水力发电量，成为陕西第二大发电方式。天然气产量及发电量也快速增长，"绿电"占比提高 1.2 个百分点。这些以太阳能、风力、天然气为主要来源的"绿电"，二氧

---

① 《2021 年陕西省能源产业运行情况》，陕西省统计局网站，http://tjj.shaanxi.gov.cn/tjsj/tjxx/qs/202202/t20220228_ 2212002.html。

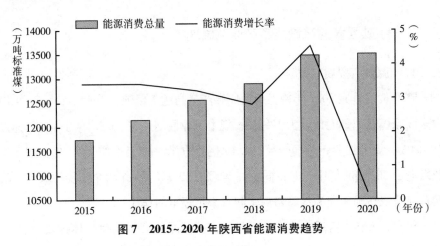

图 7 2015~2020 年陕西省能源消费趋势

资料来源：《陕西省统计年鉴》（2016~2021 年）。

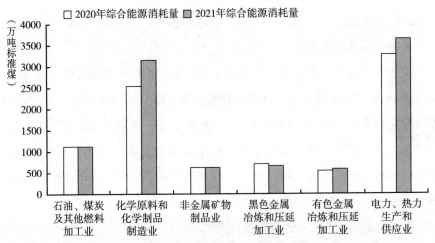

图 8 2020~2021 年陕西省六大高耗能行业综合能源消耗量对比

资料来源：《2020 年陕西省国民经济和社会发展统计公报》《2021 年陕西省国民经济和
社会发展统计公报》。

化碳排放量趋近于零，对环境的冲击影响较低，其占比的提高，表明陕西黄
河流域发电结构持续优化，新能源发电方式呈现快速增长态势。①

---

① 《2021 年陕西省能源产业运行情况》，陕西省统计局网站，http：//tjj. shaanxi. gov. cn/tjsj/
tjxx/qs/202202/t20220228_ 2212002. html。

（二）陕西黄河流域榆林地区绿色低碳发展现状

作为我国的"能源重镇"，陕西黄河流域榆林地区在"双碳"背景下面临着保障国家能源安全和推动能源结构转型的双重挑战。

1. 生态治理持续推进

陕西黄河流域榆林地区持之以恒地加快生态治理，2021年依托退耕还林还草、天然林资源保护、三北防护林五期等一系列工程，累计完成造林种草103.5万亩。同时，陕西黄河流域榆林地区推进"塞上森林城"建设，营造林、种草面积达68.21万亩。另外，百余家企业也投身造林绿化，造林面积是2020年的5倍，企业参与数量是2020年的3倍。

2. 能源消费结构还需优化

陕西黄河流域榆林地区是我国罕见、世界少有的能源矿产富集地。作为全国14个亿吨煤炭基地之一，2021年原煤产量5.52亿吨，与2015年相较增加了52.91%；原油产量、原油加工量近年来也始终保持在千万吨以上。

陕西黄河流域榆林地区2020年煤品消费占全市规上工业能源消费的84.2%，是工业能源消费的主体；天然气消费占0.4%，热力消费占0.6%，电力消费也仅占3.8%，新能源消费方式总体占比较小，这种以煤为主的能源消费结构直接影响着碳排放的强度，短期内也较难改变。

3. 新能源发展领域拓宽

在传统能源产量稳步增长的同时，陕西黄河流域榆林地区大力促进绿色低碳能源供应，光伏、风电等清洁能源产业快速发展，2021年全年风力、光伏发电量增加近45亿千瓦时。[①]

"十三五"期间，陕西黄河流域榆林地区确立煤化工产业高端化发展战略路径，一批深度转化工程和精细化工项目扎实推进，拓展了一次能源转化利用领域。目前，陕西黄河流域榆林地区已建成风光发电装机1113万千瓦

---

① 《厚植能源优势 工业经济发展稳健》，榆林市统计局网站，http://tjj.yl.gov.cn/article/1220125150826。

（其中，风电 595 万千瓦、光伏 518 万千瓦）。[①] 工业领域能效提升显著，52 家企业被工信部认定为国家绿色工厂，成为全国"西煤东运"的腹地、"西气东输"的源头、"西电东送"的枢纽。

（三）陕西黄河流域渭南地区绿色低碳发展现状

陕西黄河流域渭南地区地处关中平原东部，区内矿产丰富，煤、钼、金开发利用规模居陕西黄河流域各地市之首，是陕西黄河流域乃至西北地区十分重要的能源化工基地。

1. 产业结构趋于优化

陕西黄河流域渭南地区 2021 年全年生产总值 2087.21 亿元，比上年增长 8.2%。其中，第一产业增加值 399.96 亿元，增长 6.5%，占生产总值的比重为 19.2%；第二产业增加值 779.6 亿元，增长 10.5%，占 37.3%；第三产业增加值 907.65 亿元，增长 7.2%，占 43.5%。[②] 近年来，第三产业占比增长平稳，产业结构逐步优化（见表9）。

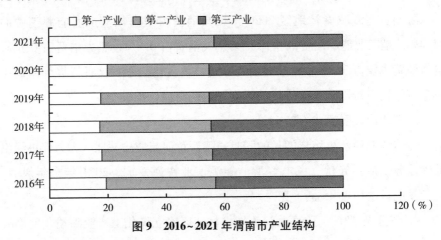

图 9　2016~2021 年渭南市产业结构

资料来源：《渭南市国民经济与社会发展统计公报》（2016~2021 年）。

---

① 《"双碳"背景下，榆林资源型城市绿色低碳发展的路径探索》，榆林市统计局网站，http：//tjj. yl. gov. cn/article/1220119101058。

② 《2021 渭南市国民经济和社会发展统计公报》，渭南市统计局网站，http：//tjj. weinan. gov. cn/index. php？m＝content&c＝index&a＝show&catid＝40&id＝8852。

2. 能源工业占据重要地位

能源工业属于陕西黄河流域渭南地区传统工业。2021 年，陕西黄河流域渭南地区全年规模以上工业总产值 2552.08 亿元，与上年同期相比增长 29.7%。其中，能源工业完成总产值 635.78 亿元，占规模以上工业总产值的 24.91%（见图 10）。① 虽然近年来能源工业占渭南地区工业比重呈现逐年下降态势，但仍占工业主体地位。

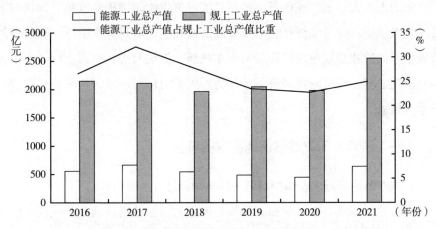

图 10　2016~2021 年渭南市能源工业总产值、规上工业总产值及能源工业总产值占规上工业总产值比重

资料来源：《渭南市国民经济和社会发展统计公报》（2016~2021 年）。

3. 能源消费结构变化不大

陕西黄河流域渭南地区 2021 年规上工业能源综合消费量 1932.11 万吨标准煤，较上年增加了 3.10%，而能源工业综合能源消费量 698.09 万吨，较上年增长了 8.04%，能源工业能源消费量占比为 36.13%，较上年增长了 1.14 个百分点。总体来看，能源消费结构变化不大。

4. 新能源发电初显成效

黄河流域渭南地区稳妥有序推进"双碳"工作，因地制宜统筹发展光

---

① 《2021 年渭南市国民经济和社会发展统计公报》，渭南市统计局网站，http：//tjj. weinan. gov. cn/index. php? m=content&c=index&a=show&catid=40&id=8852。

伏、风电、生物质发电和小型水电等先进绿色能源，大力推动保障性并网项目实施，加快推进新能源基地建设，太阳能、风能装机规模居关中之首，已率先入选国家级工业资源综合利用基地。

三 陕西黄河流域碳达峰面临的机遇和挑战

党的十八大以来，陕西黄河流域扎实推进供给侧结构性改革，加快经济转型升级步伐，推进经济社会高质量发展。在碳达峰目标牵引下，陕西黄河流域生态保护和高质量发展将迎来更多机遇，但同时煤炭资源禀赋、工业化和城镇化进程、疫情时代经济下行压力等因素也将对区域碳达峰目标实现带来重大挑战。

（一）陕西黄河流域碳达峰面临的机遇

1. 陕西黄河流域生态保护与碳减排协同推进

随着黄河流域生态保护和高质量发展重大国家战略的确立，陕西不断加大对陕西黄河流域的生态保护和环境治理力度。作为黄河粗泥沙集中来源区的陕北黄土高原，通过退耕还林还草、植树造林、小流域治理等水土流失治理措施，不仅取得了显著的增绿效果，也营造了巨大的林木碳汇。截至2020年底，陕西黄河流域累计治理水土流失5.7万平方公里，建成水土保持林草地面积3.78万平方公里，建成淤地坝3.4万座。目前，陕西黄河流域森林覆盖率达36.8%。[①] 2019年至今，陕西省先后发布了《秦岭生态空间治理十大行动》《陕西省黄河流域生态空间治理十大行动》，启动了水土流失综合治理"三大工程"，力争到2030年新增森林面积830万亩，森林覆盖率提高到41%左右，每年治理沙化土地90万亩以上。为全过程全方位协同推进陕西黄河流域生态保护与碳减排，2021年，陕西省生态环境厅发布了《关于统筹和加强应对气候变化与生态环境保护相关工作的实施方

---

① 中共陕西省委、陕西省人民政府：《陕西省黄河流域生态保护和高质量发展规划》。

案》，并积极编制《陕西省减污降碳协同增效实施方案》，从规划制定、政策统筹、跨部门管理多个层面为陕西省减污降碳协同推进打下了坚实的制度基础。

2. 黄河流域高质量发展下产业结构优化

陕西黄河流域能源工业产值占 GDP 比重达 32.64%，[①] 在黄河流域仅次于山西、宁夏和内蒙古。黄河流域的高质量发展，要求陕西黄河流域必须逐步摆脱经济发展倚能倚重、周期波动性强、能源产业粗放发展的局面，降低对能源产业的依赖性，增强经济发展的韧性。截至 2021 年底，陕西第三产业增加值已连续六年高于 GDP 增速，投资占比更高达 68.9%，经济"压舱石"作用凸显。"十三五"期间，在第二产业占比最大的前五大行业中，计算机、通信和其他电子设备制造业年均增速 26.0%，远高于其他四大能源相关产业。在工业各门类中，非能源工业增速持续高于能源工业，能源工业增速持续低于 GDP 增速，显示出陕西经济发展正在力争摆脱对能源工业的依赖（见表6）。

表6　2015~2020 年陕西省规上行业增加值年均增速

单位：%

规上行业分类	增速
规上工业	6.1
能源工业	4.6
煤炭开采和洗选业	5.0
石油和天然气开采业	4.6
石油、煤炭及其他燃料加工业	1.8
电力、热力生产和供应业	6.0
非能源工业	7.1
计算机、通信和其他电子设备制造业	26.0

资料来源：陕西省统计局《工业经济质效并进 中流击水再创辉煌——"十三五"时期陕西经济社会发展成就系列报告之五》。

---

① 2020 年陕西黄河流域能源工业产值 7375.42 亿元，除以陕西黄河流域各市 GDP 之和 22593.02 亿元。数据来源于陕西省统计局《工业经济质效并进 中流击水再创辉煌——"十三五"时期陕西经济社会发展成就系列报告之五》及《陕西统计年鉴 2021》。

就能源工业而言,在供给侧结构性改革深入推进的背景下,陕西煤炭行业加快推进去产能和转型升级。"十三五"期间,关闭煤矿155处,退出产能5597万吨/年,煤炭产能结构和布局不断优化,产业集中度显著提升,大型煤矿产能占总产能的比重达到80%。[①] "僵尸企业"和落后产能的退出,使优质煤炭产能充分释放,陕西煤炭价格指数呈现上升趋势。产业升级稳步推进,能源产业逐步由初加工向深加工和复杂加工转化,煤制烯烃、煤油气综合利用等重点项目投入运营。新旧动能加速转化,能源产业由依赖资源开采向依赖高新技术转化,煤间接液化等一批世界先进技术加快产业化,以能源技术为基础的新模式新业态加快形成。为提升煤电清洁度,2020年陕西全面完成煤电机组超低排放改造。截至2019年底,陕西碳排放强度较2015年累计下降21%,[②] 实现了经济增长与碳排放弱脱钩。

3. 能源结构趋于低碳化

陕西黄河流域不仅是传统化石能源富集区,同时也是风能、太阳能资源丰富的地区。为降低碳基能源消费比重,优化能源消费结构,陕西在黄河流域大力发展可再生能源。截至2020年底,陕西可再生能源电力装机规模较"十二五"期末增长3.2倍,其中风能、光伏占比在80%以上,[③] 新能源产业发展进入加速上升期。目前在陕西从事风能、光伏发电的100多家企业中,拥有一批如隆基股份、特变电工、西安电器科技有限公司等国内行业龙头企业,依托领先技术优势和装备制造水平,形成了较为完整的光伏和部分风能产业链,陕北可再生能源综合供应、关中可再生能源创新研发的产业集聚发展格局已初步形成。2021年4月30日,陕西新能源发电承担了当时全省用电负荷的53.7%,历史性地首次超越了火电。2021年,陕西省先后出台了《关于进一步加强可再生能源项目建设管理的通知》《陕西省"十四

---

① 周宾:《双碳驱动战略下陕西能源产业高质量发展的内涵逻辑与基本路径——基于产业链供应链现代化视角》,载陕西省社会科学院《陕西经济发展报告(2022)》。

② 宋志明:《陕西碳排放强度较2015年累计下降21%》,陕西省工业和信息化厅,http://gxt. shaanxi. gov. cn/zsxx/57610. jhtml。

③ 杨晓梅:《追风逐日!陕西新能源产业迈入倍速增长期》,《陕西日报》2021年9月13日。

五"时期深化价格机制改革实施方案》，鼓励地方政府和企业优先发展光伏、风电等新能源，明确加快推进能源价格改革，促进电力资源优化配置，全国统一大市场的建立将通过体制改革释放更多制度红利，为陕西黄河流域新能源产业发展赢得更大空间。"十四五"时期，陕西可再生能源装机规模预计将达到6000万千瓦，[①] 新能源发电并网和消纳能力得到有效提升，新能源产业链条不断延伸，氢能产业布局和光伏产品应用进一步拓展，能源结构趋于绿色低碳。

4. 低碳技术创新能力持续提升

基于陕西能源工业的支柱性地位，为实现节能减排目标，陕西黄河流域不断加大对能源工业的低碳技术创新探索。目前陕北地区已建立国家级碳捕集、利用和封存工程中心，拥有国内最完整的CCUS产业链、供应链，80%以上的材料、装备可以实现自主制造。在CCUS技术应用方面，延长石油集团已建成10万吨煤化工碳捕集、驱油和封存项目，榆林国能锦界燃煤电厂低浓度15万吨碳捕集设施是目前国内已建成的规模最大的碳捕集项目。在能源产业结构高端化方面，延长集团靖边煤油气资源综合利用化工园区建成全球首套"煤油共炼""碳氢互补"化工生产装置，在实现资源清洁高效转化和工业废水回收利用的同时，促进能源产业绿色低碳发展。对于能源工业固体废弃物，陕西建立了国家工业资源综合利用基地、再生资源产业园、循环经济示范工业园等，支持企业开展技术攻关，推动工业固废综合利用向高值化、规模化、集约化方向迈进。2020年，陕西省工业固废产生量1.22亿吨，利用率达45.48%。[②]

5. 制度保障不断健全

自党中央做出碳达峰碳中和的决策部署以来，陕西省高度重视，成立了由省委书记、省长任组长的陕西省碳达峰碳中和领导小组，黄河流域省以下

---

① 《陕西省国民经济和社会发展第十四个五年规划和2035年远景目标纲要》，《陕西日报》2021年4月28日。

② 苏怡：《吞下固废吐出"宝"陕西做足固废处理与再利用"大文章"》，群众新闻网，https：//www.sxdaily.com.cn/2021-06/01/content_9065843.html。

市、县两级高度职责同构，均成立了市县碳达峰碳中和领导小组，从组织上保障碳达峰工作的落实。同时陕西省积极编制以规划和行动方案为核心的"1+N"政策体系，建立了省市两级温室气体清单编制常态化工作机制，在全国率先将重点企业温室气体排放信息纳入全国排污许可证信息管理平台，以财政经费保障重点企业开展碳排放核算核查工作，征集并制定低碳标准和技术目录，顺利完成全国碳排放权市场交易第一个履约周期，63家发电企业的履约完成率达99.76%，覆盖二氧化碳排放量约1.72亿吨/年，① 碳减排碳达峰的制度支撑能力得到有效提升。

（二）陕西黄河流域碳达峰面临的挑战

1. 能源资源禀赋与能源结构转型的矛盾

陕西煤炭资源丰富，目前已探明储量累计达到1716亿吨，居全国第四位，原煤产量居全国第三位，且99%以上的煤炭主要分布在黄河流域的榆林神木与府谷、渭北以及黄陵、彬县，使陕西全省形成了以煤为主的产业结构和能源结构，其中黄河流域尤其依赖煤炭工业。近20年来，随着陕西煤炭工业向"三个转化"和"三个延伸"方向发展，煤炭产业链不断向纵深延展，煤电外送能力持续增强，煤炭消费量稳步增长。在全国煤炭占能源消费比重递减的背景下，陕西近十年煤炭消费占比始终稳定在70%以上，平均为73.1%，与全国的差距不断拉大，2020年，陕西煤炭消费占比高出全国平均值15.3个百分点（见图11）。

虽然可再生能源发电装机规模快速增加，但电力转化率提升缓慢，2021年上半年陕西可再生能源发电占比仅为11.16%。煤炭资源禀赋使陕西黄河流域能源结构转型压力重重。虽然从全国范围看，煤炭占据能源消费主体地位的格局短期内不会改变，但陕西高煤炭占比的能源结构在未来更可能惯性延续。丰富的煤炭资源供给还会弱化提高煤炭资源生产率的外部市场约束，

---

① 苏怡：《完成率居全国前列！陕西完成全国碳排放权交易市场第一个履约周期工作》，群众新闻网，https：//www.sxdaily.com.cn/2022-02/13/content_9445920.html。

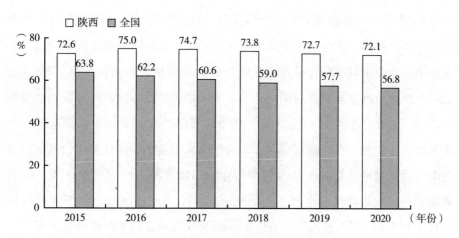

图11 2015～2020年陕西与全国煤炭消费占比

资料来源：《陕西统计年鉴2021》《中国统计年鉴2021》。

煤炭市场价格波动也会导致煤炭消费冲动不时出现，使完成能耗双控和双碳目标任务艰巨。"十三五"期间，陕西省能源消耗强度总体下降，单位GDP能耗从2015年的3.21吨标准煤/万元下降到2020年的1.29吨标准煤/万元，每年下降13.58%，但仍远远高于全国单位GDP能耗0.55吨标准煤/万元。① 2021年陕西能耗强度降低进度目标和能源消费总量控制目标被国家发改委分别列为一级预警和二级预警。未来随着碳达峰碳中和战略落地，陕西煤炭产能千万吨以下企业将面临转型或减产关闭，火电企业也将面临关停或灵活性改造，改为燃气或者燃氢发电站，势必使生产成本上升，冶金、建材等高载能工业也会陷入增长停滞甚至亏损状态，如果不能尽快实现煤炭产业低碳转型升级，多米诺骨牌式的连锁反应将使区域能源产业发展陷入停滞。

2. 工业化进程与优化产业结构的矛盾

从产业结构的变化来看，2013年以来陕西省第二产业占GDP的比重稳步下降，相对应地，第三产业占比逐步上升，2021年第二产业占比46.3%，仍是经济中占比最大的部门。从三次产业贡献率来看，2019年以前第二产

---

① 《陕西统计年鉴2021）》《中国统计年鉴2021》。

业对 GDP 的贡献率稳步上升，之后受新冠肺炎疫情影响，第二产业贡献率大幅下降，在第一产业贡献率基本稳定的情况下，经济周期性波动使第二产业和第三产业贡献率变化呈现此消彼长的"跷跷板"现象，虽然 2019 年之后第三产业贡献率显著超越第二产业，但不能就此认为陕西经济发展已经到了"去工业化"阶段，相反，陕西经济发展仍处于工业化中期，重工业化阶段性特征明显。在陕西规模以上工业前五大行业中，除计算机、通信和其他电子设备制造业以外，其余四个行业均属能源相关产业。2021 年，六大高能耗行业能源消耗占全部工业的比重达 87%，碳排放占全部工业排放的比重在 80% 以上。[①] 进入新常态以来，陕西也在积极谋求产业结构转型，推动高新技术产业快速成长为经济发展的支柱产业。2020 年陕西新兴战略性产业占 GDP 的比重较 2016 年提升 1 个百分点，年均增长 9.7%，[②] 远高于能源工业 3.48% 的年均增速，但从规模和效益上距离成为支柱产业的要求还有较大差距，短期内无法从经济发展的动能上替代重化工业，以重化工业为主的产业结构难以发生根本性转变。

3. 疫情时代经济下行压力

新冠肺炎疫情的发生与持续不仅使陕西经济发展面临诸多不确定性，也让稳增长与节能减排的矛盾更加突出，对双碳战略落地带来了挑战。面对疫情冲击，2019~2021 年陕西实现经济年均增速 8.15%，这份亮眼的成绩单背后，是消费受到抑制、投资对经济增长的贡献度进一步上升。特别是在黄河流域资源聚集地区，疫情下的稳增长需要积极扩大投资，能源强度和总量控制与碳达峰碳中和目标约束又要求"两高一资"项目退出，符合绿色低碳发展战略的投资项目储备不足，使短期内区域经济发展承受巨大压力。2020 年，陕西黄河流域榆林市、延安市、渭南市固定资产投资均为负增长。

---

① 《2021 年陕西省能源产业运行情况》，陕西省人民政府网，http：//www.shaanxi.gov.cn/zfxxgk/fdzdgknr/tjxx/tjgb_240/stjgb/202202/t20220228_2212170.html。

② 《战略性新兴产业挺起陕西经济高质量发展"新支柱"——"十三五"时期陕西经济社会发展成就系列报告之十七》，陕西省统计局网站，http：//tjj.shaanxi.gov.cn/sy/ztzl/sswsnjscj/202109/t20210927_2192266.html。

另外，2021 年底至 2022 年初陕西疫情不时呈点状暴发，经济短暂陷入"停摆"，在地方政府一系列应对措施下，疫情得到有效控制，但地方政府杠杆率攀升，加杠杆用于重大项目投资的空间进一步收缩。当前疫情防控、恢复经济和防范风险等短期任务可能弱化各地方政府调结构、降能耗等长期目标的权重，在能源价格高位徘徊的背景下，陕西黄河流域能源产业路径依赖可能进一步强化，导致资源性地区放松"两高一资"产业进入的源头管控。

4. 城市化进程与降低人均碳排放的矛盾

前述分析揭示出城镇化对陕西碳排放具有显著正向影响，学界的研究也表明，家庭部门碳排放是除工业碳排放外的又一大排放来源，城镇化是家庭碳排放的重要驱动因素。城镇化会从促进和抑制两个方向影响碳排放，因而导致城镇化和碳排放之间具有"倒 N 形"的非线性关系。依据曹翔等对中国各省份的研究，当城镇化率处于 21.84%~75.19% 时，城镇化对碳排放具有显著促进效应；当城镇化率超过 75.19% 时，城镇化对碳排放产生显著抑制效应。[①] 2021 年陕西人口城镇化率为 63.63%，依据《陕西省人口发展规划（2016~2030 年）》，预期 2030 年陕西省常住人口城镇化率将达到 70%，这意味着在到达拐点前，陕西人口城镇化进程将通过提高人均消费水平和能源消费强度持续促进人均碳排放增加。同时，城镇化也带来陕西城乡建设用地规模急剧扩张。"十三五"期间陕西黄河流域碳汇地面积增幅大于碳源地——城乡建设用地的增长，但城乡建设用地利用效率低下特征突出。陕西建设用地弹性系数高达 6.72，不仅高于 0.77 的全国平均水平，也远高出黄河流域 3.58 的平均水平。[②] 建设用地扩张速度远快于城镇人口增长速度，使城镇化推高碳排放水平的趋势进一步强化。

5. 低碳运营管理需求与行业人力资本匮乏的矛盾

碳达峰碳中和目标的实现需要低碳发展相关人力资本的支持，特别是对

---

① 曹翔、高瑀、刘子琪：《农村人口城镇化对居民生活能源消费碳排放的影响分析》，《中国农村经济》2021 年第 10 期。

② 武占云：《生态文明视角下黄河流域土地利用效率提升路径》，《中国发展观察》2020 年第 Z8 期。

于碳排放权市场交易这样的新生事物。虽然陕西是碳排放权交易的试点省份，但现阶段在碳核算、碳交易、碳金融、碳管理方面的人才供给还存在很大缺口。企业缺乏既了解低碳发展相关政策，又掌握碳资产管理运营的人才，导致碳资产管理缺乏规范性。市场上缺乏专业的第三方服务机构，目前全国性的专业第三方核查机构中，在陕西设立分支机构的仅有 4 家，陕西自有服务机构 3 家，服务机构人员偏少、技术力量薄弱，且参与全国碳市场交易核查的积极性不高。政府内部负责碳市场监管的职能部门只有省级生态环境厅应对气候变化处，应对碳核查和监管的能力不足，未形成适应碳数据特征的有效监管体系，特别是地市生态环境局监管力量相当欠缺。按照全国碳市场的总体部署，钢铁、水泥、电解铝等重点行业将纳入碳交易市场，低碳行业人力资本匮乏将制约陕西参与全国碳市场建设的能力与水平。

四　陕西黄河流域碳达峰行动路径

传统能源及相关产业在陕西黄河流域经济社会发展中占据着举足轻重的位置，2019 年能源产业产值占到了陕西黄河流域工业总产值的 17.1%。在碳达峰和碳中和的目标下，将会对陕西黄河流域经济社会高质量发展起到影响和促进作用。鉴于此，全面贯彻落实习近平总书记 2021 年在陕西榆林考察时的重要讲话和重要指示精神，结合陕西黄河流域发展实际，以较少的碳排放实现经济社会高质量发展，需要从扩"绿色增量"、促转型、强非能、重科技创新等方面实施，其具体路径如下。

（一）扩"绿色增量"，全力增加碳汇量

当森林蓄积量不断增加，可有效提高其固碳能力。据测算，每增加 1 亿立方米的森林，就可以多固定 1.6 亿吨二氧化碳，同样，湿地、林草植被等也具有巨大的固碳作用。因此，这就要求陕西黄河流域重视各自辖区内生态建设和生态恢复，加快植树造林种草，加大对已有森林草地的抚育力度，实现由浅绿向深绿的转变，通过增加林草蓄积量，不断增强二氧化碳的吸收能

力。通过积极制定植树造林种草的计划，扩大林草地面积，不断提升新增碳汇量。统筹山水林田坝草沙和自然资源管理系统治理，促使二氧化碳返回生物圈、水文圈、土壤圈。

另外，聘请第三方专业机构，按照现行碳汇计量方法，测算陕西黄河流域森林、草地、湿地等碳汇存量，以及新增林草地等碳汇增量，对林草生长情况进行定期监控并核算碳产值。还要争取国家林业碳汇示范项目，因气候环境地理制宜，优化改造低效林草为高效林草，提升二氧化碳吸收效率。

（二）促转型，加快传统能源及相关产业低碳发展

碳达峰和碳中和背景下陕西黄河流域传统能源经济将逐步萎缩。在这样的背景下，预示陕西黄河流域在传统能源及相关产业的发展空间已近极限，未来这些对经济增长的拉动作用将减弱。

促转型，不再新增任何煤炭生产扩能项目，有计划地关停现有煤矿，实施火电深度改造和能源出口战略，石油工业加快从主要生产交通运输燃料向主要生产工业生产原料转变，打通载能工业和煤化工、石油化工产业链，通过打造循环产业链和产业园把碳排放降到最低水平。努力增加能源领域低碳资产，大力发展太阳能、氢能、风能、储能新兴产业，发展碳捕捉碳封存等新技术，努力实现传统能源及相关产业绿色转型和高质量发展。

第一，向国家争取能源及相关产业绿色转型优惠政策。基于陕西能源富集，争取国家在碳中和方面给予一定的政策优惠。比如，在减排总量上予以倾斜，在传统能源转型升级上给予资金支持，同时争取能源央企与陕西黄河流域的企业开展碳中和合作，并且争取尽可能多的能源初级产品生产、储备和加工的份额。

第二，积极参与国内碳达峰碳中和改革竞争。碳达峰碳中和是一项复杂的系统工程，结合陕西黄河流域发展实际，将相关部门和企业吸收进碳达峰碳中和领导小组。另外，建立陕西省内碳汇市场，开展碳交易定价试点，以市或者县为单位开展碳汇市场，鼓励企业跨市县购买碳汇。积极探索陕西碳排放权配额储备制度，以及碳排放盈余配额出售制度，建立企业碳排放监

测、报告核算体系，实行碳汇拍卖机制。吸引多方主体进入碳交易市场，鼓励电力、热力、钢铁、化工、石化、油气开采、建材、造纸和航空产业等领域企业，在区域性股权交易平台上办理碳基金、碳配额质押、碳配额托管、碳期货等融资业务。积极借鉴天津排放权交易所模式，先纳入碳排放超过一定额度的企业，对这些企业实行逐步削减排量的碳配额制，迫使其更新改造或者到市场上购买碳汇。同时，可以成立陕西传统能源产业低碳改造基金，结合其他省区在碳排放柔性监管机制上的积极探索，陕西黄河流域可以开发绿色债券等金融产品，重点支持原煤生产企业绿色转型或者转产退出。通过建立财税激励机制，引导金融资源流向绿色能源、绿色产业、低碳改造项目等产业领域。比如，针对传统能源企业碳中和转型投资项目3年免税，或者准许发行专项企业债等。争取在碳达峰来临之前，鼓励能源企业积极参与国内国际市场竞争，尽可能地满负荷生产销售，为企业绿色转型积累更多资金。

第三，以产业链为抓手，以园区为载体，构建煤油气复合型的循环产业体系。鼓励支持陕煤化集团和延长集团、榆能集团等大型能源企业加快制定碳中和方案，将主要投资转向发展可再生能源和新材料。逐步增加企业低碳资产比重，如延长集团应稳定原油生产产能，油产品应逐步降低交通燃料生产比例，增加高端化工原材料产品比重，稳步扩大气产品产能，在加快发展清洁能源的同时，积极与新能源汽车企业合作，尽快将麾下的加油站逐步转向加氢或加油换电混合站。同时，逐步将现有火力发电厂改为燃气或者燃氢发电厂。延伸耦合煤油气化工产业链条，依托区构建企业间产业共生网络和绿色供应链，加强资源和物流循环化利用和废物减量化资源化开发，通过循环经济降低碳排放量，同步建设发展碳捕获、利用与封存技术（CCUS）。

第四，加快高载能工业向低耗能高端化转型。一企一策制定碳中和方案，对生产过程进行清洁化改造，积极发展氢冶金，实施新产品碳汇成本计入，推动相互合作实现碳转换和碳利用，最终实现全流程绿色循环清洁生产。

（三）加快构建绿色清洁高效的现代能源产业体系

第一，大力发展可再生能源。加快光伏、风能、生物质能发电产业发展，提升光伏和风电规模，积极引入光伏、风能、生物质能装备制造企业，从风、光、火电互补发电模式过渡到以可再生能源发电为主，逐步增加能源产业链韧性。

第二，加快发展氢能及相关产业。建议以榆林市为氢产业基地，重点发展氢能产业，引入和发展绿色制氢、储氢、运氢、加氢等相关产业，提高可再生能源制氢比例，探索制定行业发展标准，实现能源绿色转型和替代。

第三，加快发展智慧能源互联网。重点发展特高压电网和智能电网，加快柔性直流输配电、新能源主动支撑、新型电力系统调度运行等技术研发推广，提高电网灵活性，提升可再生电力输送和消纳能力。

第四，发展储能产业集群。综合各方研究，2030年储能市场空间达1.2万亿元以上，与电动汽车相结合的储能业态，未来5年也会有一个爆发性的发展。陕西黄河流域有必要在关中尽快建立储能研发中心，加快研发大规模（mwh）储能系统技术，发展集中式共享化能，积极引入国内外先进的电化学储能设备生产企业，健全"新能源+储能"激励机制，对于配建新型储能的新能源发电项目，可在储电补贴、并网时序等方面给予适当倾斜，同时积极发展相关的电池、PCS（逆变器）和BMS（电池管理系统）产业，抢占储能产业高地。

（四）依靠科技创新发展绿色产业

强非能，加大第二产业结构调整，全力发展非能工业，围绕陕西在计算机、通信和其他电子设备制造、新能源汽车、航空航天等优势，制造发展产业链，形成内循环特色和外循环优势，将陕西黄河流域经济增长重心迅速转移到依靠科技创新和先进制造业上来。

第一，强化科技创新促进成果转化。整合优化科技资源配置，深化科技管理体制改革，打造西部创新高地，建设国家（西部）科技创新中心，构建国家化区域化协同创新体系,[①] 努力增强企业技术创新能力,依托秦创原创新驱动平台的各类创新平台,优化金融、知识产权保护、人才引进和培养等创新要素,完善融通创新生态,加速量子信息、航空航天、人工智能、机器人、新能源无人运输系统等领域科技成果产业化进程。支持陕鼓、西安交大等科创团队与省外企业联合在煤制氢、液氨制氢、储氢材料、氢燃料电池等氢产业链进行成果研发转化和产业化,拓展融资渠道,进而强化新能源产业链培育与创新链基础能力提升。同时,依靠科技创新助力能源碳达峰,发挥陕西科技资源聚集优势,以节能减排和碳达峰行动为契机,鼓励自主研发与引进吸收相结合,加快先进适用的减碳工艺技术的推广运用,科学实施能源领域碳达峰。

第二,优化制造业投资结构。国有直投资金和奖补奖金不再投向传统制造业,重点投向优势制造产业领域的先进制造业,围绕陕西计算机、通信和其他电子设备制造、新能源汽车、航空航天等优势制造业的领先环节,加大跨区域和国际化产业合作力度,形成国内最富特色的内循环产业环节和产业链条,并在国际外循环中形成独特的竞争优势。

第三,大力发展新能源汽车产业,以氢燃料电池汽车产业及相关基础设施为突破口,在关中地区引入多家国内国际氢燃料电池、氢能汽车整车生产企业,开展燃料电池汽车示范运行,发展加氢站和零部件配套产业。支持关中地区已有的电动汽车厂商扩大产能,鼓励陕汽等传统汽车加快电动化改造,加快充电桩、换电站等新型基础设施发展。引入无人驾驶研发企业,积极开展无人驾驶试点。

（五）推进低碳城镇化

城镇化过程中人口聚集和收入增长会推升住宅和基础设施能源服务需求。陕西黄河流域的城镇化要将低碳发展战略融入新型城镇化规划中。在关中平原城市群、呼包鄂榆城市群、沿黄城镇带规划建设中,围绕中心城市发

---

① 参见《中华人民共和国国民经济和社会发展第十四个五年规划和2035年远景目标纲要》。

展紧凑的都市圈，明确绿色低碳发展的约束性指标，强化单位土地产出、碳足迹等效率性衡量指标，促使城市发展从蔓延式向紧凑式转变。

第一，在城市新区建设中注重从规划环节准确定位城市功能和产业布局，合理规划城市分区功能，设计低碳城市的建筑空间结构，大力推行绿色公共交通网络规划。在老旧城区改造中，突出以人为本的理念，大力推动建筑节能技术应用，对老旧建筑进行节能改造，并确保新增建筑均为绿色建筑。在目前陕西屋顶分布式光伏发电整县（市、区）推进的基础上，继续探索生物能、地热能供暖示范工程，改善建筑用能结构。

第二，积极推进县城绿色低碳建设。陕西黄河流域覆盖陕北、关中、陕南共82个县，县域间产业结构、自然生态、民俗文化差异较大，按照2021年中央15部门联合发布的《关于加强县城绿色低碳建设的意见》，严控县城建设密度、强度和高度，落实绿色建筑和建筑节能要求，建设绿色节约型基础设施，提升县城绿地、公园、垃圾污水处理等配套设施品质，探索建设省级绿色低碳试点县城。

第三，发展低碳交通运输体系，加快铁路、水运等低碳运输方式对公路运输的替代，推动航空、公路运输低碳发展，复制推广京东"亚洲一号"西安智能产业园零碳排放经验，促进物流产业低碳发展。继续鼓励绿色出行，扩大新能源汽车消费规模，研究实施低碳交通示范工程。打造低碳循环经济城市，加强废弃物资源化利用和低碳化处置，建立城市或区域层面集中循环利用废弃物的静脉产业，形成废弃物资源化的产业链和产业园。

B.11
河南：以城市降碳为主体
推进黄河流域碳达峰

贺卫华 张万里 仲德涛 林永然*

摘 要： 推动实现碳达峰目标是黄河流域生态保护和高质量发展的重要任务，
也是筑牢黄河生态屏障、推进黄河流域高质量发展的有效途径。河
南是黄河重大国家战略的核心区域，其碳达峰进程直接影响着全流
域碳达峰目标的实现。近年来，河南锚定碳达峰目标优化能源结构、
推动重点领域节能降碳、提升生态碳汇能力，有望在 2028 年实现碳
达峰。现阶段，能源行业是河南碳排放的重点领域，城镇是能源企
业布局较为集中的区域，加上近年来大量增加的城镇居民生活领域
碳排放，决定了河南黄河流域碳达峰要以城市降碳为主体。

关键词： 城市降碳 碳达峰 河南黄河流域

"双碳"目标是我国基于推动构建人类命运共同体的责任担当和实现可
持续发展的内在要求而作出的重大战略决策。[1] 黄河流域生态保护和高质量
发展战略是重大国家战略，是保障国家生态安全、粮食安全、能源安全、经

---

* 贺卫华，中共河南省委党校（河南行政学院）经济学教研部副主任、教授，研究方向为区
域经济；张万里，博士，中共河南省委党校（河南行政学院）决策咨询部讲师，研究方向
为产业经济；仲德涛，博士，中共河南省委党校（河南行政学院）经济学教研部副教授，
研究方向为区域经济；林永然，博士，中共河南省委党校（河南行政学院）经济管理教研
部讲师，研究方向为区域经济。
[1] 高世楫、俞敏：《中国提出"双碳"目标的历史背景、重大意义和变革路径》，《新经济导
刊》2021 年第 2 期。

济安全的重要举措。推动实现碳达峰目标是黄河流域生态保护和高质量发展的重要任务，也是筑牢黄河生态屏障、推进黄河流域高质量发展的有效途径。近年来，河南把实施黄河重大国家战略和"双碳"战略作为推进转型发展的重大契机，并结合河南沿黄地区的产业结构、工业结构及碳排放结构特点，统筹推进两大战略实施，通过完善碳达峰政策体系、推进重点领域节能降碳、遏制"两高"项目盲目发展、提升生态固碳能力等，实践中走出一条以城市降碳为主体推进黄河流域碳达峰的新路。

一 河南黄河流域碳排放基本情况

河南是人口大省，也是工业和能源消费大省，工业占比超过 40%，能源消费总量居全国第五位，且能源消费以煤炭为主。偏重的产业结构及长期以煤炭为主的能源结构，为河南实现碳达峰碳中和目标带来了严峻挑战。另外，河南是黄河流域生态保护和高质量发展战略的核心区域，推进经济绿色低碳转型、治理大气污染以及开发利用清洁能源的形势极为紧迫。基于此，自"十一五"开始，河南就把优化产业和能源结构、推进重点领域节能降碳、提升生态碳汇能力等，作为绿色低碳转型和高质量发展的重要举措。

（一）河南黄河流域基本情况

1. 河南经济发展趋势

2006~2021 年，河南 GDP 总量从 12464.09 亿元增加至 58887.41 亿元，连续 18 年稳居全国第 5 位。但从增长趋势看，2006~2021 年，河南 GDP 增速总体呈现下降趋势，2006 年和 2007 年延续了之前的上扬，最高增速达 14.4%，成为这一阶段最高点；在 2009~2011 年又出现了一次短暂的上行后，随着我国经济进入新常态，河南经济增速也呈现明显的下行态势，尤其是受全球经济低迷及新冠疫情的影响，2020 年以来河南 GDP 增速严重下滑，2020 年的增速仅为 1.3%（见图 1）。从产业视角看，河南产业结构渐趋优化，三次产业占比由 2006 年的 16.4∶54.3∶29.3 调整为 2021 年的 9.5∶41.3∶49.1，其中，

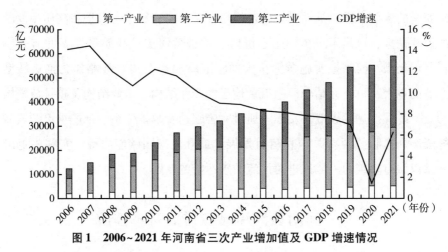

图1　2006~2021 年河南省三次产业增加值及 GDP 增速情况

资料来源：《河南统计年鉴》（2006~2021 年）。

第一产业比重稳步下降，由 2006 年的 16.4% 调整至 2021 年的 9.5%；第二产业比重下降较为明显，由 2006 年的 54.3% 调整至 2021 年的 41.3%，降低了 13 个百分点，但占比仍超四成，这与近年来河南省优化调整产业结构的步伐相吻合；第三产业比重总体呈现先降后升态势，先由 2006 年的 29.3% 下降至 2011 年的 28.8%，而后一路上扬至 2021 年的 49.1%，十年间提高了 20.3 个百分点，并于 2019 年首次超过第二产业比重（见图2）。

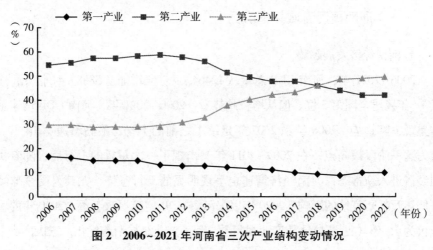

图2　2006~2021 年河南省三次产业结构变动情况

资料来源：《河南统计年鉴》（2006~2021 年）。

2.河南能源消费情况

河南二氧化碳排放主要来自能源活动。富煤贫油少气的资源特征，决定了河南省以煤炭为主导的能源消费结构。2006年以来，河南省能源消费总量不断上升，从16234万吨标准煤增加到2020年的22752万吨标准煤，15年增长了40.15%，年均增长2.68%。但从增长趋势看，河南能源消费增速明显放缓，由2006年的10.8%下降至2020年的2.03%，低于全国同期（2020年）2.16%的增长水平。随着以能源为主的高耗能产业的改造升级，能源消费总量增长放缓，目前呈低速增长态势（见图3）。从能源消费结构看，河南能源消费中煤、石油、天然气、一次电力及能源（即清洁能源）的消费比重从2006年的87.4∶8.0∶2.5∶2.2调整为2020年的67.6∶15.3∶5.9∶11.2，能源消费结构持续优化。其中，煤炭消费占比从2006年的87.4%下降至2020年的67.6%，下降了近20个百分点；一次电力及其他能源消费由2.2%增加至11.2%，提高了9个百分点；石油和天然气消费也呈现稳定上升趋势。2006年以来，河南石油和天然气消费分别提高了7.3个和3.4个百分点，但占能源消费总量的比重也分别只有15.3%和5.9%，表明河南以煤炭为主的能源消费结构仍未发生根本改变。由于与同等单位其他能源相比，煤炭的二氧化碳排放系数最高，说明河南能源行业的二氧化碳排放量依

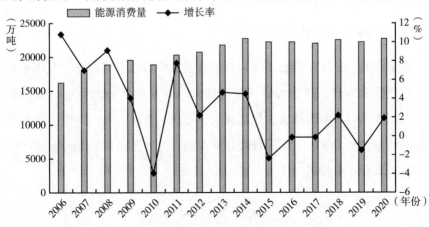

图3 2006～2020年河南省能源消费增长趋势

资料来源：根据《河南统计年鉴》（2006～2020年）计算。

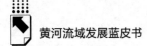

然较高，实现碳达峰目标的任务依然艰巨。但从图4可以看出，得益于近年来不断推进的产业和能源结构调整，河南石油、天然气、一次电力及其他能源消费占比不断提高。与同等单位煤炭相比，石油、天然气和一次电力及其他能源消费所排放的二氧化碳量低，河南碳排放总量将能得到有效控制，实现"双碳"目标的前景较为乐观。

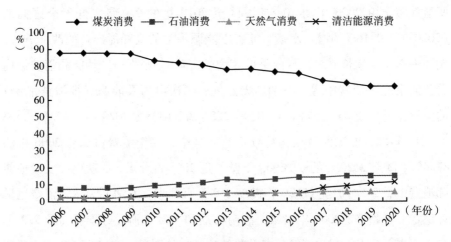

图4　2006~2020年河南能源消费结构变化趋势

资料来源：根据《河南统计年鉴》（2006~2020年）计算。

（二）河南黄河流域碳排放情况

截至目前，我国还没有碳排放量的直接监测数据，碳排放研究需要根据能源消费量来测算。通过查找《河南统计年鉴》中的能源数据，可以获得2006~2020年河南主要能源，包括煤炭、石油、天然气和一次电力及其他能源的消费量（见表1）。参照《IPCC国家温室气体排放清单指南》（2006），采用的碳排放计算公式如下：

$$C = \sum_{i=1}^{n} E_i \times K_i$$

式中，碳排放总量用C表示，E_i表示第i种能源的消费量，K_i表示第i种能源的碳排放系数，i 代表煤炭、石油、天然气和一次电力其他能源。本报告选取国家发展和改革委员会能源研究所制定的能源碳排放系数进行计算，煤炭、石油、天然气、其他能源（水电、风电、核电等）的碳排放系数分别为 0.7476t/tec、0.5825t/tce、0.4435t/tce 和 0t/tce，由此可以算出 2006~2020 年河南省历年的能源消费碳排放总量，用碳排放总量除以年底人口数量得到人均碳排放量，用碳排放总量除以年度生产总值得到碳排放强度（见表 2）。从碳排放总量看，2006~2020 年，河南省能源消费碳排放总量经历了从上升到下降的过程。其中，2006~2014 年，河南省能源消费碳排放总量呈上升态势，碳排放总量由 2006 年的 11543.8 万吨增加到 2014 年的 15433.3 万吨。2014 年后随着产业结构向高端化、低碳化转变，河南能源消费碳排放增速放缓。2020 年河南省能源消费碳排放总量为 14121.4 万吨，比 2014 年减少了 1311.9 万吨。从 2006 年到 2020 年，河南省碳排放仅增长 22.33%，年均增长 1.49%。从人均水平看，河南省人均碳排放量从 2006 的 1.229 吨增加到 2020 年的 1.421 吨，15 年间增长了 15.62%，年均增速仅为 1.04%。2014 年以来，河南省人均碳排放量也随着碳排放总量的下降逐渐降低。与 2014 年相比，2020 年人均碳排放量下降了 0.215 吨，表明河南省产业和能源结构调整已经对碳排放产生了抑制效应。

表 1　2006~2020 年河南省能源消费总量及构成

单位：万吨标准煤，%

年份	能源消费总量	占能源消费总量的比重			
		煤炭	石油	天然气	一次电力及其他能源
2006	16234	87.4	8.0	2.5	2.2
2007	17383	87.7	7.9	2.5	1.9
2008	18976	87.2	8.0	2.6	2.2
2009	19751	87.0	7.9	2.8	2.3
2010	18964	82.8	9.3	3.4	4.5
2011	20462	81.6	10.4	3.6	4.4
2012	20920	80.0	11.5	4.7	3.8
2013	21909	77.2	12.9	4.8	5.2

续表

年份	能源消费总量	占能源消费总量的比重			
		煤炭	石油	天然气	一次电力及其他能源
2014	22890	77.7	12.6	4.5	5.7
2015	22343	76.4	13.3	5.2	5.1
2016	22323	75.4	14.3	5.2	5.0
2017	22162	71.6	14.6	5.8	8.0
2018	22659	69.9	15.3	5.8	9.0
2019	22300	67.4	15.7	6.1	10.7
2020	22752	67.6	15.3	5.9	11.2

资料来源:《河南统计年鉴》(2006~2020 年)。

表 2　2006~2020 年河南省能源消耗总量、碳排放总量、人均碳排放量和碳排放强度

年份	能源消耗总量(万吨标准煤)	碳排放总量(万吨)	人均碳排放量(吨)	碳排放强度(吨/万元 GDP)
2006	16234	11543.8	1.229	0.926
2007	17383	12389.7	1.324	0.823
2008	18976	13473.7	1.458	0.732
2009	19751	14000.5	1.476	0.723
2010	18964	13069.1	1.390	0.570
2011	20462	14049.0	1.496	0.516
2012	20920	14349.3	1.526	0.481
2013	21909	14757.4	1.568	0.459
2014	22890	15433.3	1.636	0.442
2015	22343	15007.9	1.583	0.406
2016	22323	14957.6	1.569	0.370
2017	22162	14317.8	1.498	0.331
2018	22659	14443.3	1.504	0.301
2019	22300	13879.3	1.467	0.256
2020	22752	14121.4	1.421	0.257

资料来源:《河南统计年鉴》(2006~2020 年)。

(三)河南黄河流域碳达峰预测

预测河南黄河流域碳达峰,需结合河南省经济增长、人口因素、产业结

构、能源结构及碳排放强度等因素进行综合考察。

一是从人口因素看，"十二五"以来，河南人口总量增长放缓，总体保持低生育率、低死亡率和低增长率的"三低"模式，人口自然增长率年均为 4.64‰（见图 5），略低于全国 4.74‰的平均水平。即使是在 2015 年底全面实施两孩政策后的"十三五"时期，河南生育水平也未出现明显变化，人口自然增长率年均为 4.66‰，与"十二五"时期的 4.64‰基本持平。《河南省人口发展规划（2016~2030 年）》中提出的人口增长目标是，2030年全省总人口达到 1.15 亿人，总人口将在 2035 年前后达到峰值，增长率为0‰。但根据河南省第七次人口普查数据，2020 年末河南省人口数量为9936.6 万人，结合 2021 年河南省人口自然增长率仅 0.64‰的状况，本报告预测河南人口的峰值将在 2022 年或 2023 年到来，到达峰值的人口总量约为1 亿人。

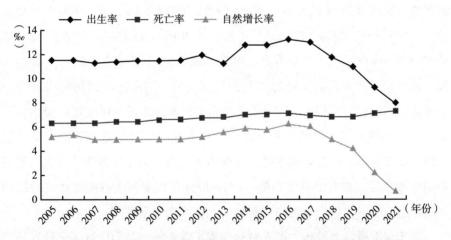

图 5　2005~2021 年河南省人口出生率、死亡率、自然增长率发展趋势

资料来源：根据 2005~2021 年《河南省国民经济和社会发展统计公报》整理。

二是从产业结构看，河南省资源依赖型产业仍有较高占比，推动产业结构转型升级是河南"十四五"时期的重要发展目标。2006~2020 年，河南省第二产业占比呈现先升后降趋势。其中，2006~2011 年，河南省第二产业占比持续上升，到 2011 年达到 58.3%的最高点；从 2011 年开始，河南省第二产业占比从最高点逐渐下降至 2021 年的 41.3%。"十三五"期间，河南第二产业年均下降 1.16 个百分点，由于第二产业在经济发展中仍然具有重要地位，《2022 年河南省政府工作报告》提出，"以制造业高质量发展为主攻方向，以重大项目为抓手，推动传统产业提质发展、新兴产业培育壮大、未来产业谋篇布局"。随着中共河南省委第十一次党代会提出的换道领跑、绿色低碳转型等战略的实施，河南省第二产业占比还会缓慢下降。本报告预测，到"十四五"末，河南省第二产业占比可能在 37% 左右，之后将基本保持稳定，2030 年占比可能会在 36% 左右。

三是从能源结构看，"十二五"以来，河南清洁能源消费占比快速提高，从 2011 年的 4.4% 上升至 2020 年的 11.2%，提高了 6.8 个百分点；"十三五"期间，河南省清洁能源消费增速明显提升，从 2016 年的 5.0% 上升至 2020 年的 11.2%，提高了 6.2 个百分点。"十二五"以来，河南煤炭能源消费占比从 2011 年的 81.6% 下降至 2020 年的 67.6%，年均下降 1.4 个百分点；"十三五"期间，降幅有所扩大，从 2016 年的 75.4% 下降至 2020 年的 67.6%，下降了 7.8 个百分点，年均下降 1.56 个百分点。随着"青电入豫"正式启动送电及清洁能源产业的快速发展，河南能源结构将得到进一步优化。《河南省"十四五"现代能源体系和碳达峰碳中和规划》提出，到 2025 年，全省能源消费增量的 50% 以上由非化石能源满足，并提出推动能源绿色低碳转型、节能降碳增效，加快引入电力、天然气等清洁能源一系列抑制能源消费碳排放的具体措施，结合 2006 年以来河南省能源和产业结构调整推进状况，本报告对河南省碳达峰碳中和做如下预测。

基于河南省能源结构、产业结构和碳汇能力等，我们设置了三种发展情景。第一种是既定政策情景，能源消费中煤炭占比 30%，产业结构升级缓慢，无二氧化碳封存和转化利用。第二种是转型发展情景，能源消费中煤炭占比 10%，产业结构升级适度，二氧化碳封存和转化利用量为 15%。第三种是激进替代情景，能源结构中煤炭被新能源完全取代，产业结构升级迅速，二氧化碳封存和转化利用量为 40%。本报告预测，在既定政策情景下，河南碳达峰的时间为 2034 年，二氧化碳排放量大约为 6.5 亿吨，在此情景下预计到 2060 年河南无法实现碳中和目标；在转型发展情景下，河南碳达峰的时间为 2028 年，二氧化碳排放量大约为 5.6 亿吨，预计河南在 2056 年左右能实现碳中和；在激进替代情景下，河南碳达峰的时间为 2025 年，二氧化碳排放量大约为 5.2 亿吨，预计河南可在 2050 年左右实现碳中和（见表 3）。因此，河南省在实现碳达峰碳中和进程中，一是要加快促进能源转型，大力发展风能、光伏发电等新能源，全面推进煤炭减量替代和清洁化利用；二是要大力发展高附加值装备制造业，加快淘汰传统高耗能高排放产业，促进产业结构优化升级；三是要加强二氧化碳封存和转化利用，持续加强生态建设，提升林业碳汇功能。

表 3　情景组合

单位：亿吨

	既定政策情景	转型发展情景	激进替代情景
碳达峰时间	2034 年	2028 年	2025 年
碳排放峰值	6.5	5.6	5.2

二　河南以城市降碳为主体推进黄河流域碳达峰的必然性

工业是碳排放的重要领域，约占碳排放的 75%。河南黄河流域是河南重要的工业基地。长期以来，依托丰富的矿产和能源资源，河南沿黄城市建立了"倚能倚重"的工业体系。近年来，沿黄各市持续推进产业结构转型升级，压减高耗能产业占比，推进高质量发展并取得明显成效。但从总体上看，河南沿黄地区"倚能倚重"的工业结构仍未得到根本改变，而这些工业主要布局在城市，使得城市成为碳排放的重要源头。另外，河南沿黄城市集中了 1174 万人口，占全省城市建成区人口的 45.3%，维持城市运转和居民日常生活会产生大量的碳排放，由此决定了推进黄河流域碳达峰必须以城市降碳为主体。

（一）城市的特点决定了必须以城市降碳为主体

碳排放是关于温室气体排放的总称或简称。由于温室气体中最主要的气体是二氧化碳，在讨论温室气体排放的时候，常用碳排放（Carbon Emission）一词作为代表，用"碳排放"或"二氧化碳排放"来简称温室气体排放。[1] 人类的任何活动都有可能造成碳排放，城市运转、人们日常生活、交通运输等都会排放大量二氧化碳。碳排放的主要来源是化石燃料。化石燃料在燃烧过程中，碳转变为二氧化碳进入大气，增加温室气体的排放量。化石燃料包括煤、石油、天然气、油页岩、油砂以及海下的可燃冰等。但目前使用最广泛的化石燃料是煤炭、石油和天然气，也是主要的工业用能。

城市是工业、交通、商业等聚集的以非农业人口为主的居民点。其特点是工业集中、人口集聚、商业发达。就工业而言，现阶段全球工业用能还是以煤炭、石油和天然气等化石燃料为主，化石燃料在燃烧过程中释放大量的温室气体，其中主要是二氧化碳。因此，工业是碳排放的主要来源，大约占碳排放总量的70%左右。另外，城市集聚了大量人口，维持城市运转和居民日常生活，也需要耗费大量的化石燃料，如城市居民用于代步的私家车和用于通勤的公共交通系统等，都会产生二氧化碳排放。以机动车为例，2021年，河南沿黄地区8省辖市机动车保有量达1001.6万辆（见表4），其中90%为燃油车，每辆燃油车每年的二氧化碳排放量大约为2吨，这样河南沿黄地区8省辖市机动车每年产生的碳排放量就超过1800万吨。可见，城市是碳排放的主体。从全球视角看，城市二氧化碳排放量占比达75%左右。我国城市二氧化碳排放量占比更高，约为80%左右，主要来源于城市经济、城市建筑和城市交通等领域的人类活动。河南沿黄城市是全省重要的工业集中地，工业数量占全省比重超过45%，每年的碳排放量占全省碳排放总量的比重超过50%，加上维持城市运转产生的约10%的碳排放量，意味着城市是降碳的主战场，由此决定了黄河流域碳达峰要以城市降碳为主体。

---

[1] 朱海磊、王振阳：《碳排放及碳排放权交易概述》，《质量与认证》2017年第6期。

表 4 2021 年河南沿黄地区 8 省辖市机动车保有量

单位：辆

省辖市	郑州	洛阳	开封	新乡	焦作	三门峡	濮阳	济源	合计
机动车保有量	444.7	140	80.2	134.3	62	38	81.9	20.5	1001.6

资料来源：河南沿黄地区各省辖市 2021 年统计公报。

（二）河南沿黄地区产业结构决定了必须以城市降碳为主体

河南位于黄河中下游地区。黄河自三门峡市入境，从东部的濮阳市出境，流经郑州、开封、洛阳、新乡、焦作、濮阳、三门峡、济源 8 市 27 个县（市），河道全长 711 公里，流域面积约 3.61 万平方公里，占全省面积的 21.7%（见表 5）。"一五"时期，国家把 156 个重点项目中的 10 个放在了河南，后来，国家又在河南布局了一批追加的重点项目和能源原材料项目，这些重点项目主要分布在郑州、洛阳、开封、新乡、焦作等城市，在河南形成了一批新兴工业城市。从产业结构看，当时国家布局在河南的工业项目多是传统的制造业和能源原材料项目。依托这些工业项目，沿黄地区成为河南的工业基地和资源型工业集中地。2021 年河南沿黄地区 8 个省辖市的第二产业增加值达 13254 亿元，占全省第二产业增加值的 54.47%（见表6）。从产业结构看，沿黄地区城市的高耗能工业占全省规上工业的比重接近 40%；沿黄地区 43 个省级开发区中的 32 个主导产业为冶金、建材、化工、能源等传统产业。从碳排放量看，全省工业碳排放占总排放量的 80% 左右，而高耗能行业碳排放量占工业排放量的九成以上。按此计算，沿黄 8 省辖市工业碳排放占全省碳排放总量的比重达 30% 左右，推进黄河流域碳

表 5 河南沿黄城市流域面积分布情况

单位：平方公里

市(县)	郑州	洛阳	开封	新乡	焦作	濮阳	三门峡	济源	滑县	合计
流域面积	1830	12446	264	4184	2100	2232	9376	1931	1762	36125

资料来源：河南省发展和改革委员会网站。

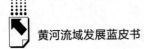

达峰，须对沿黄城市中的高耗能产业进行低碳转型，从源头上降低二氧化碳排放量。这也决定了河南黄河流域碳达峰必须以城市降碳为主体。

表 6　河南沿黄地区 8 省辖市第二产业增加值及其占全省比重

单位：亿元，%

省辖市	郑州	洛阳	开封	新乡	焦作	濮阳	三门峡	济源	合计	占全省比重
第二产业增加值	5039	2379	970	1443	1551	663	749	460	13254	54.47

资料来源：沿黄各市《2021 年国民经济和社会发展统计公报》。

（三）城市居民较高的低碳认知和支付能力决定了必须以城市降碳为主体

节能降碳是一个系统工程，除推进产业结构转型升级、用低能耗产业替代高耗能产业、降低城市运行和居民日常生活产生的碳排放外，还需树立绿色低碳生活理念，培育绿色生活方式。从国内外实践看，绿色低碳生活方式与居民的低碳认知和支付能力呈明显的正相关关系。现阶段，由于经济发展、文化活动、教育水平等因素的影响，低碳消费理念在城市居民中的接受度更高，城市居民对低碳理念的认知也更强。从支付能力来看，2021 年河南沿黄地区 8 省辖市城镇居民人均可支配收入为 38089 元，农村居民人均纯收入为20538 元，农村居民人均纯收入仅为城镇居民的 53.9%。从区域看，城镇居民人均可支配收入最高的郑州市达 45246 元，农村人均纯收入最低的濮阳市仅为16488 元，前者是后者的 2.74 倍（见图 6）。在收入差距如此悬殊的背景下，如果需要为低碳买单，城市居民比农村居民有更强的支付能力，因而更容易树立绿色低碳发展理念，养成绿色消费方式。另外，与农村相比，城市的基础设施建设，如宽带网络、信号基站等更加完善，数字化程度也更高，可以更清晰地记录政策的成本和效果。由此可见，不论从人口、产业和能源消耗集中度考量，还是从居民对低碳认知和支付能力角度考量，推进城市降碳更具可行性。因此，推进黄河流域碳达峰必须以城市降碳为主体。

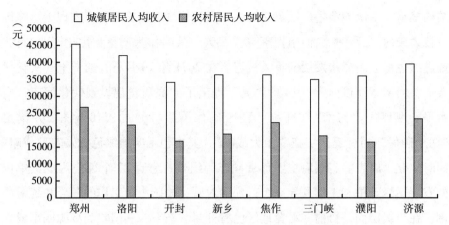

图6　2021年沿黄8省辖市城镇与农村居民收入对比

资料来源：沿黄8省辖市2021年统计公报。

三　河南以城市降碳为主体推进黄河流域碳达峰的总体进展

中央提出碳达峰碳中和战略以来，河南把"双碳"战略与黄河流域生态保护和高质量发展战略统筹谋划，一体推进，先后召开两次黄河流域生态保护和高质量发展领导小组会议进行部署。沿黄地区8省辖市结合当地实际，通过完善碳达峰政策体系、推进重点领域节能降碳、遏制"两高"项目盲目发展、提升生态固碳能力等，在实践上走出了一条以城市降碳为主体的黄河流域碳达峰之路，并取得了明显成效。

（一）加强统筹协调，碳达峰政策体系初步完善

推进碳达峰碳中和是党中央经过深思熟虑作出的重大战略决策，是我们对国际社会的庄严承诺，也是推动高质量发展的内在要求，[①] 事关我国第二个百年奋斗目标及中华民族伟大复兴事业的实现。河南作为工业大省，产业

①　习近平：《正确认识和把握我国发展重大理论和实践问题》，《求是》2022年第10期。

结构偏重，一次能源生产以煤炭为主，高耗能产业占比高，对实现碳达峰构成较大掣肘。近年来，河南把落实"双碳"战略作为调整和优化产业结构、推进绿色低碳高质量发展的重大机遇。在 2021 年 10 月召开的省十一次党代会上，河南省委以前瞻 30 年的眼光，提出了"高质量建设现代化河南、高水平实现现代化河南"（简称"两个确保"目标）的宏伟蓝图，并锚定"两个确保"目标提出实施"十大战略"，其中包括实施绿色低碳转型战略。同时成立了以省委省政府主要负责同志为组长，省直 27 个部门为成员单位的省碳达峰碳中和工作领导小组，加强对碳达峰碳中和工作的领导和统筹协调；在市级层面，目前，沿黄地区已有开封、新乡、三门峡和济源四市成立了碳达峰碳中和工作领导小组，其他四市的碳达峰碳中和工作领导小组也在筹建中，为推动黄河流域碳达峰提供了组织保障。

在加强对黄河流域碳达峰组织领导的同时，河南不断强化黄河流域碳达峰的制度供给，初步建立起碳达峰政策体系。在省级层面，制定并实施"1+N"的政策体系，其中的"1"是指《河南省碳达峰实施方案》，"N"是指能源、工业、城乡建设、交通运输、农业农村等各个重点领域专项行动方案和配套保障方案。省十一次党代会召开后，河南省委办公厅、省政府办公厅印发了《实施绿色低碳转型战略工作方案》，省碳达峰碳中和工作领导小组办公室印发了《河南省推进碳达峰碳中和工作方案》等政策文件；在市级层面，除济源市外，沿黄 7 个省辖市都分别制定了碳达峰碳中和相关政策文件（见表7），为推进黄河流域碳达峰提供了政策依据和制度保障。

表 7　河南省关于黄河流域碳达峰的相关政策文件

文件层级	文件名称	发布时间	发文机关
省级层面	《河南省碳达峰实施方案》	2021.6	河南省人民政府
	《河南省"十四五"现代能源体系和碳达峰碳中和规划》	2022.2	河南省人民政府
	《河南省人民政府关于加快建立健全绿色低碳循环发展经济体系的实施意见》	2021.8	河南省人民政府
	《河南省人民政府办公厅关于印发河南省钢铁行业"十四五"转型升级实施方案》	2021.12	河南省人民政府办公厅

续表

文件层级	文件名称	发布时间	发文机关
省级层面	《河南省绿色建筑条例》	2022.3	河南省人大常委会
	《河南省推进碳达峰碳中和工作方案》	2012.6	河南省碳达峰碳中和工作领导小组办公室
市级层面	《洛阳市坚决遏制"两高"项目盲目发展行动方案》	2022.1	洛阳市人民政府办公室
	《三门峡市"十四五"时期"无废城市"建设实施方案》	2022.4	三门峡市人民政府
	《三门峡市碳达峰碳中和工作推进方案》	2021.12	三门峡市人民政府办公室
	《焦作市碳达峰碳中和实施方案》	2012.12	焦作市人民政府办公室
	《焦作市加快建立健全绿色低碳循环发展经济体系的实施方案(讨论稿)》	2021.11	焦作市人民政府
	《新乡市加快传统产业提质发展行动方案》	2022.3	新乡市人民政府办公室
	《开封市"十四五"现代能源体系和碳达峰碳中和规划(征求意见稿)》	2022.5	开封市人民政府
	《濮阳市"十四五"现代能源体系和碳达峰碳中和规划(征求意见稿)》	2022.4	濮阳市人民政府
	《郑州市碳达峰实施方案》	编制中	郑州市人民政府
	《郑州市"碳中和城市"建设规划》	编制中	郑州市人民政府

资料来源：河南省及沿黄地区8省辖市政府和相关部门网站。

（二）推进重点领域低碳转型，城市降碳成效显著

"双碳"战略提出以来，河南以推进碳达峰碳中和为牵引，大力实施绿色低碳转型战略，推动能源、交通、建筑等重点领域绿色低碳转型发展，并取得明显成效。

一是推进能源绿色低碳发展。能源活动是二氧化碳排放的主要来源。长期以来，富煤贫油少气的资源禀赋特征，决定了河南沿黄地区以煤炭为主导的能源消费结构。[①] 因此，能源消费碳排放是河南沿黄地区二氧化碳的主要

---

① 侯正猛、熊鹰、刘建华等：《河南省碳达峰与碳中和战略、技术路线和行动方案》，《工程科学与技术》2022年第1期。

来源。推进河南黄河流域碳达峰，要把推进能源产业绿色低碳转型放在重要位置。为此，河南积极发展光伏、风电、地热等清洁能源产业。2021 年 9 月，河南决定在全省 66 个县（市、区）开展整县（市、区）屋顶分布式光伏开发试点。沿黄地区有 28 个县（市、区）被确定为屋顶分布式光伏开发试点（见表 8），占全省试点总数的 42.4%。试点全部建成后，河南黄河流域可有效开发屋顶面积约 1 亿平方米，建设光伏发电 600 万千瓦，年发电量可达 60 亿千瓦时。另外，河南地热资源丰富，浅层地热能开发利用适宜及较适宜区总面积达 7.5 万平方公里，沿黄地区的郑州市大部分、新乡市一部分、开封市全部、洛阳城区、三门峡沿黄地带等，都是地热资源的富集区。2018 年 8 月，河南选定的 7 个省辖市和 4 个省直管县地热能清洁供暖规模化利用试点，黄河流域的郑州、洛阳、开封、新乡、濮阳、三门峡以及兰考县都位于试点名单中，上述地区充分利用辖区内的地热资源优势，大力开发地热供暖项目。如郑州市已建成投运地热供暖项目 20 个，实现供暖面积 400 万平方米以上；2021~2022 年，开封市新增地热供暖面积 250 万平方米，每年替代标煤 7.25 万吨，每年碳减排量约 18 万吨；新乡市建设地热系统 36 个，可以满足 300 万平方米冬季供热；截至 2022 年 3 月，濮阳市共建成地热供暖项目覆盖供暖面积达 630 万平方米，每个采暖季可节省标煤 3.6 万吨，减排二氧化碳约 11 万吨。

表8 河南沿黄地区整县（市、区）屋顶分布式光伏开发试点名单（28 个）

郑州市	登封市、金水区、航空港经济综合实验区、高新技术产业开发区、新密市
洛阳市	伊川县、孟津区、洛龙区、汝阳县
新乡市	辉县市、原阳县、高新技术产业开发区、获嘉县、新乡县、封丘县
焦作市	修武县、博爱县
濮阳市	台前县、濮阳县、华龙区
三门峡市	灵宝市、卢氏县、湖滨区、城乡一体化示范区、渑池县
济源示范区	全域
省直管县（市）	兰考县、滑县

资料来源：河南省发展和改革委员会网站。

二是推进重点用能单位节能降碳增效。河南省把节能降碳增效作为推动碳达峰碳中和的重要举措，制定并实施《河南省节约能源条例》《河南省重点用能单位节能管理办法》《河南省重点用能单位节能管理实施办法》《河南省发展和改革委员会关于实施重点用能单位节能降碳改造三年行动计划的通知》等政策文件，公布了"十四五"时期835家重点用能单位名单，对重点用能单位进行精准管理，推动工业重点行业、重点用能单位节能增效。河南沿黄地区有重点用能单位522家（见表9），占全省重点用能单位总数的比重达62.5%。重点用能单位能耗消费总量约占规上企业能耗的97%，占全社会能耗的50%以上。基于此，沿黄地区8省辖市通过建立节能工作目标责任制、设立能源管理岗位、建设能耗在线监测系统、完善节能措施、加强能源消耗全过程管理，推动重点用能单位对标实施节能降碳改造。2021年，河南沿黄地区8省辖市能耗强度下降约3%。

表9　河南沿黄地区8省辖市重点用能单位分布情况

单位：家

省辖市	郑州	洛阳	开封	焦作	新乡	三门峡	濮阳	济源	合计
用能单位	145	95	12	80	80	35	24	51	522

资料来源：河南省发展和改革委员会公布名单。

三是推动交通运输低碳化。交通运输排放约占我国碳排放总量的10%，推动交通运输低碳化发展，能够有效降低交通运输中的碳排放量。为推动交通运输低碳化发展，河南做了以下几方面工作。第一，提升黄河流域铁路运能。相较于公路运输，铁路运输运量更大、能耗更低，为此，河南制定了《河南省加快推进铁路专用线进企入园工程实施方案》，实施铁路专用线进企入园工程和多式联运示范工程。2022年，在郑州市建成全长2.9公里的郑州中车四方轨道车辆有限公司专用铁路项目，在开封市建成全长2.51公里的晋开集团铁路专用线，以有效降低交通运输中的碳排放。第二，推进多式联运示范工程建设。多式联运可有效打破运输方式壁垒，优化物流运力和运输流程，提升物流效率，是实现碳达峰的一个重要突破口。为此，河南在沿黄地区推动建设第三批 10 个多式联运示范工程项目（见表 10），以提高运输物流效率。第三，推进公交车新能源替代。近年来，沿黄地区 8 省辖市加快推进新能源车辆更新步伐，逐步淘汰燃油公交车。目前，沿黄地区 8 省辖市共保有新能源公交车 13417 辆（见表 11），基本实现新能源公交车全覆盖，每年可减少二氧化碳排放 1.8 万吨以上。

表 10　河南沿黄地区第三批多式联运示范工程项目名单

序号	项目名称	牵头企业	联合企业
1	华晟支撑洛阳国家物流枢纽公铁联运示范工程	洛阳华晟物流有限公司	洛阳华晟运输有限公司
2	服务国内大循环、打造中部地区大宗商品多式联运示范工程	中铝物流集团中部国际陆港有限公司	中铝物流集团有限公司、景德镇广伟物流有限公司
3	服务洛阳国家副中心城市建设，打造"门到门"公铁联运示范工程	河南国联铁集物流有限公司	河南路欣物流有限公司、杭州铁集货运股份有限公司
4	陆路多式联运高质量发展的"一单制"示范工程	郑州国际陆港开发建设有限公司	郑州聚通国际货运代理有限公司
5	多点协同、公铁联运"一单制"示范工程	一拖（洛阳）物流有限公司	
6	空陆联运"一单制"多式联运示范工程	郑州多式联运数据服务有限公司	郑州综合交通运输研究院有限公司、寰宇通达航空运输服务有限公司、河南新百福国际物流有限公司、河南新起点运输有限公司
7	多式联运货运量计算、枢纽运营评价、航空集装板运输车标准研制示范工程	郑州综合交通运输研究院有限公司	郑州国际陆港开发建设有限公司、河南现代公铁物流有限公司、河南全程物流有限公司
8	多式联运经营人、商品车自卸平台、敞顶箱篷布、卡车航班服务标准研制示范工程	河南省交通运输学会	郑州国际陆港开发建设有限公司、河南现代公铁物流有限公司、河南全程物流有限公司

续表

序号	项目名称	牵头企业	联合企业
9	河南省航空物流电子货运操作规范研制示范工程	郑州多式联运数据服务有限公司	郑州综合交通运输研究院有限公司
10	河南省冷藏集装箱和国际陆路多式联运系列标准研制示范工程	郑州国际陆港开发建设有限公司	中国国际贸易促进委员会商业行业委员会、河南省交通运输学会

资料来源：河南省交通运输厅。

表 11　河南沿黄地区 8 省辖市新能源公交车保有量

单位：辆

城市	郑州	洛阳	焦作	新乡	开封	濮阳	三门峡	济源	合计
新能源公交车保有量	6316	2971	780	1200	812	739	299	300	13417

资料来源：根据各市公交公司网站数据整理。

四是推进建筑领域节能降碳。河南省人大常委会于 2021 年审议通过的《河南省绿色建筑条例》（以下简称《条例》）明确提出，要在全省范围内加快发展节能、节地、节水、节材的绿色建筑。《条例》实施以来，沿黄地区 8 省辖市全面落实《条例》精神，通过大力发展绿色建筑和装配式建筑、建设"双零"楼等，以减少建筑领域碳排放。截至 2021 年底，郑州市和洛阳市累计完成绿色建筑评价标识面积分别达到 2938 万平方米和 1420 万平方米，每年可减少二氧化碳排放 29 万吨和 14 万吨。开封市出台的《绿色建筑创建行动实施方案》提出，全市城镇新建建筑中绿色建筑面积占比要达到70%，政府投资的各类公益性建筑及 2 万平方米以上大型公共建筑、5 万平方米以上的商品房项目，要全面执行绿色建筑标准。同时，开封市还推进装配式建筑试点示范项目建设，逐步提高全市装配式建筑项目在新建项目中的比例；焦作市在《2021 年焦作市住房和城乡建设局建设科技与标准工作计划》中提出，全市所有新建民用建筑全面执行绿色建筑标准，同时，建立市本级装配式建筑项目库，并提出年度新开工装配式建筑项目面积不少于60 万平方米的目标。

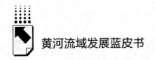

（三）严格"两高"项目管控，有效遏制"两高"项目盲目发展势头

为推进高耗能行业产能减量置换，有序推进碳达峰碳中和，河南沿黄地区8市不断加大对不符合要求"两高"项目的处置力度，有效遏制了"两高"项目盲目发展的势头。

一是做好制度设计，完善政策措施。在省级层面，印发并实施了《河南省坚决遏制"两高"项目盲目发展行动方案》，要求各地建立"两高"项目清单，完善遏制"两高"项目盲目发展的制度体系、监管体系、配套政策和长效机制，加强"两高"项目管理，严格准入条件等。在市级层面，郑州和洛阳两市分别出台了《坚决遏制"两高"项目盲目发展行动方案》，明确了国家设定的8个行业项目及省级设定的22个细分行业高耗能高排放项目的准入条件，建立健全加强存量项目管理、在建项目复核、拟建项目论证的程序和具体措施。

二是大力压减建成区重污染企业。全面梳理存量"两高"项目，并对建成区重污染企业采取"关""迁"措施。如2022年郑州市对建成区重污染企业进行了全部搬迁，关闭退出16家年产30万吨以下煤矿，压减煤炭产能252万吨、耐材产能70万吨；开封市推动城市建成区重污染企业搬迁改造，两年搬迁改造了9家"两高"企业；洛阳市按照"一企一策一档"原则，对市区耐火材料、铸造、砖瓦窑化工等76家企业实施搬迁改造。

三是建立会商联审制度，严格控制增量项目。河南省发展和改革委员会会同省工信厅、省自然资源厅、省生态环境厅出台的《关于建立"两高"项目会商联审机制的通知》（以下简称《通知》）明确提出，要在全省范围内建立"两高"项目会商联审机制，以规范"两高"项目论证程序，严格新建项目准入。《通知》下发后，沿黄地区8省辖市全面贯彻落实《通知》精神，提出要从产业政策、空间规划、"三线一单"、能耗"双控"、碳排放、煤炭消费替代、区域污染物削减等8个方面，综合论证项目建设的必要性和可行性，依法依规审批新建"两高"项目。焦作市发展改革委等四部门联合出台《关于加大"两高"项目管控 建立"两高"项目会商联审机制的通知》，制定了焦作市"两高"项目负面清单，建立"两高"项目会商联审机制，从能耗"双控"、煤炭消费总量控制、污染物排放总量及区域削减替代方案、产业发展规划、国土空间规划等方面进行全面把关，严格控制"两高"项目上马。

（四）加快推进沿黄生态廊道建设，提升了生态固碳能力

为提升黄河流域生态碳汇能力，推动黄河流域如期实现碳达峰目标，河南沿黄各市坚持左右岸统筹、山水河林路一体、文化自然融合、区域有机连接，高标准打造集生态屏障、文化弘扬、休闲观光、生态农业于一体的复合生态长廊。[①]

一是推进黄河流域五级创森体系建设。以沿黄生态廊道为"线"，以城、镇、村为"珠"，加快推进中原森林城市群、国家森林城市、省级森林城市、森林特色小镇、森林乡村五级创森体系建设。目前，河南沿黄地区已建成国家级森林城市 12 个、省级森林城市 29 个、森林特色小镇 27 个、森林乡村 3540 个，全面提升了黄河流域生态固碳能力。

二是打造沿黄森林生态网络。按照河南省自然资源厅编制的《河南省沿黄生态廊道建设规划》要求，沿黄各市统筹推进绿化、彩化、美化，构建堤内绿网、堤外绿廊、城市绿芯的区域生态格局，打造沿黄森林生态网络。截至 2021 年底，黄河（河南段）右岸 710 公里生态廊道实现全线贯通，左岸已贯通 501 公里，流域造林面积达 10.7 万亩，流域内森林覆盖率达到 23% 左右，每年可吸收二氧化碳 130 万吨。2022 年，河南沿黄生态廊道建设将转入完成造林、完善提升阶段，年底可实现干流生态廊道全线贯通，一级支流完成绿化，届时流域内森林覆盖率将接近 25%，生态固碳能力将进一步提升。

---

① 林振义、董小君主编《黄河流域高质量发展及大治理研究报告（2021）》，社会科学文献出版社，2021，第 332 页。

三是打造湿地公园群。湿地是二氧化碳和甲烷等温室气体固定与释放的重要场所，其高效的碳储存效率在土壤——大气圈的碳生物地球化学循环过程中扮演着重要角色，碳储量占全球陆地碳储量的 12%~24%。黄河是河南最大一块湿地，在黄河流域碳达峰过程中发挥重要作用。近年来，河南把黄河湿地保护作为提升黄河流域生态碳汇能力的重要举措，制定并实施了《河南省湿地保护条例》，持续加强湿地保护工作。目前，河南已经在沿黄地区建立 14 个国家级森林公园、5 个国家级自然保护区和 6 个国家级湿地公园，建成省级森林公园 44 个、湿地公园 3 个、自然保护区 6 个，黄河湿地面积达 132.94 万亩，[①] 流域内湿地固碳能力每年可达 3000 万吨左右。另外，河南已在郑州、新乡和三门峡等基础条件较好的地区率先启动湿地公园群规划，同时提出支持洛阳创建国际湿地城市，进一步全面提升黄河流域生态固碳能力。

四 河南以城市降碳为主体推进黄河流域碳达峰面临的挑战

沿黄地区 8 省辖市是河南重要的工业基地和经济中心，但长期存在产业结构"倚重倚能"、低端同质化发展、能源结构单一、绿色发展理念滞后等问题，以城市降碳为主体推进黄河流域碳达峰面临较大的挑战。

（一）产业结构"倚重倚能"，转型升级压力大

一是传统老工业、资源型产业占比高。作为新兴工业大省，河南依托丰富的能源资源推进工业化进程，其产业主要是传统产业和高耗能产业，产业结构"倚重倚能"特征较为明显。进入 21 世纪以来，河南积极推进产业结构转型升级，取得了明显成效。但总体来看，河南传统产业和高耗能产业依

---

① 林振义、董小君主编《黄河流域高质量发展及大治理研究报告（2021）》，社会科学文献出版社，2021，第 333 页。

然在高位运行，占规上工业企业增加值的比重呈上升趋势。从 2017 到 2021 年的 5 年间，河南省传统产业和高耗能产业占规上工业企业增加值的比重分别提高了 4.2 个和 5.6 个百分点，分别达到 48.4% 和 38.3%（见图 7）。在当前国内外环境日趋复杂、新冠疫情多点暴发、"三重压力"进一步增加、经济平稳运行面临严峻挑战的背景下，短期内出清传统产业和高耗能产业，将给河南经济发展带来巨大震动，不利于稳定经济大盘。因此，仍需要传统产业及高耗能产业保持一定的增速和占比，以时间换取工业结构升级、社会民生稳定、绿色发展的空间，这也客观上加重了河南实现"双碳"目标的压力。沿黄地区内 8 省辖市是河南的经济中心和重要的工业基地，工业占据了河南半壁江山，且资源驱动特征明显，传统产业和高耗能产业占比较高。从增加值占比看，沿黄地区的洛阳、新乡、濮阳、三门峡和济源等省辖市，2021 年高耗能产业占规上企业增加值的比重分别达 42.1%、33.9%、35.5%、84% 和 56.5%；从工业产出看，2020 年沿黄地区 8 省辖市有多个高耗能高污染工业产品，其产量在全省占比都超过 50%（见表 12），其中，十种有色金属产量占比高达 97%。从产业链角度看，河南沿黄地区 8 省辖市高耗能相关产业区域布局逐渐趋于固化，产业链相关产业短期内优化升级难度较大，对推进黄河流域碳达峰带来严峻挑战。

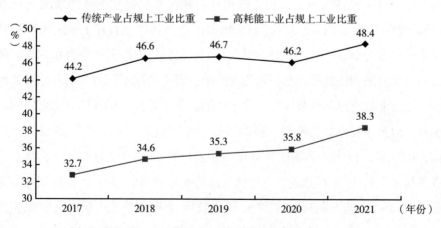

图 7　2017~2021 年河南省传统产业和高耗能产业占比情况

资料来源：《河南统计年鉴 2021》。

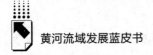
表 12　2020 年河南沿黄 8 省辖市工业产品产量占全省的比重

单位：%

产品名称	化学纤维	机制纸及纸板	十种有色金属	发电量	农用化肥	化学农药	水泥
所占比重	61	58	97	62	63	59	51

资料来源：《河南统计年鉴 2021》。

二是产业同质化低端化现象突出。新中国成立初期，国家多个重点项目在沿黄地区城市布局，该地区是河南重要的传统工业基地。改革开放以来，沿黄地区 8 省辖市凭借其深厚的工业基础、资源优势、政策及人口红利等，该区域主要城市建成区迅速向周边拓展，快速建立起较为完整的工业体系，目前已经成为河南工业的重要支柱。然而，由于产业的资源及路径依赖，河南沿黄地区 8 省辖市的产业趋同现象明显，加之河南整体创新能力弱，该地区产业层次总体偏低。党的十八大以来，在新发展理念的指引下，沿黄地区省辖市不断推进传统产业转型升级，大力培育和引进战略性新兴产业和高技术制造业，但由于传统产业存量规模大、技术创新能力不强，加之观念滞后等，导致河南沿黄地区 8 省辖市产业转型升级进程缓慢，产业同质化低端化的状况仍未得到根本性改变。同质化的结果必然是大而全、小而全、效益差。2020 年河南主要资源型行业普遍存在规模小、效益不佳的情况（见表13）。以资产利润率最高的非金属矿物制品业为例，全省规上非金属矿物制品业单位数为 3656 个，平均资产仅为 1.26 亿元，资产利润率为 6.54％；最低的煤炭开采和洗选业，单位数为 202 个，资产利润率仅为 1.62％。沿黄地区 8 省辖市是河南有色金属行业集聚区域，集中了全省97％的有色金属制品企业，但企业规模总体偏小、利润率低。以有色金属冶炼及压延加工业为例，2021 年，河南沿黄地区 8 省辖市企业资产利润率仅为 4.85％，低于全省平均水平 0.31 个百分点，更远低于医药制造业（9.53％）、仪器仪表制造业（8.58％）、汽车制造业（7％）等高技术行业水平。产业的同质化和低端化，在很大程度上制约了企业绿色转型步伐，为黄河流域实现碳达峰目标带来较大挑战。

表13　2020年河南省部分资源型规上工业企业概况

所属行业	单位数(个)	平均资产(亿元/个)	资产利润率(%)
煤炭开采和洗选业	202	15.6	1.62
有色金属矿采选业	131	3.33	3.48
非金属矿采选业	182	4.03	2.75
非金属矿物制品业	3656	1.26	6.54
黑色金属冶炼及压延加工业	208	9.36	3.42
有色金属冶炼及压延加工业	560	8.66	4.85

资料来源：《河南统计年鉴2021》。

三是资源支撑能力显著下降。沿黄地区是河南能源富集区。我国14大煤炭基地中的河南基地包括鹤壁、焦作、义马、郑州、平顶山、永夏矿区，其中义马、郑州、焦作三个矿区都位于沿黄地区。另外，中原油田位于沿黄地区的濮阳市，但是，由于早期的粗放式开采，多数地区资源已经枯竭。在国家确定的69个资源枯竭型城市名单中，河南有三个城市在列，分别是焦作、灵宝（三门峡市下辖县级市）和濮阳，均处在沿黄地区。其中，濮阳市依靠科技创新驱动高质量发展，工业转型取得了扎实成效，成为2021年5月国务院办公厅通报的全国7个转型成效突出的资源枯竭型城市，并获得了国务院的督察激励，是河南省唯一入选城市。2021年濮阳的三次产业结构为11.8∶37.4∶50.8，第二产业比重比2011年下降了30个百分点，第三产业比重较2011年提高了32个百分点，濮阳市的产业结构调整已经走在了全省及沿黄地区的前列。与濮阳市相比，其他沿黄地区城市目前仍处于发展动力换挡的关键时期，新的主导产业尚处在培育中。例如焦作市，经过多年的产业结构调整，其煤炭产业占比已由最高时的81.7%下降到2021年的2.2%。但是，焦作市新的主导产业仍在培育中，矿产开采留下的土地塌陷、滑坡、泥石流等问题尚未得到有效解决，环境污染严重，这些都给焦作转型发展带来较大的负担。三门峡灵宝市凭借丰富的金矿资源，成为国家重要的黄金生产基地之一。然而。随着金、银等矿产资源的逐渐枯竭，优质易处理矿源不断减少，传统黄金冶炼产业发展举步维艰。近年来，灵宝市一直在努

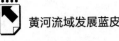
力扩展金矿精深加工产业链，但实际成效并不显著，发展依然没有摆脱对资源的依赖，工业转型之路依然任重道远，对黄河流域碳达峰带来严峻挑战。

（二）能源结构问题突出，短期内难以改变

一是能源结构单一。河南的资源禀赋特征是富煤贫油少气，这也决定了河南的能源结构是以煤炭为主导。《河南能源发展报告（2022）》显示，2021年河南能源消费总量中煤炭比重为65.7%，高出全国平均水平11.1个百分点，一次能源生产总量中原煤占比达到78.2%，高出全国平均水平12.5个百分点。从能源生产和消费情况可以看出，为了支撑全国第6大工业体量的用能需求，短时期内河南还无法从根本上改善煤炭主导的能源结构。沿黄地区是河南重要的工业基地，能源消费占比高且能源结构单一问题更为突出，由此带来的碳达峰压力更大。

二是高碳能源占比高。高碳能源是指碳（C）元素排放比例系数较高的一类燃料能源，包括煤炭、石油和天然气等。由于高碳能源消费占比高，河南空气质量受影响较大。2021年河南全年城市空气质量优良天数为256天，PM10平均浓度为77微克/米^3，PM2.5平均浓度为45微克/米^3，不仅与北京、上海、广东等省份有较大差距，与临近的湖北、山东也存在一定差距（见图8）。沿黄地区是河南重要的工业基地，碳排放量高于全省平均水平。《中国生态环境状况公报2021》显示，2021年全国168个主要城市环境空气质量排名中，河南沿黄地区的开封、濮阳、三门峡、新乡等城市分别居于第121位、第122位、第124位和第130位，尽管摆脱了后20位的境遇，但排名依然比较靠后。在2020年的排名中，沿黄地区的焦作（倒数第9）、新乡（倒数第16）还位于后20位的榜单上。从2016年起连续5年都有城市上榜（郑州、新乡、焦作分别上榜4次）后20位。河南沿黄地区的环境和气候问题与高碳能源结构有直接关系，2021年化石能源（煤炭、石油、天然气）消费占比高达87%，清洁能源（天然气、一次电力及其他能源）仅占13%，高碳能源及由此产生的高碳排放给黄河流域带来巨大的减排压力。

三是能源对外依存度持续增长。相关数据显示，2005年河南就已经成

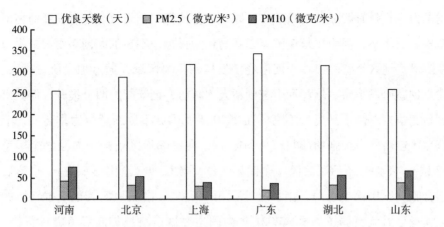

图 8　2021 年河南与其他五省市环境质量对比

资料来源：根据上述省份 2021 年国民经济和社会发展统计公报、统计年鉴等资料整理。

为能源净调入省份。能源资源禀赋也决定了依靠自有资源河南很难保障其能源供应，2021 年河南 60% 的能源需要外部输入。近年来，尽管河南实施了"青豫直流"等多项重点清洁能源工程，开展整县屋顶光伏试点，实施清洁供暖项目，以推动能源结构优化。但河南是工业大省，对能源的需求量将持续增长，尤其是工业占全省较大比重的沿黄地区 8 省辖市，较高的能源对外依存度将对地区能源安全带来较大威胁。因此，短期内沿黄地区 8 省辖市能源还将维持较高的高碳能源占比，也在一定程度上制约了黄河流域碳达峰的推进。

（三）研发创新能力弱，低碳转型发展缺少科技支撑

创新是发展的第一动力，也是产业竞争力提升和经济发展方式转变的核心要素。[①] 然而，从创新能力看，河南沿黄地区 8 省辖市创新引领发展态势依然不明显。

一是创新竞争力偏弱。当前，我国已进入创新驱动发展时代，创新就是

---

① 樊西锋、李蕾、苑嘉欣：《黄河流域制造业碳排放强度及绿色低碳转型研究》，《国有资产管理》2022 年第 5 期。

竞争力，且具有明显的倍数效应。因此，各地都把创新放在经济发展的突出位置。近年来，河南以打造国家创新高地为目标，不断加大创新要素聚集力度。沿黄地区 8 省辖市作为河南经济发展的重要区域，通过加大研发投入、建立创新研发平台、培育和引进创新人才队伍，创新能力明显提升，但城市创新竞争力总体水平仍然不高。在 2020 年我国城市创新竞争力排名中，沿黄地区创新能力最强的郑州市位列第 19，在中部地区仅高于太原（全国第 32 位），不但远落后于武汉（全国第 5 位）和长沙（全国第 8 位），也落后于合肥（全国第 13 位）、南昌（全国第 18 位）。沿黄地区其他 7 省辖市的创新竞争力就更弱了。据《2021 年中国主要城市科技创新竞争力排行榜》显示，洛阳、开封、新乡、焦作分别排在榜单第 57 位、第 82 位、第 88 位、第 141 位，濮阳和三门峡排名均在 200 位以后，分别排在第 247 位和第 266位。城市创新竞争力指标包括创新治理力、原始创新力、技术创新力、成果转化力和创新驱动力等 5 个方面，城市创新竞争力弱表明其在推动产业升级及绿色转型发展方面缺乏科技支撑。

二是研发经费投入不足。研发经费投入不足是沿黄地区省辖市研发创新能力弱的重要原因。2020 年，河南沿黄地区 8 省辖市平均研发投入强度为1.93%，低于全国 2.24%的平均水平。其中研发最低的开封市和三门峡市仅有 1.18%和 1.17%，不但低于国家平均水平的 2.24%，也远低于河南省1.64%的平均水平。从表 14 可以看出，沿黄地区 8 省辖市研发经费投入平均为 76.96 亿元，超过 100 亿元的仅有郑州和洛阳两市，开封、焦作、濮阳、三门峡和济源 5 市研发经费投入均在 50 亿元以下。另外，河南沿黄地区的专利申请和授权量较少，分别只有全国平均水平的 62.67%和 63.18%，难以有效支撑黄河流域碳达峰的有效推进。

（四）绿色发展理念滞后，低碳转型发展推进缓慢

当今世界，绿色发展已经成为一个重要趋势，加快经济结构调整、发展绿色产业已经成为许多国家推动低碳转型发展的重要举措。在 2015 年召开

表 14　2020 年河南省及沿黄地区 8 省辖市研发活动经费情况

单位：亿元，%

	R&D 经费内部支出	R&D 经费投入强度
河南省	901.27	1.64
省辖市		
郑州市	276.67	2.31
开封市	27.97	1.18
洛阳市	143.47	2.8
新乡市	66.91	2.2
焦作市	40.55	1.91
濮阳市	19.29	1.17
三门峡市	26.29	1.81
济源市	14.52	2.06

资料来源：河南省统计局、智研咨询整理。

的党的第十八届五中全会上，中央就提出了"创新、协调、绿色、开放、共享"的新发展理念。新发展理念提出后，河南沿黄地区 8 省辖市把践行新发展理念作为产业转型升级和经济高质量发展的重大契机，完善政策措施，积极推进绿色低碳转型。但受各种因素制约，黄河流域低碳转型发展仍较为缓慢。究其原因，主要有以下三个方面。

一是绿色发展理念尚未牢固树立。城市降碳，既要重视工业生产的节能减排和低碳转型，也要重视生活方式转变，但河南沿黄地区各省辖市绿色发展理念尚未牢固树立。以城市居民生活为例，为推动绿色低碳转型，沿黄地区 8 省辖市相继出台了一系列生活垃圾分类相关政策（见表 15），但政策的落实并不乐观，实施效果并不是很明显。比如，郑州市于 2019 年 12 月 1 日正式实施《郑州市城市生活垃圾分类管理办法》（以下简称《办法》），并在建成区设置大量分类垃圾桶，安排专人进行垃圾分类宣传和指导，同时还建立了垃圾分类激励机制。但《办法》正式实施已两年有余，郑州市的垃圾分类投放和处理却收效甚微。原因在于垃圾分类专员多为公益性岗位，人员专业素质不高，配套设施不健全，同时垃圾分类的激励机制不完善等，难以产生激励效应，但归根结底是由于城市管理者及市民的绿色发展意识淡漠，绿色发展理念尚未普遍树立。

表15　河南沿黄地区8省辖市生活垃圾分类政策

省辖市	出台时间	文件名称
郑州	2019年10月	《郑州市城市生活垃圾分类管理办法》
开封	2018年12月	《开封市生活垃圾分类工作实施方案》
洛阳	2019年9月	《洛阳市推进城市生活垃圾分类工作实施方案》
新乡	2020年9月	《新乡市城市生活垃圾分类三年攻坚实施方案》
焦作	2021年1月	《焦作市生活垃圾分类管理条例》
濮阳	2019年12月 2021年12月	《濮阳市市区生活垃圾分类工作实施方案》 《濮阳市进一步推进生活垃圾分类工作的实施意见》
三门峡	2021年9月	《三门峡市进一步推进生活垃圾分类工作的实施意见》
济源	2021年3月	《进一步夯实农村生活垃圾收运处置体系 推进垃圾分类工作方案》

资料来源：根据河南沿黄地区8省辖市政府网站整理。

二是基础设施配套不完善。推进绿色低碳发展，需要加强基础设施配套建设。但就目前而言，沿黄地区8省辖市绿色转型发展配套设施还不是很完善。老旧小区改造不彻底、雨污分流设施不到位、绿地游园不充足等，在一定程度上影响了城市降碳的推进。比如，洛阳、焦作、新乡、三门峡、濮阳等还有大量老旧小区亟待改造，郑州市建成区内共有1634个老旧小区，2021年底改造完工1090个，尚有544个在施工。另外，河南沿黄地区8省辖市绿色产品供给不足，生产成本高且替代品较多，企业引入绿色生产设备和技术的动力不足，消费者因价格原因购买的意愿不强，也在一定程度上影响了绿色低碳转型。

三是绿色转型推进缓慢。推进产业绿色低碳转型是实现碳达峰的重要保障。由于创新能力弱，缺乏技术支撑，尽管河南省第十一次党代会提出了实施绿色低碳转型战略，但河南沿黄地区8省辖市的绿色转型发展依然推进缓慢。2021年度的工信部绿色制造名单中，河南全省有23家企业入选，而作为河南重要制造业基地的沿黄地区8省辖市仅11家（郑州4家、开封2家、洛阳1家、新乡2家、济源2家）企业上榜，占比不足50%，与其工业产值占全省一半以上的地位不匹配。同时，沿黄地区8省辖市绿色工厂、绿色设计产品、绿色园区等绿色制造还多停留在试点阶段，示范意味较强，实际技术引领不足，并未真正发挥绿色转型引领作用。

五　河南以城市降碳为主体推进黄河流域碳达峰的对策建议

以城市降碳为主体推进黄河流域碳达峰，既是河南实施"双碳"战略的重大部署，也是抢抓黄河流域生态保护和高质量发展战略历史机遇的有效举措。实践中应按照河南省第十一次党代会提出的"实施绿色低碳转型战略"要求，加快推进结构转型、做好重点领域减碳工作，提高绿色技术创新能力、完善绿色发展制度、建立健全绿色低碳循环发展经济体系，全力推进绿色转型发展，如期实现河南黄河流域碳达峰目标。

（一）以结构调整为重点，推进绿色低碳转型发展

一是稳妥有序调整能源结构。针对河南富煤贫油少气的资源禀赋导致的能源结构单一问题，应积极稳妥推进能源结构调整。一方面，加强煤炭使用管理。加大对城市建成区煤炭使用的管理力度，完善用煤大户管理机制，推行煤炭使用管理"清单制"，以提高城市建成区煤炭使用效率为目标，引导企业主动关停低效燃煤机组和燃煤锅炉，压减城市煤炭消费量。在城市建成区外，全面加强对散煤的控制和管理，逐步减少散煤使用，降低城市建成区外的二氧化碳排放。另一方面，加快推进能源消费电能替代，提高清洁能源占比。以建立清洁能源为主体的零碳可持续能源体系为目标，加大风能、太阳能、生物质能、氢能等新型能源开发利用力度。如利用黄河沿岸的风力、滩涂等资源建设沿黄绿色能源廊道；利用沿黄城市郑州、洛阳、开封、三门峡、濮阳等城市地热能资源优势，大力实施地热供暖项目，减少城市二氧化碳排放，构建以电能消费为主导的能源格局，推动实现经济社会发展、能源

电力发展等与碳排放脱钩。

二是加快推动产业结构调整。长期以来，河南产业结构偏粗偏重，导致对能源需求规模巨大。特别是沿黄地区8省辖市，六大高耗能行业规模以上工业能源消费占比超过80%，冶金、建材、化工、煤炭、电力等重工业占比在60%以上。推动城市降碳，一方面，推进传统产业"三化"改造。在严格限制"两高"项目发展的同时，加快制定传统高耗能行业"三化"（高端化、智能化和绿色化）改造方案，实施传统高耗能产业"三化"改造提升工程，延伸有色冶金、建材、煤化工、石油煤炭、矿产品等的产业链，通过打造龙头引领企业促使资源型产业集约高效发展，实现向多元化的转变。积极推动新一代信息技术与冶金、建材、化工、煤炭、电力等传统产业深度融合，促进5G、大数据、移动互联网、物联网等信息新技术在企业研发、制造、管理、服务等全流程和全产业链的综合集成应用，实现产业链再造和价值链提升，逐步形成新的竞争优势。[①] 另一方面，加快培育战略性新兴产业。《中共中央关于制定国民经济和社会发展第十四个五年规划和2035年远景目标的建议》提出，要发展战略性新兴产业，构建一批各具特色、优势互补、结构合理的战略性新兴产业增长引擎。黄河流域是我国重要的生态屏障、能源基地和重工业基地，在推进传统产业高端化、智能化、绿色化改造的同时，应当加快培育战略性新兴产业，通过构建战略性新兴产业加优化传统制造业的方式，重塑经济高质量增长的新动能。[②] 河南沿黄地区各地市和济源示范区要加快通过技术创新促进新产品和新业态发展，积极培育战略性新兴产业。如郑州市的新能源及智能网联汽车、高端智能装备、新型材料、生物医药及高性能医疗器械、绿色环保等产业，洛阳市的新能源、新一代信息技术、节能环保、生物医药等产业，新乡市的电池和新能源汽车、生物产业、新兴信息、新能源、新材料等产业。特别是要通过推进新一代信息技

---

① 樊西锋、李蕾、苑嘉欣：《黄河流域制造业碳排放强度及绿色低碳转型研究》，《国有资产管理》2022年第5期。

② 庞磊、朱彤：《黄河流域战略性新兴产业协同创新问题研究》，《中州学刊》2021年第11期。

术、互联网、大数据等与实体经济的深度融合，形成跨界融合的创新业态，从而不断推动河南省沿黄地区制造业绿色低碳转型。

三是逐步推动交通结构调整。近年来，随着机动车保有量的增加，机动车的排放污染物对城市空气质量以及城市碳排放的影响日趋严重。截至 2021 年底，河南沿黄地区 8 省辖市机动车保有量突破 1000 万辆，其中燃油车占比在 90% 左右。另外，河南日过境车辆超过 120 万辆，公路货运占比约为 90%，其中货车运输尤其是柴油车运输的污染排放量占比尤为突出。因此，河南省应当大力推动沿黄各地市交通结构调整，以此促进城市降碳。第一，大力促进绿色出行。在郑州、洛阳开通轨道交通的城市，推动"轨道引领、公交优先"，全面形成"轨道+公交+慢行"绿色低碳交通出行体系，加快推进郑州市和洛阳市在建轨道交通项目，尽快启动开封、新乡、焦作等城市轨道交通线路项目建设，实施市域铁路公交化改造和运营等；优化市内公交线路网，方便市民换乘，加强公交首末站建设，保障公交路权优先；统筹推进自行车道、人行道、过街设施建设等，让绿色出行成为市民最愿意、最依赖的出行选择。第二，优化货运结构。按照"宜铁则铁、绿色优先"的原则，加快推进适铁货物由公路运输转向铁路运输，培育发展壮大装备制造、新型材料、绿色食品等适铁产业，不断扩大铁路运输货源基础；结合各地实际落实《河南省加快推进铁路专用线进企入园工程实施方案》，实施铁路专用线进企入园工程和多式联运示范工程，发挥不同运输方式的比较优势和组合效率。第三，大力推广新能源车。按照"控增量、减存量、优结构"的原则，积极推动交通运输工具"油换电"，降低传统能源汽车占比。推动城市公交车、巡游出租车、城市物流配送车、中小型环卫车基本实现纯电动或氢燃料电池汽车替代，提高工程建设项目新能源渣土车、混凝土搅拌车使用率。

四是持续推进用地结构调整。河南沿黄各省辖市应加快编制省市县国土空间规划，科学划定"三区三线"，明确各重要控制线，加强土地用途管制，推进土地集约节约利用。逐步淘汰高能耗企业，腾退低效用地，引导使用清洁能源、科技含量高的低碳产业合理布局，推进空间布局的低碳优化。

加大城市周围历史遗留矿山综合整治力度，全线启动黄河流域生态廊道建设，推动国土绿化提速。稳定耕地，发挥耕地生态功能，种植增加碳汇的作物，提高城市生态系统的稳定性及固碳能力。

（二）推动重点领域节能降碳，从源头减少碳排放

一是把工业园区降碳放在首位。聚集化发展是河南工业布局的主要特征。河南沿黄城市工业布局也不例外，主要集中在各类工业园区内，如经济技术开发区、高新区和产业集聚区等，由此决定了工业园区是城市碳排放的重点区域。因此，推动河南黄河流域碳达峰，应把工业园区降碳放在首位。首先，大力发展绿色制造。积极引导企业采取绿色开发模式，从产品设计、制造、包装、运输、使用到报废处理的整个寿命周期内，把对环境的影响降到最小，提高资源的利用率。为此，应大力发展绿色技术，培育绿色供应链，发展绿色工业园区等，从源头减少河南沿黄城市碳排放。其次，加大园区产业结构调整步伐。突出"亩均效益"，逐步腾退高污染、高耗能企业，培育和壮大绿色产业；加快推进技术研发和服务模式创新，建设智慧工业园区，推动园区节水、节气、节电等，减少园区碳排放。此外，加快规划和建设"碳中和"产业园，推动实现园区内二氧化碳零排放。

二是推动工业领域降碳减排。工业领域是碳排放的重头戏。以城市降碳为主体推进黄河流域碳达峰，应把控制工业能耗、减少工业领域碳排放作为重点。首先，持续推动钢铁、有色、建材、化工等行业减污降碳。在省级层面，加快制定"1+4"工业领域碳达峰行动方案（"1"是指工业领域碳达峰工作方案，"4"是指建材、钢铁、有色、化工4个重点行业碳达峰专项行动方案），推进钢铁、有色、建材、化工4个重点行业节能降碳工艺革新，建设绿色制造体系。在省辖市层面，围绕"1+4"工业领域碳达峰行动方案制定"1+4"实施方案，明确各市建材、钢铁、有色、化工4个重点行业碳达峰时间及推进路径，推动重点行业战略重组和园区化布局、规模化发展。其次，推动电力行业减碳。以发展新型能源为重点，加快绿色微电网、分布式风电光伏等可再生能源产业布局，逐步淘汰高污染、高排放的煤电机

组，严格控制火电项目增量，构建清洁低碳安全高效的能源体系。最后，淘汰落后产能。对水泥、钢铁、氧化铝等产能过剩行业，一方面要加大去产能攻坚力度，另一方面要严格控制行业新上项目、新增产能，避免低水平重复建设，有序淘汰落后产能。

三是遏制"两高"项目盲目发展。"两高"项目是碳排放的重要领域。推进黄河流域碳达峰，要坚决遏制"两高"项目盲目发展，摒弃高碳项目刺激模式，协同推进减排降碳。一方面，落实《河南省坚决遏制"两高"项目盲目发展行动方案》和沿黄各市"坚决遏制'两高'项目盲目发展行动方案"，全面落实新增"两高"项目会商联审制度，严格控制建材、钢铁、有色、化工等"两高"行业新增产能，依法依规淘汰不符合能源、环境、质量等标准的"两高"行业落后产能；另一方面，加强存量"两高"项目管理，完善动态管理机制，如制定黄河流域能耗"双控"和煤炭消费总量控制定期发布机制、建立问责机制等，减少"两高"项目二氧化碳排放量。

（三）提升绿色科技创新能力，强化碳达峰技术支撑

绿色科技创新是实现"双碳"目标的关键驱动力，不仅可以从技术层面为实现低碳、零碳、负碳提供实践方法，还能有效推动绿色低碳产业发展。因此，河南省以城市为主体推进黄河流域碳达峰，要不断提升绿色科技创新能力，为实现碳达峰目标提供技术支撑。第一，加大研发经费投入。目前，河南沿黄地区8省辖市除郑州和洛阳外，其余城市研发投入总体偏低，研发经费投入强度均低于全国平均水平，应通过制定研发经费财政投入增长机制，保持研发经费投入较高增量，逐步赶上或超过全国平均水平；落实河南省规上工业企业研发活动全覆盖要求，通过财政补贴或税收优惠方式，引导辖区内企业积极开展研发创新活动；积极对接国家和省绿色发展基金，统筹整合资金，吸引县（市）、社会资本参与，设立省绿色发展基金分基金，健全生态保护产业发展长效机制，促进绿色产业可持续发展。第二，争取在郑州、洛阳等中心城市布局国家实验室、国家技术工程中心、检验检测中心

等国家级研发平台，依托郑洛新国家自主创新示范区及郑州国家中心城市、洛阳副中心城市创新资源优势，联合沿黄地区 8 省辖市建立沿黄科技创新联盟，打造沿黄创新走廊；在新乡、焦作等创新基础较好的地区布局省实验室、产业研究院和中试基地，集聚创新资源，构建以市场为导向的绿色技术创新体系，加快绿色低碳技术研发等。第三，强化绿色技术服务和成果转化。鼓励省内工业节能与绿色制造第三方服务机构，联合龙头企业、科研院所等创建绿色制造公共服务平台，积极开展碳捕集与利用、碳交易等新兴机制的创新性应用，为新兴产业、未来产业"腾笼换鸟"。同时，强化绿色技术推广应用和成果转化，通过建设绿色科技应用示范基地，提高绿色发展集聚度，培育绿色产业龙头企业，提升绿色产业发展水平。①

（四）践行绿色低碳理念，培育健康生活方式

一是树立绿色低碳生活理念。习近平主席在 2020 年 12 月气候雄心峰会上指出："生产生活方式绿色低碳转型是发展理念和实践的一场深刻变革，对协同碳排放有效控制和环境高水平保护，从而推动经济高质量发展具有重要意义。"河南省以城市降碳为主体推进黄河流域碳达峰，要引导城市居民树立绿色低碳生活理念。首先，强化居民环保意识。综合利用学校教育、新闻媒体、行动引导、监督约束等手段，如开设环保教育课，开展典型宣传、光盘行动等，提升居民节水、节电、节粮意识等，提高保护环境的自觉性。其次，开展绿色低碳创建活动。通过开展环保科普活动、公益活动、志愿活动，引导创建节约型机关、绿色家庭、绿色校园、绿色社区、绿色商场，鼓励和支持绿色出行，树立绿色低碳理念，进而形成良好的城市降碳氛围。

二是培养绿色低碳生活方式。绿色低碳生活是指减少二氧化碳排放量，进行低能量、低消耗和低开支的生活方式。培养居民绿色低碳生活方式，有利于减少二氧化碳排放量，减少环境的污染，从而推动实现"双碳"目标。

---

① 樊西锋、李蕾、苑嘉欣：《黄河流域制造业碳排放强度及绿色低碳转型研究》，《国有资产管理》2022 年第 5 期。

首先，倡导绿色消费行为。绿色消费的核心是可持续消费，即从满足生态需要出发，以保护生态环境为基本内涵，符合环境保护标准的消费行为和消费方式。倡导绿色消费行为可以从消费端和生产端同时发力。在消费端，通过开展禁止"过度包装"、推进垃圾分类、推行"光盘行动"等，减少资源浪费和污染物排放，推动节能降碳；在生产端，引导和鼓励企业顺应绿色消费发展趋势，研发绿色技术、开展绿色设计、选择绿色材料等，增加绿色消费品供给，从生产端减少碳排放量。其次，推进生活资源化利用。加大宣传力度，完善政策措施，提高城市居民垃圾分类意识。增加垃圾分类设施供给，规范放置可回收物、有害垃圾、厨余垃圾、其他垃圾收集桶等容器，方便居民进行垃圾分类投放，通过生活垃圾减量化、资源化、无害化处理，推动城市降碳减排。最后，引导绿色出行。绿色交通是通达有序、安全舒适及低能耗低污染的完整统一结合。引导绿色出行，积极调整运输结构，发展绿色交通体系。为此，应尽快淘汰市内燃油公交车，大力支持共享单车、共享电动车和共享汽车发展，鼓励居民绿色低碳出行，推动城市节能降碳。

三是实施绿色低碳发展行动。党的十九届五中全会提出，要加快推动绿色低碳发展，持续改善环境质量，提升生态系统质量和稳定性，全面提高资源利用效率。河南省以城市降碳为主体推进黄河流域碳达峰，必须加快推动绿色低碳发展。首先，大力发展绿色建筑。全面落实《绿色建筑创建行动方案》《绿色建筑标识管理办法》等政策法规，把绿色建筑专项设计纳入建设工程规划许可审批内容，扩大绿色建筑标准执行范围；加快提升建筑节能水平。同时，开展包括建筑屋顶光伏行动、采用地源热泵加顶棚辐射模式、安装节能灯具和洁具、实施排风热回收等在内的绿色化节能改造，大力发展近"0"能耗建筑和"0"能耗建筑。其次，建设绿色低碳社区。以"公共电能管理"和"公共水能管理"为主题，开展社区节能降耗行动，推进社区智能化改造，建设智慧社区。如通过升级照明线路雷达控制系统，对地下车库灯光亮度进行动态调节，达到节电增效目的；通过对小区内绿化喷灌控制系统智能化升级，实施精确灌溉，提高绿化灌溉管理水平，达到节水目的。

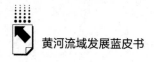

（五）做好顶层设计，加强整体统筹

一是强化规划引领。实现碳达峰碳中和是国家重大决策部署，黄河流域生态保护和高质量发展是重大国家战略。推动实现河南黄河流域碳达峰要强化规划引领，积极稳妥推进。目前，河南在全省层面已出台《河南省碳达峰实施方案》《河南省黄河流域生态保护和高质量发展规划》等政策文件，沿黄各地市也都出台了关于本辖区的碳达峰政策和实施方案，但针对黄河流域碳达峰发展规划或实施方案，省市两级还都尚未出台。下一步应针对河南黄河流域碳达峰推进情况，加快制定河南黄河流域碳达峰发展规划或实施方案及沿黄城市的碳达峰行动方案，以规划引领推动黄河流域实现碳达峰目标。

二是加强统筹协调。黄河流域又被称为"能源流域"，煤炭、石油、天然气和有色金属资源丰富，煤炭储量占全国一半以上，是我国重要的能源、化工、原材料和基础工业基地。[1] 河南黄河流域既是能源资源富集区，又是河南的经济中心。河南以城市降碳为主体推进黄河流域碳达峰，应按照国家实施"双碳"战略的安排部署，增强系统观念，统筹考虑经济发展、能源安全和产业链稳定，协同推进城市降碳、减污、扩绿、发展，在推进碳达峰的同时确保黄河流域能源安全、产业链供应链稳定和经济发展。

三是健全制度保障。加快构建黄河流域城市降碳的制度及政策体系，包括生态保护补偿制度、消费双控制度、用能权和碳排放权等初始分配和市场化交易机制等，以完善的制度和政策体系保障黄河流域各城市利益得到有效补偿，提高沿黄城市碳达峰的积极性和能动性，确保如期实现黄河流域碳达峰目标。

---

① 习近平：《在黄河流域生态保护和高质量发展座谈会上的讲话》，《求是》2019年第20期。

B.12
山东：聚焦能源转型和产业升级

张彦丽　王金胜　张娟　崔晓伟*

摘　要： 实施碳达峰行动是黄河流域积极应对气候变化、破解资源环境约束、提升发展质量的内在要求。作为黄河流域下游省份，山东省在经济社会发展方面为黄河流域生态保护和高质量发展提供重要支撑，同时，由于较重的产业结构和能源结构，山东也是黄河流域碳排放大省，二氧化碳排放量约占全国碳排放量的1/10。近年来，山东省坚持通过新旧动能转换调整优化能源结构和产业结构，不断提升绿色低碳发展能力，在推动黄河流域碳达峰碳中和方面发挥着重要作用。报告首先分析了山东省及沿黄地区的碳排放情况，对山东推进碳达峰的探索实践进行了梳理，在绿色低碳发展情景下，预计2030年山东将如期实现碳达峰，碳排放峰值为13.09亿吨。站在新的历史起点上，山东在进一步推进绿色低碳发展、实现碳达峰的过程中挑战和机遇并存，需保持战略定力，完整准确全面贯彻新发展理念，聚焦能源转型和产业升级，深化新旧动能转换，构建起促进绿色低碳发展的体制机制，为黄河流域碳达峰行动贡献山东力量。

关键词： 碳达峰　能源转型　产业升级　山东黄河流域

---

* 张彦丽，博士，中共山东省委党校（山东行政学院）社会和生态文明教研部副教授，研究方向为生态文明；王金胜，博士，中共山东省委党校（山东行政学院）社会和生态文明教研部副主任、副教授，研究方向为生态文明、区域经济；张娟，博士，中共山东省委党校（山东行政学院）社会和生态文明教研部副教授，研究方向为双碳战略；崔晓伟，博士，中共山东省委党校（山东行政学院）社会和生态文明教研部讲师，研究方向为生态文明。

2021 年 10 月，习近平总书记在山东考察黄河下游生态保护和高质量发展情况，明确要求山东"在推动黄河流域生态保护和高质量发展上走在前"，为山东省深入推动黄河国家战略的贯彻落实和科学推进碳达峰碳中和工作提供了根本遵循。黄河国家战略的纵深推进和新旧动能转换综合试验区等重大平台建设，为山东推进碳达峰碳中和提供了重大战略机遇。同时，山东省能源结构和产业结构绿色低碳转型面临压力挑战，能源利用效率还有较大差距，科技创新成果转化效率较低，生态系统增汇固碳面临困境，应对气候变化能力仍然较弱，绿色生产、低碳生活尚未形成良好氛围，碳达峰目标实现路径的保障机制不够健全，以上问题迫切要求山东省必须将绿色低碳、科学发展摆在重要位置，一方面要保持战略定力，另一方面要积极主动作为，依靠提升绿色低碳发展能力实现碳达峰目标。

一 山东黄河流域碳排放基本情况

中国碳核算数据库发布的研究结果显示，中国碳排放总量在 2013 年前后出现阶段性峰值后持续高位波动，2019 年全国二氧化碳排放量达到 98 亿吨左右。2020 年全国二氧化碳排放量增长至 99.3 亿吨，较 2019 年增加 1.4%。[①] 近年来，山东致力于破解产业结构偏重、能源结构偏煤、交通运输结构偏公路、农业投入与用地结构不合理等问题，并取得了一定成效，但目前尚未得到根本破解。山东是二氧化碳排放大省，据中国碳核算数据库公开数据，2019 年山东二氧化碳排放总量为 9.37 亿吨[②]，约占全国二氧化碳排放总量的 10%。

（一）山东省碳排放情况分析

从分行业碳排放结构来看，电力热力系统是山东碳排放的主要来源

---

① Yuru Guan, Yuli Shan et al.（2021）."Assessment to China's Recent Emission Pattern Shifts," *Earth's Future*.
② 中国碳核算数据库（CEADs）发布的《2019 年中国各省碳排放清单》。

（见图1、表1）。对山东省2019年碳排放分析可知，电力热力系统二氧化碳排放量为565.05Mt（百万吨），约占总排放量的60%，占比最大；其次是非金属矿产品生产（主要为水泥）和金属冶炼加工业，二者二氧化碳排放量之和为199.99Mt，约占总排放量的21%；再次是交通运输仓储邮电业和服务业及生活系统，其二氧化碳排放量分别为43.60Mt和43.56Mt，二者碳排放量之和约占山东碳排放总量的10%。分析表明，电力热力系统、非金属矿产品生产和金属冶炼加工业碳排放之和达到总量的80%以上，是山东省推动减碳的主要行业领域。

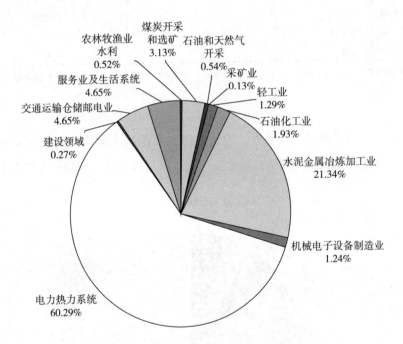

图1　2019年山东省分行业碳排放基本构成

表1　2019年山东省分行业碳排放情况

单位：百万吨，%

分行业	二氧化碳排放量	占总量百分比
总排放量	937.12	100
农林牧渔业水利	4.91	0.52

续表

分行业	二氧化碳排放量	占总量百分比
煤炭开采和选矿	29.35	3.13
石油和天然气开采	5.10	0.54
采矿业	1.22	0.13
轻工业	12.11	1.29
石油化工业	18.05	1.93
水泥及金属冶炼加工业	199.99	21.34
机械电子设备制造业	11.66	1.24
电力热力系统	565.05	60.29
建设领域	2.52	0.27
交通运输仓储邮电业	43.60	4.65
服务业及生活系统	43.56	4.65

资料来源：根据中国碳核算数据库（CEADs）发布的《2019年中国各省碳排放清单》整理得到。

从分品类碳排放结构来看，煤炭是山东省碳排放的主要来源（见图2、表2）。分析山东省2019年二氧化碳排放清单可以看出，燃煤产生的二氧化

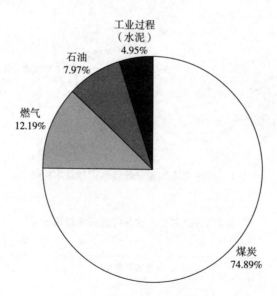

图2　2019年山东省分品类碳排放基本构成

碳排放量为 701.85Mt，约占总排放量的 75%，占比最大；燃油二氧化碳排放量为 74.72Mt，约占山东碳排放总量的 8%；燃气（含天然气、焦炉煤气和其他燃气）二氧化碳排放量为 114.19Mt，约占山东碳排放总量的 12%；工业过程（主要为水泥生产过程）二氧化碳排放量为 46.36Mt，约占山东碳排放总量的 5%。由以上分析可知，山东的能源使用高度依赖煤炭资源，以至成为碳排放贡献的主要因素，其中煤炭类能源是山东推进碳达峰碳中和应重点考虑的最为关键的领域。因此，山东省推进碳达峰碳中和战略必须坚定不移地推进能源结构绿色低碳转型，稳妥有序压减煤炭产能和高耗能产业，大力发展清洁能源。

表2　2019年山东省分品类碳排放情况

单位：百万吨，%

分品类	二氧化碳排放量	占总量百分比
煤炭	701.85	74.89
燃气	114.19	12.19
石油	74.72	7.97
工业过程（水泥）	46.36	4.95
总排放量	937.12	100.00

资料来源：根据中国碳核算数据库（CEADs）发布的《2019年中国各省碳排放清单》整理得到。

（二）山东黄河流域碳排放情况

黄河从山东省菏泽市东明县入鲁，流经菏泽、济宁、泰安、聊城、济南、德州、滨州、淄博、东营9市，共25个县区。对山东沿黄地区的碳排放、能源消耗和经济社会发展等指标与全省相应指标进行比较分析，一方面，山东沿黄9市能耗约占全省能耗的59%左右，其中全社会用电量约占全省的60%（见表3）；沿黄9市的碳排放量约占全省的61%，但是GDP约为全省的49%；2020年，沿黄9市的地区生产总值总计36135.8亿元，但若除去省会城市济南（2020年GDP为10140.91亿元）之后，其余8市的地区生产总值之和为 25995 亿元，仅为全省的 35%左右。另一方面，从人均指标看，除了济南、淄博、东营 3 市的人均 GDP 高于全省平均水平之外，其他各市人均 GDP 均有较大差距。由分析可见，山东省沿黄地区在进一步提升发展质量，特别是绿色低碳发展水平上存在较大潜力，是山东省推进绿色低碳发展、促进能源结构和产业结构调整的重要区域。

表3　2020 年山东沿黄 9 市用电量和经济发展情况

地区	全社会用电量 （亿千瓦时）	地区生产总值 （亿元）	人均地区生产 总值(元)
全省总计	6939.8	73129.00	72151
济南市	433.9	10140.91	110681
淄博市	398.9	3673.54	78089
东营市	337.3	3673.54	136330
济宁市	361.9	4494.31	53764
泰安市	215.4	2766.46	50444
德州市	251.4	3078.99	54691
聊城市	652.6	2316.84	38901
滨州市	1235.4	2508.11	63915
菏泽市	257.1	3483.11	39718
沿黄 9 市	4143.9	36135.8	69614.8
黄河流域占比(%)	59.71	49.41	96.48

资料来源：《山东统计年鉴 2021》。

（三）山东省碳达峰行动的目标

实施碳达峰行动要坚持全国一盘棋、全省一盘棋，保持战略定力持续推进，扎实开展工作，而不是寄希望于毕其功于一役。落实到具体工作上，既要积极稳妥推进碳达峰碳中和，又要避免冒进和"碳冲峰"等错误思想。因此，要在对碳达峰碳中和正确认知的基础上，把握推进碳达峰行动的根本要求：在发展中减碳，在减碳中实现更高质量发展。

2022 年 3 月，山东省出台的《山东省"十四五"绿色低碳循环发展规划》和《山东省"十四五"应对气候变化规划》提出了山东省绿色低碳发展、推进碳达峰行动的主要目标，即到2025年，山东产业结构、能源结构和交通运输结构明显优化，利用效率大幅提高；新能源、可再生能源装机容量实现倍增，达到9500万千瓦。煤炭消费总量在"十四五"期间持续减少，能耗强度确保下降14.5%以上，力争下降15.5%以上；较"十三五"时期，碳排放强度力争下降20%。主要污染物排放总量持续下降，温室气体排放总量得到有效控制，应对气候变化取得明显成效，夯实碳达峰基础，确保2030年前实现碳达峰。到2030年，进一步提升绿色低碳发展水平，实现由控制能耗强度向控制碳排放强度的转变，能源结构进一步优化，能源消费增量主要来源于可再生能源和清洁能源，建设成为黄河流域绿色低碳发展先行区。

二　山东省推进碳达峰的探索实践

山东省作为黄河流域重要省份，多年来碳排放一直居全国首位，为深入贯彻党中央、国务院关于"碳达峰碳中和"战略决策部署，山东省委省政府积极推进落实"黄河战略"走在前的重要指示要求，不仅将"双碳"任务作为"十四五"规划的重要内容，同时围绕"双碳"目标制定了《"十大创新"2022年行动计划》《"十强产业"2022年行动计划》《"十大扩需求"2022年行动计划》《山东省"十四五"绿色低碳循环发展规划》《山东省"十四五"应对气候变化规划》等相关行动计划，从能源结构调整、新旧动能转化、创新体系构建、增汇固碳、碳汇交易以及应对气候变化等多个方面，对全省生产、生活制定具体目标任务，有力地促进了全省碳达峰工作有力有序有效推进，保障碳达峰任务目标顺利完成。

（一）有序推进能源结构调整优化

能源绿色低碳转型是坚定不移推动碳达峰碳中和目标如期实现的关键所在。山东省目前能源结构仍以高碳的化石能源为主，2019年能源消费量达

41390 万吨标准煤，居全国第一位。煤炭作为碳排放主要的能源之一，其碳密度远高于天然气和石油，2019 年我国煤炭消费量占能源消费总量的 57.7%，山东省煤炭消费占比达到 67.3%。[①] 2020 年能源消费量达 41826.8 万吨标准煤，居全国第一位。煤炭作为碳排放主要的能源之一，其碳密度远高于天然气和石油，2020 年我国煤炭消费量占能源消费总量的 56.8%，山东省煤炭消费占比达到 66.84%。为使能源结构更趋合理，山东省因地制宜打造新能源基地，并构建相关保障体系。一是因地制宜推进能源转型。山东省因地制宜围绕风能、光能和核能重点推进"五个基地"建设。在海上打造风电和光伏基地，其中海上风电基地以渤中、半岛南、半岛北三大片区为重点区域，加快推进海上风电开发规模化，打造海上风电基地。稳步推进"环渤海""沿黄海"海上光伏基地建设，在鲁北盐碱滩涂地推进"风光储输"一体化基地建设，在鲁西南采煤沉陷区则以打造"光伏+"基地为主，利用渔光互补、农光互补的模式，形成集光伏电站、光伏新型技术、特色种植养殖、生态治理修复于一体的"光伏+"基地；在胶东半岛则以核电基地为主，遵循谨慎决策、科学选址、严格督察、纵深防御、有效应急和多能互补的原则发展，积极推进沿海核电基地建设。鲁北等可再生能源基地实施燃气发电示范，充分考虑电力热力、气源保障等需求，以天然气管网和 LNG 接收站建设为契机，合理布局建设分布式燃机项目，实现"风光燃储一体化"建设目标。二是增强保障助力能源转型。山东在围绕碳达峰目标鼓励开展和利用清洁能源的同时，加强全网协同，构建新能源推广保障体系，以最大限度地保障清洁能源的推广。

（二）新旧动能转换优化产业结构

为实现碳达峰目标，近年来山东深入实施新旧动能转换重大工程，有力推动产业结构调整和高质量发展，同时减污降碳协同效应取得很好的效果，

---

① 文中数据如无特殊说明，均来自全国及山东省各年度统计年鉴、山东省政府公开发布文件和课题组调研材料、《中国统计年鉴 2021》、《山东统计年鉴 2021》。

为山东加快构建绿色低碳发展的创新体系奠定了坚实基础。实现碳达峰目标是一场深刻的发展模式变革，低碳发展离不开技术创新，必须保持科学的态度，紧紧依靠科技力量，注重科技创新对碳达峰工作的作用，以科技创新为驱动力全面提升碳达峰工作能力，围绕科技平台建设、关键核心绿色低碳技术研发、人才队伍培养、创新成果转化及推广等系统地构建完善的科技创新体系。一是加强创新平台建设，围绕碳达峰目标，创建碳达峰碳中和研究国家实验室等平台建设吸引高水平人才，按照碳达峰目标推动落实一系列重大科学计划和重点工程项目，高标准建设创新工程和产业孵化研究中心，在创新平台系统化建设方面取得了一定成绩。二是注重创新能力提升，实施基础研究十年行动，推进重大科技创新工程、科技示范工程，加快关键核心技术攻关，实施高新技术企业倍增计划，支持领军企业牵头组建创新联合体。三是培养创新人才，通过完善"高精尖缺"人才精准培养引进机制，深入实施泰山、齐鲁人才工程，集聚战略科学家、顶尖人才，培养了一大批基础研究人才、青年科技人才和齐鲁大工匠，同时积极主动完善评价激励和收入分配政策，为人才队伍建设创造有力保障条件。

（三）提升生态系统固碳增汇能力

党中央强调在碳达峰碳中和目标实现过程中，要有效发挥森林、草原、湿地、海洋、土壤、冻土的固碳作用，提升生态系统碳汇增量。山东省已开展探索生态系统固碳增汇研究，始终坚持山水林田湖草沙系统治理，严格落实河湖长制、林长制、田长制，深入推进科学绿化试点示范省建设，为全省不同生态系统固碳增汇奠定良好基础。一是陆地绿碳，森林是陆地绿碳的重要组成部分，为切实保护森林生态系统，山东省认真落实造林绿化任务，得到国家林草局生态司的充分肯定；在固碳方面，启动实施了森林资源碳汇能力评估和提升工程，构建了全省森林资源碳汇能力评估体系，为开展森林资源碳汇监测计量体系完善、碳汇能力提升、碳汇交易试点等工作，建立林业碳汇认证评估交易技术体系奠定基础。二是农田固碳，山东省作为农业种植大省，在农田生态系统的固碳方面认真贯彻落实农业农村部发布的农业农村

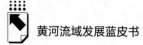

减排固碳十大技术模式，如种植业减排固碳、畜牧业减污降碳、渔业减排增汇等增强农业碳汇。三是海洋蓝碳，山东省是海洋大省，海洋碳汇在全省碳达峰中发挥着重要的碳汇功能。目前，山东省积极开展实施"蓝色海湾""海草床修复"等生态保护修复工程和滨海湿地退养还湿、潮汐湖退耕还滩等固碳增汇行动，探索实施陆海统筹生态增汇、海洋缺氧环境增汇等工程，为全面提升海洋蓝碳功能奠定良好的技术支撑。四是积极推进自然保护地整合优化。随着自然保护地整合优化工作的推进，山东省对自然保护地内的矛盾冲突问题进行了全面、系统的处理，尤其是对城镇等非自然生态系统的区域进行大面积的调整，同时将自然保护地外生态保护价值较高的森林、湿地以及近海等生态系统纳入自然保护地内，全省自然保护地的生态保护强度增大、非自然资源面积减少，为下一步增加自然保护地固碳潜力奠定了基础，有利于自然保护地在实现碳中和目标中发挥更大碳汇功能。

（四）探索开展生态系统碳汇交易

山东是二氧化碳排放大省，通过科技降碳和绿色低碳等行动从排放端构建一条碳达峰目标实现路径，碳排放权交易是实现碳达峰碳中和的重要政策工具。山东省从森林、海洋等生态系统碳汇交易入手，探索不同生态系统多元化的碳汇交易行动。一是探索开展森林碳汇交易。临沂蒙阴县落地了全省首个林业碳汇项目，该项目是蒙阴县林业局招商引资的首个林业碳汇项目，由山东锣响汽车制造有限公司与山东翰逸神飞新能源开发有限公司达成合作意向，以 10 万元购买 4000 吨二氧化碳排放权。该项目中森林碳汇是山东翰逸神飞新能源开发有限公司 2015 年在蒙阴县通过种植侧柏、黑松和黄栌等 2511.27 公顷，参与碳汇造林项目，实现了森林碳汇价值的转换。除直接的碳汇交易外，森林碳汇保险是山东省的另一创新举措。济南钢城区是我国重点富碳县区，该区域森林覆盖率达到 28.2%，为了保障该地区的森林固碳能力，安华农业保险山东分公司与北京林业大学专家、济南市钢城区自然资源局及相关林场专业技术人员多次论证，结合山东省林业发展实际，为该区的棋山国家森林公园 2380 亩的公益林提供 47.6 万元的碳汇价值风险保障。

二是探索发展海洋碳汇。山东威海荣成市完成了全省第一个海洋碳汇指数保险项目，该项目是荣成农商银行推出的"海洋碳汇贷"产品，威海寻山集团旗下的威海长青海洋科技股份有限公司通过测算分析，将该公司养殖区内的生物固碳作为企业减碳的碳汇收益权进行质押，经人民银行动产融资统一登记公示系统进行权利质押登记和公示，获得了2500万元贷款，为企业发展带来了巨大的资金便利。

（五）多措并举积极应对气候变化

气候变化是当今人类面临的重大全球性挑战。山东省坚持以习近平生态文明思想为指导，深入推进应对气候变化工作，把控制温室气体排放和强化应对气候变化管理、健全气候变化体制机制作为重要抓手，推动经济社会全面绿色低碳转型。一是控制温室气体排放。针对CO_2排放控制，全省开展重点行业绿色化改造工程和煤炭消费压减工程。重点是提升煤炭安全绿色开发和清洁高效利用，推广使用优质煤和洁净型煤，鼓励利用可再生能源、天然气、电力等优质能源替代燃煤。同时，努力压减煤炭消费总量，逐步降低煤炭消费比重。2020年，山东煤炭消费比重下降到70%左右，天然气消费比重提高到7%~9%，新能源和可再生能源消费比重提高到7%，油品消费稳定在15%左右，煤电装机容量占电力装机比重下降到75%左右。2020年，山东省单位地区生产总值二氧化碳排放比2015年下降24%，超额完成国家下达的目标任务。二是强化气候变化管理。为确保实现碳达峰目标，坚持系统观念，统筹好发展与安全，加大推进碳达峰的支持力度，全面提升气象灾害预测预警和应急体系以及提升抗气象灾害能力建设等。为应对气候变化引起的气象灾害，全省构建完成省市县乡四级气象灾害预警和应急体系及平台，并成立了海洋预报减灾中心，通过平台及时发布各类气象灾害预警报告，应对气候变化能力建设得到明显提升。青岛、济南分别印发实施《青岛市"十四五"应对气候变化规划》和《济南市适应气候变化行动方案（2018~2020年）》，为全省在开展气候风险评估和适应气候变化行动方面制定政策进行探索。三是健全应对气候变化体制机制。为强化应对气候变化管理，落实和推动全省应对气候变化工作，2020年山东省应对气候变化领导小组进行了调整，由省政府主要领导同志任组长，省发展改革委、省生态环境厅等省直部门主要负责同志为成员组成新的领导小组，印发了《山东省应对气候变化领导小组工作规则》《山东省应对气候变化领导小组办公室工作细则》等推进文件，从健全体制机制方面推动应对气候变化工作规范化、制度化开展。

三 山东省推进碳达峰的挑战和机遇

"双碳"目标的实现过程，是人类从"工业文明"跨到"生态文明"的过程，在竞争逻辑、经济社会发展、生产生活方式等方面都会发生系统性变化，对经济可持续发展提出了巨大挑战。但绿色转型也带来了巨大的发展机遇，如何从绿色转型中寻找发展空间和动力，是实现山东省经济可持续高质量发展的重要环节。

（一）山东省推进碳达峰面临的挑战

第一，实现碳达峰的时间紧任务重。从国际国内的背景来看，山东省实现碳达峰面临最大的挑战是时间紧任务重。梳理发达国家碳达峰阶段的特点可以看出，发达国家碳达峰的时间点多处于工业化后期，高附加值的新兴产业和服务业在产业结构中占据主导地位，人均 GDP 基本在 2 万美元以上，清洁能源占比接近 50%，绿色生产生活方式已基本形成。但山东经济发展水平还处于工业化中后期，人均 GDP 刚超过 1 万美元，2020 年底常住人口城镇化率仅为 61.8%，产业结构方面第二产业依然占主导地位，能源刚性需求旺盛，给减碳降排带来巨大挑战。同时，山东的碳排放量、二氧化硫排放量都居全国首位，其中 2020 年山东碳排放量为 9.54 亿吨，相当于全国的 1/10。因此，山东省实现碳达峰面临着工业部门深度脱碳的巨大压力，面临着兼顾经济发展和节能降碳的挑战。因此，与发达国家和国内其他省份相比，山东省实现碳达峰会面临更大的挑战。

第二，能源结构调整难度大。调整能源结构是实现碳达峰碳中和目标的主要途径之一，未来中国的能源结构逐渐转变为以风能、太阳能等非化石能源为主，而山东省在能源结构调整上将面临较大的挑战。一方面，能源结构偏煤的现状很难改变。长期以来，山东省的能源结构体现为多煤、少油、缺气，非化石能源比重低的现状在过去十年有显著改善，但能源仍以煤炭为主。山东省的煤炭消费量长期稳居全国第一，人均煤炭消费量相当于全国人均的1.5倍，煤炭消费总量相当于GDP排名第1和第2的广东和江苏的总和。另一方面，能源利用效率较低。从全国来看，能源科技创新不充分、能源利用效率偏低都严重影响了绿色低碳发展，山东尤其突出。2017年，山东能源强度为0.533，居全国第15位，比居第1位的北京高1倍。因此，能源结构转型升级和能效提升是山东推进碳达峰面临的较大挑战。

第三，高耗能产业占比高。产业结构偏重是山东碳排放量位居全国前列的直接原因。山东省产业结构偏重，传统产业约占工业比重的70%，重化工业约占传统产业比重的70%，碳排放总量大、强度高。而且山东的产业有大量的原材料产业，山东有40个工业门类里面的197个小类，其中有116项排名全国前3。但山东生产的产品附加值低，创新发展动力不足，能源产出效率低，末端排放污染也严重。从碳排放数据也可以看出，电力行业的碳排放量达到4.2亿吨左右，而化工、钢铁、石化、造纸等都超过了1亿吨，基本在1.2亿吨和1.4亿吨之间，七大高耗能产业总的碳排放量占全省碳排放总量的75%以上。但高耗能行业综合产出效益并不高，七大高耗能行业的单位能耗税收仅为324.5元/吨标准煤，仅为山东省平均水平的20.7%，七大高耗能产业的纳税仅占全省财政收入的13.5%。因此，高耗能产业转型升级是山东推进碳达峰的有效途径，但这将对山东经济发展带来颠覆性转变，同时也是山东推动碳达峰面临的较大挑战。

第四，绿色金融支撑能力还较弱。绿色金融领域存在政策不完善、产品单一、金融机构参与度不强等问题。一是促进绿色金融发展的政策机制还不够完善。当前，我国已出台了部分支持绿色金融发展的政策文件，但这些规范性文件的立法层次较低，权威性也不够强。二是与碳达峰相关的绿色金融制度和标准仍不健全，绿色金融中介服务体系的发展较为滞后。例如，当前绿色金融项目的融资主体主要为银行，在开展绿色金融业务中缺乏项目识别的政策指引和权威、独立的第三方评估机构，存在绿色金融市场上各相关主体信息不对称的问题，这将导致银行无法有效识别绿色金融中的"伪绿""漂绿"等项目，绿色金融项目资金的使用效率和质量很难得到保障。三是对绿色金融进行风险管理的水平不高。例如，由于绿色项目存在投入成本较大、还款周期和贷款期限较长的特点，增加了其流动性风险和隐患。虽然金融机构可以对绿色金融产品进行局部的创新，但由于缺乏绿色金融业务开展的安全、经营风险等制度章程的具体指导，金融机构的环境风险管理水平有限，在应对和防范金融风险方面存在短板。

第五，实现碳达峰的低碳科技创新能力还有差距。碳达峰目标实现对低碳科技创新有较高的需求，山东作为碳排放大省，能源体系深度脱碳和结构优化都需要科技创新支撑，但与国际先进水平相比，山东的低碳科技创新还有一定的差距。一是自主创新能力还较弱。低碳领域自主创新科技成果较少，光伏、海上风电、储能和氢能等新能源领域自主技术支撑能力不足，相关科技成果多需引进国外或国内先进地区，技术成果的自主转化率也不高。二是科技创新投入不足。以能源企业为例，2020年重点能源企业研发投入仅占主营业务的1.82%，比全省平均水平低0.3个百分点。高端科技创新平台较少，专业化人才不足，不能满足产业低碳转型的需求。三是创新体制机制有待完善。企业创新主体地位有待加强，重大能源技术创新严重不足，科技人才的引进、培养和激励机制还需进一步完善。当前及今后相当长一段时期是低碳科技创新的关键时期，提升山东省低碳科技创新能力来满足低碳转型的需求是未来山东省低碳发展面临的较大挑战。

（二）山东省推进碳达峰的发展机遇

第一，政策密集出台塑造了良好的外部发展环境。"双碳"目标提出以来，山东省委省政府和各部门聚焦绿色低碳发展，陆续推出了一批含金量足、扶持力度大、可操作性强的绿色低碳发展支持政策，着力激发企业的投资活力，提升有效投资及其规模，为实现碳达峰碳中和提供了良好的外部发展环境。一是促进能源产业高质量发展，构建能源行业绿色低碳发展框架。山东省能源局牵头制定出台了山东省"十四五"能源发展规划、可再生能源发展规划、"能源保障网"和"八大工程"行动等发展规划和政策措施，加速新能源和可再生能源高质量跃升发展。二是政策助推产业结构调整。在优化产业内部结构、构建低碳化产业体系方面，山东省在全国率先明确了"两高"项目范围，创新性提出新建项目"五个减量替代"的工作思路，为两高产业转型升级提供了政策保障。三是科技财政双支撑助推碳达峰目标实现。山东省科技厅出台了《科技引领产业绿色低碳高质量发展的实施意见》，发布了《2021 年山东省绿色低碳技术成果目录》等科技支撑碳达峰的相关政策措施，山东省财政厅聚焦绿色低碳城市建设、美丽乡村发展、产业低碳转型等制定了相关补贴、减税退费等政策措施，积极拓展绿色融资的渠道和方式，助力山东省绿色低碳转型。

第二，推进碳达峰将加速传统产业转型升级。经济可持续发展已经是全球的共识，传统产业转型是产业发展的必然趋势，碳达峰目标的提出给传统行业带来的并非一定要以牺牲利益为代价。首先，碳达峰目标提出转换了地方政府的发展观念。近年来，山东省一直在压煤压碳，并取得了一定的成效，但部分地方政府因为当地经济发展需求，只看到短期经济发展的需求，没有长远观和大局观，并不十分认可和配合。但"双碳"目标的提出，从思想上转变了地方政府的发展观念，认识到必须摒弃过去的发展模式，加速山东省能源结构调整和产业转型的进程。其次，对于传统行业而言，碳达峰必将促成行业洗牌和供给侧改革的机遇。以低碳技术和降碳能力为准绳，清理淘汰行业中不规范、不达标、管理松散的低端产能，从而使行业龙头呈现更好的聚集效应。最后，推进碳达峰带来了大量的技术创新和产业变革。从国内重点企业转型经验来看，在经过去产能、行业整合后，类似宝武钢铁等头部钢企的盈利能力、增长潜力都得到了提高；传统车企与华为等科技企业合作，推进新能源车、车辆智能化方向的转型。因此，山东省传统行业应该抓住这个机遇，通过技术引进、兼并重组、数字化发展等方式来占据未来竞争优势，通过实现碳达峰来倒逼企业转型发展。

第三，推进碳达峰将增加新能源产业的发展空间。新能源大致可分为太阳能、风能、核能、生物质能、地热能等。碳达峰碳中和背景下，新能源产业发展已成为全球共识，拥有巨大的成长空间。山东在新能源产业发展上布局早，政策支持力度大，已有一定的发展基础。发展壮大新能源产业，形成链条化和集群化发展，是山东省推进碳达峰面临的最大发展机遇。一是风光发电规模壮大为相关产业带来发展机遇。据估算，2030年我国总发电量为11.28万亿千瓦时，其中非化石能源发电量占比44.5%，风光发电量占比20.8%。2050年我国总发电量将达到16.36万亿千瓦时，其中非化石能源发电量占比88.5%，风光发电量占比60.3%。而山东是风光资源比较丰富的地区，光伏、海上风电都具有较好的发展潜力，力诺、中车、伊莱特能源等重点企业已初具规模。风光发电量的持续增长，将推动风能和太阳能全产业链的发展壮大。二是氢能需求不断增长带来新的增长空间。氢能是最有可能成为零排放的燃料，可用于工业、公用事业设施、运输等多个层面，预计到2050年，氢能将占全球能源需求的18%，年需求将以6.4%的增长率增长。山东省在氢能产业上提早布局，具有较大的发展优势。截至2020年底，全国建成加氢站55座，其中山东14座，仅次于广东，居全国第二位。2021年4月16日，山东省与科技部签署了"氢进万家"科技示范工程框架协议，将带动氢能供应体系建设、加氢站等配套设施建设和氢能关联产业发展。三是储能产业迎来历史性发展时机。"十四五"时期是实现碳达峰的关键窗口期，也是我国储能技术从商业化初期向规模化发展的重要时期。由国家能源局牵头出台的《"十四五"新型储能实施方案》提出从市场机制、政策保障、标准建设、金融投资等方面进行全方位推进，为我国新型储能高质量、规模化发展勾画出实施路径。通过政策激励与市场驱动，中国将成为全球第一大储能市场。

第四，推进碳达峰带来新的投资机遇。不同机构对我国实现碳达峰碳中和所需的资金规模进行了预估，从现在到2030年达峰我们需要的资金为23万亿~34万亿元，到2060年碳中和需要的资金为100万亿~150万亿元，具体到山东省的数据，还没有公开机构进行估计，但山东省的碳排放约占全国的10%，按比例推算山东省实现碳达峰所需的投资金额为 2 万亿~4 万亿元。因此，实现碳达峰将带来稳定多元的投资机遇。一是投资时间长。中国是碳排放大国，也是减碳任务最重的大国，而山东是否实现碳达峰碳中和是我国能否实现碳达峰碳中和的关键一环。而无论从山东省还是全国范围来看，"3060 目标"实现，起码到 2050 年、2060 年还是非常确定的赛道，这时候在这个方向布局资本可以持续分享到低碳转型的红利。二是投资领域广。实现碳达峰将推动生产生活方式的颠覆性转变，这个过程有些产业的变化趋势是明确的，还有相当多的产业是我们看不到或者衍生出来的萌芽期产业，其都会不断地涌现出来，因此投资领域非常广泛。比如，动力电池的回收、半固体电池和固态电池的研发、储能等都是未来投资的热点。三是融合投资多。低碳发展带来了产业的融合发展，如"双碳"和数字经济的结合，涌现了很多新的产业和新的投资机会，这些投资机遇可能分布在能源、工业、建筑、交通等众多行业领域。

第五，数字化技术发展助力碳达峰目标实现。能源结构调整和产业结构转型是山东实现碳达峰面临的最大挑战。实现碳达峰需要能源结构和产业结构彻底变革，但受制于已有消费格局和技术水平等多方面因素影响，这个转变是一个长期艰难的过程。但随着数字技术的发展，数字化技术的信息融通作用，可以为能源使用的提质增效赋能，为产业结构升级赋效。首先，数字化技术可为碳排放提供测量与分析工具。其次，数字化技术可以为产业链信息流通共享提供技术支撑，促进上下游协同沟通，有利于各方进行及时有效的碳排放决策。最后，数字化技术与人工智能结合，将大大拓展减碳空间。

四　山东省推进碳达峰的路径建议

完整准确全面贯彻新发展理念，做好碳达峰碳中和工作，是深入贯彻习近平生态文明思想，破解资源生态环境约束问题，推动山东经济社会绿色低碳高质量发展的重大任务，同时，也是山东省深化新旧动能转换，加快建设新时代现代化强省的关键所在。

（一）锚定目标，完整准确贯彻新发展理念

首先，坚定碳达峰碳中和目标，保持战略定力，坚持走生态优先、绿色低碳发展道路。推动绿色低碳发展、实现碳达峰碳中和战略目标不是一蹴而就的，要完整准确全面贯彻新发展理念，把推进碳达峰碳中和工作纳入经济社会发展全局，促进经济体系、产业体系、能源体系和生活方式的绿色低碳转型。在"双碳"战略的贯彻落实上，要克服对"双碳"战略认识的偏差，避免出现"一刀切""运动式降碳""碳冲锋"等问题。中国作为世界第一大能源生产国和消费国，如期实现"双碳"目标，是一场硬仗，更是一场大考，必须实事求是、循序渐进、持续发力。各级党政干部要切实转变发展观念，碳达峰碳中和目标的提出，对于山东推进高质量发展不仅是一种约束，更是一种激励和鞭策。

其次，要准确把握碳达峰碳中和战略的推进原则。一是坚持系统推进。加强全局统筹、战略谋划、整体推进，将碳达峰碳中和纳入经济社会发展中长期规划、重大区域战略和生态文明建设整体布局，合理确定目标，科学研判路径，发挥好与污染治理、生态修复的协同效应。二是坚持重点突破。聚焦产业结构优化和能源结构调整，率先突破清洁能源、清洁生产、节能降碳等重点领域和绿色电力、绿色制造、绿色交通、绿色建筑等关键环节，促进一二三产业绿色低碳变革、融合发展，全面带动经济社会发展绿色升级。三是坚持节约优先。促进经济社会发展全面节约，降低单位产出能源资源消耗量和碳排放量，提高资源能源等生产要素投入的产出效率。倡导节水、节电、节气等低碳生活方式，培育形成全社会绿色低碳发展理念，促进资源节约循环高效使用。四是坚持市场导向。在能源资源配置中，充分发挥市场的决定性作用，突出企业在绿色产业投资和绿色技术研发应用中的主体地位。更好发挥政府调控作用，进一步健全促进绿色低碳发展的投资、价格、财税、金融等经济政策，完善促进绿色低碳发展的碳排放权、用能权等市场交

易机制。五是坚持底线思维。强化风险意识，统筹做好绿色低碳转型与经济发展、能源安全、金融稳定、产业接续、稳岗就业、粮食安全、群众正常生活的有机结合，确保能源安全稳定供应，产业转型平稳过渡，经济社会健康运行。例如，在能源结构调整中，对于煤炭要有正确认识，以煤为主的能源结构是我国的实际，也是山东推进"双碳"战略的实际，要坚持先立后破，要建立在能源安全可保障的基础上，在实现有效的可再生能源稳定供给的基础上压减煤炭供给和消费。

（二）明确方向，着力推进碳达峰重点任务

第一，持续推动能源绿色低碳转型是关键。坚持推动能源转型的原则是稳妥有序、先立后破，分步实施、有序推进。一是优先发展非化石能源。坚持集中式与分布式并举，加快推进海上风电基地建设，有序推进陆上风电开发。开展整县分布式光伏规模化开发建设试点，重点推进工业厂房、商业楼宇、公共建筑等屋顶光伏建设。因地制宜，在盐碱滩涂地建设风光储一体化基地，在采煤沉陷区建设光伏发电基地。实施核能高效开发利用计划，打造胶东半岛核电基地。二是严格控制化石能源的消费。贯彻落实煤炭消费减量替代政策，着力推进煤炭的清洁利用和高效利用，实现煤炭消费比重稳步下降。统筹煤电发展和保供调峰，加快淘汰煤电落后产能，严格控制新增煤电项目，推动煤电供热改造和节能降耗升级改造。有序推进煤改气、煤改电，逐步减少直至全面禁止煤炭散烧。控制石油消费保持合理增速，提升燃油油品利用效率，提高石化化工原料轻质化比例。提升天然气的供应能力，加快建设山东天然气环网，科学推进天然气调峰电站建设。三是促进能源新技术、新模式的培育和发展。构建以新能源为主体的新型电力系统，发展多能互补的"源网荷储一体化"智慧能源系统。加快发展氢能全产业链，探索"风光+氢储能"技术路径，探索氢能在更多场景应用。实施"氢进万家"示范工程，建设氢能综合利用示范省。重视储能技术的研究和应用，着力扩大抽水蓄能和电化学储能的商业化规模，新建集中式风电、光伏项目按比例配建或租赁储能设施。四是持续推进节能增效，不断提升能源利用效率。强

化落实能源消费总量控制和能源消费强度控制的"双控"制度，建立二氧化碳排放总量控制制度。健全省、市、县三级节能监察体系，建立节能监察专业力量，完善行政处罚、信用监督、阶梯电价等奖惩措施。提升重点领域能源利用效率重点是严格执行固定资产投资项目节能审查制度，强化用能预算管理。在工业、建筑、交通运输和公共机构等重点领域加强节能管理，加大节能高效技术和产品的研发和推广。建立健全全省统一的能源管理体系，实现重点用能行业、重点用能设备节能标准全覆盖。

第二，构建绿色低碳高效产业体系是根本。一是要坚决遏制"两高"项目盲目发展。一方面，遏制"两高"项目的盲目发展，并不是不发展，而是要把"两高"项目的规模控制在合理的体量，不致形成大量的过剩产能；另一方面，要着力提升项目的特色、促进产业现代化。按照国家统一部署，制定"两高"行业严控能耗、碳排放、污染物排放工作指南的落实措施。为此，山东省提出新建"两高"项目要严格落实产能、煤耗、能耗、碳排放、污染物排放"五个减量替代"制度。严格落实国家产业规划布局，未纳入规划的炼油、石化和煤化工项目一律不得新建、改扩建。通过建立对过剩产能的预警和分析机制，加强对重点行业发展的指导。二是促进重点行业绿色低碳转型发展。打造世界级先进制造业产业集群，促进山东传统产业由"大而全"变为"优而强"。加强创新链条布局，推动创新链和产业链融合。建立完善以碳排放强度作为主要控制指标的约束机制，提升高耗能高排放产业的绿色制造和清洁生产水平。站在全局视角和系统视角制定电力、钢铁、有色、石化、化工、建材和交通等重点行业的碳达峰实施方案，促进重点工业行业科学、有序地实现碳达峰。避免"一刀切"，实施"一业一策"，促进机械、轻工、冶金和纺织等优势产业转型发展。推动重点园区节能降碳和绿色转型，推广能源系统优化和梯级利用，普及合同能源管理模式，建设一批绿色园区、绿色工厂，推行绿色供应链管理。三是发展壮大绿色低碳产业。进一步完善支持绿色低碳产业发展的政策和制度体系，着力培育新能源汽车、氢能和储能、节能装备等绿色低碳产业集群和龙头企业。促进大数据、人工智能、5G等新技术与绿色低碳产业的深度融合，建设国家工业互联网示范区，支持发展协同物流供应链、绿色能耗管控等新业态和新模式。实施绿色数据中心建设行动，推动传统产业数据赋能，通过数据赋能实现提质发展。

第三，构建绿色交通运输和城乡建设体系。在山东碳排放结构中，虽然交通运输和城乡建设体系的碳排放占比不高，但是交通运输和城乡建设与人民群众的生活密切相关，交通运输和城乡建设的绿色低碳转型对提升全民的绿色低碳理念具有重要的引导和促进作用。一是构建绿色低碳的交通运输体系。优化交通运输结构，推进大宗货物运输"公转铁"，提升集装箱铁水联运比例。积极发展新能源和清洁能源车船，推进加氢站、标准化充换电站等公共设施建设，加快淘汰高耗能高排放老旧车船。加快建设绿色交通基础设施，统筹铁路、公路、航空和水路等交通方式，构建布局合理的综合立体交通网络。加快城市轨道交通和快速公交系统等公共交通基础设施建设，加强自行车专用道和行人步道等城市慢行系统建设，提高交通基础设施的运行效率。二是推进城乡建设绿色低碳发展。在城乡规划建设管理的各个环节中全面落实绿色低碳发展的要求，突出智慧化、绿色化、均衡化和双向化，严格控制新增建设用地规模，加快形成集约紧凑低碳的城市发展模式，推进农业农村绿色低碳发展。进一步完善城乡建设管理体制机制，着眼于建筑工程项目的全生命周期进行低碳发展管理和评估，进一步健全既有建筑的拆除管理制度，杜绝"大拆大建"造成不必要的浪费。推广绿色建筑示范应用项目和模式，推动超低能耗、近零能耗、零能耗建筑等节能建筑模式的发展和既有居住建筑节能改造，降低建筑的采暖、制冷能耗需求，提升建筑的节能和低碳水平。推广普及绿色建材和绿色建造方式，发展装配式建筑，加强建筑绿色施工管理。对于公共建筑，要加强建筑的能耗监测，开展建筑能耗限额管理和能效测评标示。在农村地区，则应大力发展绿色农房，加快工业余热供暖规模化发展，加大农村地区清洁取暖推广力度，因地制宜推行热泵、生物质、地热、太阳能等绿色低碳供暖。实施国家核能供热商用示范工程，建设"零碳"供暖城市。

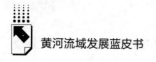

（三）注重创新，强化"双碳"战略科技支撑

高度重视科技创新，营造良好的营商环境，在引导企业自主创新的同时，通过建立完善"产学研金服用"体系，对企业自主创新进行有效帮扶。一是加快重大革新技术研发，强化绿色低碳科技支撑能力。增强绿色低碳的科技创新能力，制定相关行动方案。在各级重点课题研究项目中，设立碳达峰碳中和专项，更好发挥"揭榜挂帅"机制和作用，开展低碳、零碳、负碳和储能新技术、新装备攻关研究。规范建设山东能源研究院、山东产业技术研究院和山东高等技术研究院，组建一批聚焦碳达峰碳中和研究的实验室、技术创新中心、工程研究中心等科技创新平台。支持中央驻鲁高校和省属高校围绕碳达峰碳中和重点领域，开展"一流大学、一流学科"建设。二是推动先进适用技术研发应用。加强光电转换效率提升、风电核心部件、新型动力电池等重点技术研发，开展新型节能和新能源材料、可再生能源与建筑一体化等专项攻关，强化共性关键技术、应用开发技术、测试评价技术协同推进。推广工业余热回收、热泵供暖、园区能源梯级利用等节能低碳技术。

（四）改革机制，促进绿色低碳高质量发展

改革体制机制以促进绿色低碳发展，要在深刻理解贯彻新发展理念、准确把握碳达峰碳中和战略总体要求的基础上，着力破解长期以来阻碍高质量发展的瓶颈问题，处理好政府和市场的关系，在推动绿色低碳发展上有效发挥政府的引导作用，充分发挥市场在资源配置中的决定性作用。一是深化制度创新，建立碳达峰碳中和常态长效推进机制。健全相关政策、法规和标准体系，梳理、清理现行法规中与碳达峰碳中和工作不相适应的内容，修订节约能源条例、循环经济条例等法规。二是提升核算和监测能力。建立全省能耗在线监测系统，推进电力、钢铁、有色金属冶炼和建筑等行业领域的能耗统计监测和计量体系建设，提高对二氧化碳排放的统计核算能力。利用山东大数据优势和现有大数据手段，加强关联分析和融合应用，增强碳排放监

测、计量、核算的准确性，建立生态系统的碳汇核算体系。三是加快重点领域改革，完善绿色低碳发展的政策支撑体系。通过投资体制改革和创新，构建与碳达峰碳中和工作相适应的绿色投融资政策体系。严格控制煤电、钢铁和有色金属冶炼等高碳项目投资。加大对节能环保产业、新能源产业和低碳技术开发等项目的投融资支持力度。调控社会资源，拓宽融资渠道，综合运用土地、规划等多种政策，引导社会资本投入。积极发展绿色金融，推进绿色低碳金融产品和服务开发，鼓励银行等金融机构为绿色低碳产业项目提供相对长期限、低成本的资金支持。进一步完善绿色金融的激励机制，支持实体企业的上市融资和再融资投入绿色低碳项目的建设运营，扩大绿色债券规模。推行环境污染责任强制保险等绿色保险。强化财税价格政策支持，推行"绿色门槛"制度，按照企业绿色发展情况，分类实施"差异化"财政支持政策。四是完善资源要素价格形成机制和动态调整机制。继续对高耗能、高排放行业实施差别价格、阶梯电价等绿色电价政策，完善农村地区清洁取暖用气、用电价格优惠政策。完善交易平台建设，山东要积极参与全国碳排放权交易市场的建设，对纳入碳排放交易市场的重点行业和控制排放企业实施严格的配额管控制度。建设全省用能权交易市场，完善用能权有偿使用和交易制度，建立合同能源管理节能量登记制度，完善交易平台，开展重点用能单位节能量交易。健全碳汇补偿和交易机制，将碳汇纳入生态保护补偿范畴。

（五）加强人才培养，促进全民绿色低碳行动

促进经济社会发展绿色低碳转型是山东实现碳达峰目标的根本路径。针对当前山东绿色低碳发展面临的问题挑战，需要调动全民共同行动的积极性、主动性，提升政府部门、社会组织和公民大众的绿色低碳发展能力。一是加强绿色低碳发展相关人才的培养，构建绿色低碳发展的教育培训体系。把碳达峰碳中和相关课程纳入基础教育、高等教育和职业教育课程体系，分阶段设置生态文明建设和绿色低碳发展相关课程。强化领导干部培训，把学习贯彻落实习近平生态文明思想和绿色低碳发展理念作为干部教育培训的重

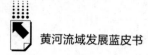
要内容，在各级党校（行政学院）的主体班次中组织开展碳达峰碳中和专题培训班，分阶段、分层次对各级领导干部开展相关培训。从事绿色低碳发展工作的领导干部，提升相关人员专业能力素养，增强基层工作人员绿色低碳发展能力。二是着力提高全民节能降碳意识。加强资源能源环境国情宣传，开展全民节能低碳教育，把节能和减碳纳入文明城市、文明家庭、文明校园创建及有关教育示范基地建设要求，增强全民节约环保意识，倡导绿色低碳生活方式，汇聚全民推进碳达峰行动的凝聚力。三是引导形成绿色低碳生活方式。通过加强教育培训和宣传引导，推动低碳理念进商场、进社区、进校园、进家庭，开展节约型机关、绿色家庭、绿色学校、绿色社区等的创建行动，畅通节能绿色产品流通渠道，拓展节能绿色产品农村消费市场。

Abstract

It's China's solemn commitment to the world to realize goals of CO_2 (carbon dioxide) emission peak and carbon neutrality, which is also internal requirement to promote high-quality development. There have an enormous population in the Yellow River Basin, and the unbalanced and insufficient development of the Yellow River Basin is more prominent than other areas, the ecological fragility is more obvious, and the industrial structure is obviously dependent on energy and heavy industry. To promote ecological protection and high-quality development in the Yellow River Basin, we should strictly comply with strategic guidance of ecological priority and green development, and make it take the lead in green and low-carbon development over the country.

Analysis report on high-quality development and governance of the Yellow River Basin (2022) ——Reaching the CO_2 Emission Peak in the Yellow River Basin—— is edited and planned by Party School of the Central Committee of CPC (National Academy of Governance). The report includes three parts: general report, special reports, and regional reports.

From aspects of significance, strategic objectives, basic conditions, practical difficulties and problems, the general report focuses on overall requirements of CO_2 emission peak in the Yellow River Basin, draws overall picture of CO_2 emission peak, and combs international experiences of promoting CO_2 emission peak and carbon neutralization.

Based on K-means cluster analysis method, special reports select three CO_2 emission characteristic indexes and four economic characteristic indexes to analyze clustering result of CO_2 emission peak in the Yellow River Basin with taking the cross-sectional data of 97 cities in the Yellow River Basin in 2017 as an example.

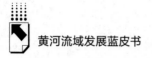

The result of cluster analysis shows that the CO_2 emission peak in the Yellow River basin can be divided into five types, including resource cities characterized by "high carbon-high development", mature cities characterized by "low carbon-high development", potential cities characterized by "low carbon-low development", transformation cities characterized by "high carbon-low development", and ecological-oriented cities. We should implement CO_2 emission peak action in an orderly manner by types and echelons, implement energy-saving and carbon reduction actions in key systems, promote green transformation and development with separate drives, and keep the bottom line with building a strong energy security prevention network.

The regional reports are about CO_2 emission peak of the nine provinces and regions flowing through the Yellow River Basin. Each province comprehensively sorts out current situations and problems of CO_2 emission peak, and put forward goals and priorities. Qinghai should achieve CO_2 emission peak in the First Trial, Sichuan should focus on ecological restoration and improvement of ecological carbon sink capacity, Gansu should give prominence to energy conservation and carbon reduction, Ningxia should promote green and low-carbon development with six kinds of carbon actions, Inner Mongolia should balance development strategy and main function orientation, Shanxi should build green energy system, Shaanxi should promote high-quality development of the energy industry and green and low-carbon industrial transformation, Henan should take urban carbon reduction as the main body to push CO_2 emission peak in the Yellow River Basin, Shandong should focus on energy transformation and industrial upgrading.

Keywords: CO_2 Emission Peak; Ecological Protection; Green and Low-carbon Development; High-quality Development; the Yellow River Basin

Contents

I General Report

B . 1 Making Efforts to Realize Goals of CO_2 Emission Peak and

Carbon Neutrality in the Yellow River Basin

Wang Bin / 001

1. The Great Significance of Realizing Goals of CO_2 Emission

Peak and Carbon Neutrality in the Yellow River Basin / 003

2. The Strategic Goal of High-quality Development in the

Yellow River Basin under Goals of CO_2 Emission

Peak and Carbon Neutrality / 007

3. Analysis of Basic Conditions for CO_2 Emission Peak in the

Yellow River Basin / 015

4. Practical Difficulties and Problems for the Yellow River Basin

under Goals of CO_2 Emission Peak and Carbon Neutrality / 031

5. International Experiences and Enlightenments of Realizing

Goals of CO_2 Emission Peak and Carbon Neutrality / 036

Abstract: It's China's solemn commitment to the world to realize goals of CO_2 emission peak and carbon neutrality. The Yellow River Basin should strictly implement the strategic guidance of ecological priority and green development, and take the lead in green and low-carbon development all over the country. The

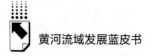
strategic goal of high-quality development in the Yellow River Basin under goals of emission peak and carbon neutrality is to correctly handle the three pairs relationships with new development concept, promote comprehensive green transformation of economic and social development, promote green and low-carbon development of energy, and deeply optimize and adjust industrial structure. From the perspective of the basic conditions for reaching emission peak in the Yellow River Basin, the Yellow River Basin has a large population, and carbon emission accounts for more than 1/3 of the country's carbon emissions. The carbon emissions from raw coal, crude oil, natural gas and cement vary among the nine provinces are different. Power, heat, gas and water production and supply industries are the industries with the largest carbon emissions. The carbon emissions from raw coal in rural areas are significantly higher than those in cities. That is to say, it's very difficult for the Yellow River basin to achieve goal of emission peak. From the perspective of practical difficulties, the unbalanced and insufficient development of the Yellow River Basin is more prominent than other areas, the ecological fragility is more obvious, and the industrial structure is obviously dependent on energy and heavy industry. It's a systematic project to realize goal of emission peak in the Yellow River Basin. We should unify our thinking and reach a consensus, strengthen top-level design, take a differentiated path in stages based on the basic resource conditions of the Yellow River Basin, comprehensively consider the dual goals of 2030 emission peak and 2035 to basically achieve socialist modernization, vigorously develop circular economy, promote green and low-carbon transformation and development, and build a regional collaborative governance mechanism, and cooperate to achieve goal of emission peak.

Keywords: CO_2 Emission Peak; Carbon Neutrality; The Yellow River Basin

II   Sepcial Reports

B.2   Cluster Analysis of CO_2 Emission Peak in the
Yellow River Basin   *Wang Xuekai* / 044

Abstract: Based on K-means cluster analysis method, three carbon emission characteristic indexes and four economic characteristic indexes are selected, this part analyzes clustering result of CO_2 emission peak in the Yellow River Basin, taking the cross-sectional data of 97 cities in the Yellow River Basin in 2017 as an example. The result of cluster analysis shows that CO_2 emission peak in the Yellow River basin can be divided into five types. The first type is resource cities characterized by "high carbon-high development", the second type is mature cities characterized by "low carbon-high development", the third type is potential cities characterized by "low carbon-low development", the fourth type is transformation cities characterized by "high carbon-low development", and the fifth type is ecological-oriented cities. We can formulate differentiated CO_2 emission peak paths according to different types, and finally realize the goal of the Yellow River Basin keeping in the forefront in green and low-carbon development all over the country.

Keywords: CO_2 Emission Peak; Green and Low-carbon Development; the Yellow River Basin

B.3   Action Path of Realizing Goal of CO_2 Emission Peak
in the Yellow River Basin   *Wang Xuekai* / 067

Abstract: It's a systematic project to realize the goal of CO_2 emission peak in the Yellow River Basin. We should implement "Action Plan for Reaching CO_2 Emission Peak by 2030", promote the Yellow River basin to strictly implement the strategic guidance of ecological priority and green development, and take the

355

lead in green and low-carbon development all over the country. The first path is to implement emission peak action in an orderly manner by types and echelons, which means cities characterized by "low carbon-high development" and ecological-oriented can reach carbon emission peaking ahead of time, cities characterized by "high carbon-high development" and "high carbon-low development" can reach emission peak on schedule, cities characterized by "low carbon-low development" can postpone time of emission peak. The second path is to implement energy-saving and carbon reduction actions in key systems, including industrial fields, urban and rural construction, and transportation. Besides, we need to take energy-saving, carbon reduction and efficiency actions. The third path is to promote green transformation and development with separate drives, including building a clean, low-carbon, safe and efficient energy system, vigorously developing circular economy, and strengthening the construction of carbon emission trading market in the Yellow River Basin. The fourth path is to keep the bottom line with building a strong energy security prevention network, including strengthening the construction of the energy industry chain and supply chain, preventing and resolving all kinds of potential risks, and strengthening energy security cooperation.

Keywords: CO_2 Emission Peak; Ecology Priority; Green and Low-carbon Development; Energy Saving and Carbon Reduction; the Yellow River Basin

III Regional Reports

B.4 Qinghai: To Achieve CO_2 Emission Peak in the First Trial

Zhang Zhuang, Zhao Hongyan, Caijizhuoma and Liu Chang / 086

Abstract: CO_2 emission peak action is a huge systematic and long lasting project which covers the whole space of the Yellow River Basin in Qinghai, which is led by the state and participated by the whole people. It has important practical significance for the high-quality development of the Yellow River Basin in

Qinghai and the realization of green and low-carbon life. Based on the current situation of CO_2 emission in the Yellow River Basin in Qinghai, this part clarifies the goal of achieving CO_2 emission peak and explains key issues or fields of green and low-carbon development. Then, the challenges and opportunities faced by the Yellow River Basin in Qinghai to achieve CO_2 emission peak are deeply analyzed. The challenges are as follows: the pressure of energy structure adjustment is difficult to be discharged in a short time, the realization of "dual control" index brings practical difficulties to economic development, and the agglomeration of green low-carbon circular economy still needs development time and policy support. The opportunity is that the driving force of economic development in the Yellow River Basin in Qinghai will be comprehensively strengthened, the status of ecological barrier will be continuously improved, and the guarantee role in the national energy security strategy will be more prominent. Finally, we put forward the action path of promoting CO_2 Emission Peak in Qinghai of the Yellow River Basin.

Keywords: CO_2 Emission Peak; Green and Low-carbon Development; The Yellow River Basin in Qinghai

B.5 Sichuan: Focusing on Ecological Restoration and Improvement of Ecological Carbon Sink Capacity

Xu Yan, Sun Jiqiong, Wang Wei, Wang Xiaoqing, Hu Zhenyun and Gao Meng / 113

Abstract: Sichuan is an important water conservation and supply area in the upper reaches of the Yellow River Basin and also an important wetland ecological function area in China. Under the guidance of goals of CO_2 emission peak and carbon neutralization, high-quality development should focus on correctly handling the relationship between governance of ecological protection and high-quality development, and on cultivating new development elements, enhancing development momentum, and enhancing the sustainability and vitality of

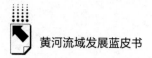

development. This is not only a key measure to maintain China's ecological security, but also ensure that the Yellow River Basin flows eastward, the decisive factor to promote the ecological protection, governance and high-quality development of the Yellow River Basin in Sichuan. The Yellow River Basin in Sichuan has always adhered to ecological protection and restoration and the improvement of ecological carbon sink capacity, accelerated ecological restoration, vigorously promoted Ecological Industrialization and industrial ecology, focused on improving the conversion and utilization efficiency of ecological and cultural resources, constantly enriched the connotation of ecological protection and high-quality development, and promoted green and low-carbon development. According to preliminary calculation and prediction, the CO_2 emission of the Yellow River Basin in Sichuan is at a relatively low level as a whole at present. After reaching the peak of 4.692 million tons in 2018, the CO_2 emission has showed a downward trend, and the CO_2 absorption has continued to increase. With the enhancement of ecological protection and restoration of the Yellow River Basin in Sichuan, the CO_2 emission in this region will not only continue to decline, but also create more carbon sinks because of having a strong carbon absorption capacity. However, due to the relatively low development level of the Yellow River Basin in Sichuan and the lagging modernization process, Sichuan still faces weaknesses in improving people's livelihood, infrastructure, public services, reform and innovation, expanding opening-up and other fields. Energy consumption and carbon emissions are still likely to rise rapidly, and carbon neutralization pressure is large. Therefore, the Yellow River Basin in Sichuan should help to achieve goals of CO_2 emission peak and carbon neutralization and low-carbon development of the Yellow River Basin in Sichuan from the dimensions of increasing energy conservation and carbon reduction, strengthening ecosystem protection, promoting ecological restoration and governance, promoting the transformation and upgrading of traditional industries, and cultivating green and low-carbon advantageous industries.

Keywords: Ecological Protection; Ecological Carbon Sink; High-quality Development; The Yellow River Basin in Sichuan

B.6 Gansu: Giving Prominence to Energy Conservation and Carbon Reduction

Zhang Jianjun, Zhang Ruiyu, Guo Junyang,

Cheng Xiaoxu and Jiang Shangqing / 147

Abstract: As an important province in the Yellow River Basin, Gansu undertakes a series of arduous missions, such as water conservation, water and soil conservation, pollution control, water conservation, flood control, high-quality economic and social development, and plays an important role in promoting ecological protection and high-quality development in the Yellow River Basin. As the key period and window period of CO_2 emission peak in the "14th Five-year Plan", Gansu section of the Yellow River Basin is facing the dual challenges and backward pressure of ecological protection and low-carbon development. The subject analyzes the basic situation of CO_2 emission in Gansu section of the Yellow River Basin and the difficult problems of green and low-carbon development, studies the carbon reduction strategy and CO_2 emission peak goal of Gansu section of the Yellow River Basin, and puts forward a basic conclusion of carbon emission reduction in Gansu section of the Yellow River Basin: as an area with heavy industrial structure and coal based energy structure and a resource-based area, energy conservation and carbon reduction should be put in a prominent position, and industrial structure and energy structure should be vigorously optimized and adjusted, Gradually realize the decoupling between carbon emission growth and economic growth, and strive to achieve the carbon peak in the whole province and the whole country at the same time. With proposing that Gansu Province should integrate the CO_2 emission peak into the whole process and all aspects of economic and social development, we think that Gansu Province should focus on the CO_2 emission peak action in power generation and heating, steel, non-ferrous metals, chemical industry, petrochemical industry, building materials and other industries, implement the "ten kinds of actions of CO_2 emission peak" in Gansu section of the Yellow River Basin and Gansu Province, and take the low-carbon road of green and sustainable development.

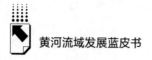
Keywords: CO$_2$ Emission Peak; Ecology Priority; Energy Saving and Carbon Reduction; the Yellow River Basin in Gansu

B.7 Ningxia: Promoting Green and Low-carbon Development with Six Kinds of Carbon Actions

Yang Liyan, Wang Xuehong and Wang Di / 171

Abstract: Promoting green and low-carbon development is a strategic choice to achieve goals of CO$_2$ emission peak and carbon neutrality. Since the 18th National Congress of the Communist Party of China, the government of Ningxia Province has resolutely implemented decisions and deployments of the Party Central Committee and the State Council to put the Xi Jinping Thought on ecological civilization into practice. Upholding the development philosophy that lurid waters and lush mountains are invaluable assets, the government steadily advances double control over energy and consumption to lay a solid foundation for realizing the CO$_2$ emission peak and carbon neutrality goals. However, in comparison with developed areas, Ningxia Province is in the early period of industrialization, the promotion period of urbanization, and the initial stage of informatization. To achieve goals of CO$_2$ emission peak and carbon neutrality, the government faces many severe challenges, including the reliance on the heavy industry and energy of the industrial structure, high-carbon energy structure, numerous difficulties of carbon reduction on the consumption side, limited capability of ecologic carbon sink, and so on. However, the target also contributes to bringing opportunities for Ningxia Province to develop a new energy industry, optimize the layout of territorial space, and create reform drivers. Therefore, based on the analysis of expectation indicators that influence carbon emission in Ningxia Province, the article proposes the green and low carbon goal that Ningxia Province will realize goals of CO$_2$ emission peak by 2030. The essay also makes specific suggestions for comprehensive "carbon reduction" by adjusting the industrial structure, continuous " carbon elimination " by optimizing energy structure, accelerating "carbon offset" in key areas, promoting "low carbon" development with green technologies, effective " carbon fixation " in the ecologic environment, and "carbon control" by improving policy system.

Keywords: Goals of CO_2 Emission Peak and Carbon Neutrality; Green and Low-carbon Development; Ningxia

B.8　Inner Mongolia: Balancing Development Strategy and

Main Function Orientation

Zhang Xuegang, Guo Qiguang, Xing Zhicang and Hai Qin / 199

Abstract: The Yellow River Basin in Inner Mongolia is one of the important energy, chemical, raw material and basic industrial bases in China, and is also the economic and social development core area of Inner Mongolia. With CO_2 emission peak by 2030 and carbon neutrality by 2060, the Yellow River Basin in Inner Mongolia should accurately grasp its own strategic positioning and main function positioning, formulate practical and distinctive goals of CO_2 emission peak and carbon neutrality, implement active and steady CO_2 emission peak and carbon neutrality strategies, and promote the comprehensive green and low-carbon transformation of economic and social development.

Keywords: Goals of CO_2 Emission Peak and Carbon Neutrality; Green and Low-carbon Transformation; The Yellow River Basin in Inner Mongolia

B.9　Shanxi: Building Green Energy System

Hao Yubin, Yan Binbin and Fan Yanan / 223

Abstract: Shanxi Province is the major energy base of the Yellow river basin, which means Shanxi needs to achieve CO_2 emission peak target while assuring the energy supplies. Based on the Top-down design, the carbon emission of Shanxi will be peaked at the year of 2034, 2031, and 2028 under the different economic growth rate. However, the energy supply structure of Shanxi is highly depending on coal, and the industrial structure of Shanxi is unreasonable, which leads to the insufficient of resources use. To achieve CO_2 emission peak target, Shanxi should implement the Pilot-carbon-peaking plan based on the different resources base in different city. For instance, the Energy dominant area like Linfen, should upgrade the structure of energy, the Industry dominant area like Xinzhou, should prior optimize the industrial structure, while the non-energy oriented area like Yuncheng, should pursue the path of green and low-carbon development.

Keywords: CO_2 Emission Peak; Energy Security; Transformation and Development; The Yellow River Basin in Shanxi

B . 10 Shaanxi: Promoting High-Quality Development of the Energy Industry and Green and Low-Carbon Industrial Transformation

Zhang Pinru, Zhang Qian, Zhang Ailing and Li Juan / 254

Abstract: The Yellow River Basin in Shaanxi province is the only region rich in coal, oil and natural gas across the country, and thus an important national energy and chemical industry base, and also one of the key areas of implementation of CO_2 emission peak and carbon neutral in Yellow River Basin. Based on STIRPAT model and OLS ridge regression analysis, this part estimates that Shaanxi province can achieve CO_2 emission peak in 2029, under the scenario of green development with moderate growth of population, per capita GDP and urbanization, and rapid decline of carbon emission intensity and transformation of industrial structure. Driven by the goal of CO_2 emission peak and carbon neutrality, Shaanxi section of Yellow River Basin will embrace more opportunities for ecological protection and high-quality development, while some factors also bring great challenges, such as resources endowment, industrialization and urbanization, economic downward pressure in the epidemic era, etc. Following the important speech spirit of President Xi in Yulin in September 2021, Shaanxi should make efforts to increase carbon sink, promote low carbon development of the traditional energy related industry, speed up the construction of a green, clean and efficient modern energy industry system, make the development of green industry and low-carbon urbanization rely on technological innovation.

Keywords: Energy Industry; CO_2 Emission Peak; Green and Low-Carbon Development; the Yellow River Basin in Shaanxi

B.11　Henan: Taking Urban Carbon Reduction as the Main Body to Push CO_2 Emission Peak in the Yellow River Basin

He Weihua, Zhang Wanli, Zhong Detao and Lin Yongran / 288

Abstract: It is an important task for the ecological protection and high-quality development of the Yellow River basin to reach the goal of CO_2 emission peak, and also an effective way to build up the ecological barrier and realize the sustainable development of the Yellow River basin. Henan is the core region of the major national strategy of the Yellow River Basin, taking on the important task of pushing the CO_2 emission peak in the Yellow River basin. With an improved energy structure, energy saving and carbon reduction in key areas, and an enhanced capacity for ecological carbon sequestration, it is expected to reach the goal of CO_2 emission peak in the 2028. At present, the focus of carbon emissions in Henan is still the energy sector. With the increase of urban population in recent years, the key industry of CO_2 emission peak in Henan province is energy industry, and the key region is city.

Keywords: Urban Carbon Reduction; CO_2 Emission Peak; the Yellow River Basin in Henan

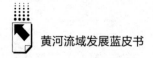
B.12　Shandong: Focusing on Energy Transformation and

Industrial Upgrading

Zhang Yanli, Wang Jinsheng, Zhang Juan and Cui Xiaowei / 327

Abstract: The implementation of action for CO_2 emission peak is the inherent requirement for the Yellow River basin to actively respond to climate change, break the constraints of resources and environment, and improve the quality of development. As a province in the lower reaches of the Yellow River Basin, Shandong Province provides important support for the ecological protection and high-quality development of the Yellow River Basin in terms of economic and social development. At the same time, due to its heavy industrial structure and energy structure, Shandong is also a province with large CO_2 emissions in the Yellow River Basin, accounting for about one tenth of the national CO_2 emissions. In recent years, Shandong Province has insisted on adjusting and optimizing the energy structure and industrial structure through the conversion of kinetic energy, continuously improving the green and low-carbon development capacity, and playing an important role in promoting the Yellow River basin to achieve goals of CO_2 emission peak and carbon neutrality. Firstly, this paper analyzed the CO_2 emissions of Shandong Province and the areas along the Yellow River, and inventoried the exploration and practice of promoting action for CO_2 emissions peak in Shandong, and predicted that Shandong will reach to goal of CO_2 emission peak with 1.309 billion tons of CO_2 emissions. Standing at a new historical starting point, Shandong faces both challenges and opportunities in the process of further promoting green and low-carbon development and achieving CO_2 emissions peak. It is necessary to maintain strategic concentration, fully and accurately implement the new development concept, focus on energy transformation and industrial upgrading, deepen the transformation of kinetic energy, build an institutional mechanism to promote green and low-carbon development, and contribute to the action for peaking CO_2 emissions in the Yellow River Basin.

Keywords: CO_2 Emission Peak; Energy Transition; Industrial Upgrading; The Yellow River Basin in Shandong

权威报告·连续出版·独家资源

皮书数据库
ANNUAL REPORT(YEARBOOK)
DATABASE

分析解读当下中国发展变迁的高端智库平台

所获荣誉

- 2020年，入选全国新闻出版深度融合发展创新案例
- 2019年，入选国家新闻出版署数字出版精品遴选推荐计划
- 2016年，入选"十三五"国家重点电子出版物出版规划骨干工程
- 2013年，荣获"中国出版政府奖·网络出版物奖"提名奖
- 连续多年荣获中国数字出版博览会"数字出版·优秀品牌"奖

皮书数据库

"社科数托邦"
微信公众号

成为会员

登录网址www.pishu.com.cn访问皮书数据库网站或下载皮书数据库APP，通过手机号码验证或邮箱验证即可成为皮书数据库会员。

会员福利

- 已注册用户购书后可免费获赠100元皮书数据库充值卡。刮开充值卡涂层获取充值密码，登录并进入"会员中心"—"在线充值"—"充值卡充值"，充值成功即可购买和查看数据库内容。
- 会员福利最终解释权归社会科学文献出版社所有。

数据库服务热线：400-008-6695
数据库服务QQ：2475522410
数据库服务邮箱：database@ssap.cn
图书销售热线：010-59367070/7028
图书服务QQ：1265056568
图书服务邮箱：duzhe@ssap.cn

社会科学文献出版社 皮书系列
SOCIAL SCIENCES ACADEMIC PRESS (CHINA)

卡号：386337928721

密码：

S 基本子库
SUB DATABASE

中国社会发展数据库（下设 12 个专题子库）

紧扣人口、政治、外交、法律、教育、医疗卫生、资源环境等 12 个社会发展领域的前沿和热点，全面整合专业著作、智库报告、学术资讯、调研数据等类型资源，帮助用户追踪中国社会发展动态、研究社会发展战略与政策、了解社会热点问题、分析社会发展趋势。

中国经济发展数据库（下设 12 专题子库）

内容涵盖宏观经济、产业经济、工业经济、农业经济、财政金融、房地产经济、城市经济、商业贸易等 12 个重点经济领域，为把握经济运行态势、洞察经济发展规律、研判经济发展趋势、进行经济调控决策提供参考和依据。

中国行业发展数据库（下设 17 个专题子库）

以中国国民经济行业分类为依据，覆盖金融业、旅游业、交通运输业、能源矿产业、制造业等 100 多个行业，跟踪分析国民经济相关行业市场运行状况和政策导向，汇集行业发展前沿资讯，为投资、从业及各种经济决策提供理论支撑和实践指导。

中国区域发展数据库（下设 4 个专题子库）

对中国特定区域内的经济、社会、文化等领域现状与发展情况进行深度分析和预测，涉及省级行政区、城市群、城市、农村等不同维度，研究层级至县及县以下行政区，为学者研究地方经济社会宏观态势、经验模式、发展案例提供支撑，为地方政府决策提供参考。

中国文化传媒数据库（下设 18 个专题子库）

内容覆盖文化产业、新闻传播、电影娱乐、文学艺术、群众文化、图书情报等 18 个重点研究领域，聚焦文化传媒领域发展前沿、热点话题、行业实践，服务用户的教学科研、文化投资、企业规划等需要。

世界经济与国际关系数据库（下设 6 个专题子库）

整合世界经济、国际政治、世界文化与科技、全球性问题、国际组织与国际法、区域研究 6 大领域研究成果，对世界经济形势、国际形势进行连续性深度分析，对年度热点问题进行专题解读，为研判全球发展趋势提供事实和数据支持。

法律声明